● 高等学校水利类专业教学指导委员会
● 中国水利教育协会　　　　　　　　　共同组织编审
● 中国水利水电出版社

普通高等教育"十三五"规划教材
全国水利行业规划教材

高效灌排技术

主　编　郝树荣　缴锡云
副主编　朱成立　范严伟　高惠嫣　李全起

U0280979

中国水利水电出版社
www.waterpub.com.cn

内 容 提 要

本书为全国水利行业规划教材。全书共十章，包括绪论、地面节水灌溉技术、渠道防渗工程技术、低压管道输水灌溉技术、喷微灌工程技术、集雨蓄水节水灌溉技术、水稻节水灌排技术、节水灌溉理论、农艺节水技术和管理节水技术。

本书内容丰富，通俗易懂，可作为高等院校水利学科农业水利工程专业和水利工程专业的教学用书，也可供从事水利工程和农业节水等相关技术人员参考。

图书在版编目（ＣＩＰ）数据

高效灌排技术 / 郝树荣，缴锡云主编. -- 北京：
中国水利水电出版社，2016.2
普通高等教育"十三五"规划教材　全国水利行业规划教材
ISBN 978-7-5170-4131-3

Ⅰ.①高… Ⅱ.①郝… ②缴… Ⅲ.①排灌工程－高等学校－教材 Ⅳ.①S277

中国版本图书馆CIP数据核字(2016)第036243号

书　　名	普通高等教育"十三五"规划教材　全国水利行业规划教材 **高效灌排技术**
作　　者	主编　郝树荣　缴锡云　　副主编　朱成立　范严伟　高惠嫣　李全起
出版发行	中国水利水电出版社 （北京市海淀区玉渊潭南路1号D座　100038） 网址：www. waterpub. com. cn E - mail：sales@waterpub. com. cn 电话：(010) 68367658（发行部）
经　　售	北京科水图书销售中心（零售） 电话：(010) 88383994、63202643、68545874 全国各地新华书店和相关出版物销售网点
排　　版	中国水利水电出版社微机排版中心
印　　刷	北京纪元彩艺印刷有限公司
规　　格	184mm×260mm　16开本　17.25印张　410千字
版　　次	2016年2月第1版　2016年2月第1次印刷
印　　数	0001—2000册
定　　价	**36.00元**

编写人员名单

主　编　河海大学　　　　郝树荣
　　　　河海大学　　　　缴锡云

副主编　河海大学　　　　朱成立

　　　　兰州理工大学　　范严伟

　　　　河北农业大学　　高惠嫣

　　　　山东农业大学　　李全起

编　委　河海大学　　　　俞双恩

　　　　武汉大学　　　　罗玉峰

　　　　河海大学　　　　郭相平

　　　　天津农学院　　　杨路华

主　审　河海大学　　　　张展羽

前　言

　　本书属于全国水利行业规划教材。"高效灌排技术"是农水水利工程专业和水利工程专业的一门专业课。编写中既注重了理论的系统性，又兼顾了实用性，内容上力求深度、广度适宜，并尽可能反映近年来节水灌溉方面的新理论、新技术、新知识和新成果。本书可作为高等院校水利学科的教材，也可作为其他有关学科专业的参考用书。

　　全书共分两篇。上篇为工程节水技术；下篇为非工程节水技术。绪论由河海大学俞双恩编写。上篇共六章：第一章为地面节水灌溉技术，由河海大学缴锡云编写；第二章为渠道防渗工程技术，由河海大学朱成立、郝树荣编写；第三章为低压管道输水灌溉技术，由河北农业大学高惠嫣、天津农学院杨路华编写；第四章为喷微灌工程技术，由河北农业大学高惠嫣、天津农学院杨路华编写；第五章为集雨蓄水节水灌溉技术，由河北农业大学高惠嫣、天津农学院杨路华编写；第六章为水稻节水灌排技术，由河海大学郝树荣、郭相平及武汉大学罗玉峰编写。下篇共三章：第一章为节水灌溉理论，由兰州理工大学范严伟编写；第二章为农艺节水技术，由山东农业大学李全起编写；第三章为管理节水技术，由武汉大学罗玉峰编写。本书大纲及前言由河海大学郝树荣编写。全书由河海大学郝树荣、缴锡云担任主编，并负责统稿。河海大学朱成立、兰州理工大学范严伟、河北农业大学高惠嫣、山东农业大学李全起为本书副主编。

　　本书承河海大学张展羽教授主审，在此表示衷心的感谢。

　　本书引用了大量的国内外研究成果，参考了许多已经出版的相关著作和教材，在此一并表示诚挚的谢意。

　　因水平有限，书中难免有不妥之处，恳请广大师生以及各位读者批评指正。

编　者

2015 年 11 月

目 录

前言

绪论 ·· 1
    复习思考题 ·· 7

上篇 工 程 节 水 技 术

第一章　地面节水灌溉技术 ··· 8
  第一节　基本概念 ··· 8
  第二节　灌水质量评价 ··· 13
  第三节　地面灌溉设计 ··· 17
  第四节　波涌灌溉技术简介 ··· 22
  第五节　地面灌溉稳健设计简介 ··· 23
  复习思考题 ·· 24

第二章　渠道防渗工程技术 ··· 26
  第一节　概述 ··· 26
  第二节　防渗措施 ··· 28
  第三节　生态渠道的适宜结构 ··· 35
  第四节　防渗渠道设计 ··· 42
  第五节　防渗工程的冻胀及防治措施 ··· 47
  复习思考题 ·· 50

第三章　低压管道输水灌溉技术 ··· 51
  第一节　概述 ··· 51
  第二节　低压管道输水灌溉系统的规划布置 ··· 54
  第三节　管网水力计算 ··· 59
  第四节　工程施工及运行管理 ··· 61
  第五节　系统设计实例 ··· 63
  复习思考题 ·· 67

第四章　喷微灌工程技术 ……………………………………………… 68

第一节　喷灌技术与规划设计 …………………………………… 68

第二节　滴灌技术与规划设计 …………………………………… 87

第三节　微喷灌技术 …………………………………………… 105

第四节　渗灌技术 ……………………………………………… 110

复习思考题 …………………………………………………… 112

第五章　集雨蓄水节水灌溉技术 ……………………………………… 113

第一节　概述 …………………………………………………… 113

第二节　雨水集蓄工程规划设计 ……………………………… 115

第三节　雨水聚集技术 ………………………………………… 119

第四节　储水设施工程技术 …………………………………… 122

第五节　雨水集蓄的配套技术 ………………………………… 131

第六节　雨水集蓄工程的维护管理 …………………………… 133

复习思考题 …………………………………………………… 134

第六章　水稻节水灌排技术 …………………………………………… 135

第一节　浅湿灌溉技术 ………………………………………… 135

第二节　控制灌溉技术 ………………………………………… 137

第三节　蓄水控灌技术 ………………………………………… 143

第四节　沟田协同控制排水技术 ……………………………… 149

复习思考题 …………………………………………………… 154

下篇　非工程节水技术

第一章　节水灌溉理论 ………………………………………………… 155

第一节　作物需水量 …………………………………………… 155

第二节　水分胁迫的正负面效应 ……………………………… 182

第三节　作物水分生产函数 …………………………………… 190

第四节　节水型灌溉制度 ……………………………………… 197

复习思考题 …………………………………………………… 220

第二章　农艺节水技术 ………………………………………………… 226

第一节　耕作保墒技术 ………………………………………… 226

第二节　覆盖保墒技术 ………………………………………… 229

第三节　水肥耦合技术 ………………………………………… 231

第四节　化学调控技术 ………………………………………… 235

第五节　激光平地技术 ………………………………………… 244

复习思考题 …………………………………………………… 250

第三章　管理节水技术 ·· 251

　　第一节　计划用水管理 ·· 251

　　第二节　墒情监测与旱情评估技术 ·· 253

　　第三节　灌溉实时预报技术 ·· 255

　　第四节　灌溉量水技术 ·· 255

　　第五节　排水系统的管护 ·· 257

　　第六节　灌区用水现代化管理技术 ·· 259

　　复习思考题 ·· 259

参考文献 ·· 261

绪　　论

水是生命之源、生产之要、生态之基，水资源是国民经济和社会发展的重要基础资源。我国人均水资源占有量不足 2200m³，仅为世界人均水平的 1/4，居世界百位之后。由于降雨的时空分布不均，我国水资源呈现南多北少、东多西少，夏秋多、冬春少的特点。占国土面积 50%以上的华北、西北、东北地区的水资源量仅占全国总量的 20%左右。随着人口增加、经济发展和城市化水平的提高，水资源供需矛盾日益尖锐，水资源短缺已成为我国经济和社会发展的重要制约因素，而且加剧了生态环境的恶化。

雨热同季的气候特点，为我国的农业种植提供了良好条件，但由于降雨的时空分布不均，旱涝灾害仍然是我国农业生产的主要障碍因子，灌溉与排水对于提高我国粮经作物的产量至关重要。新中国成立以来，农业用水量虽然不断增加，但占全国总用水量的份额已由 1949 年的 95%左右降到 2010 年的 60%左右，随着工业化、城市化进程的加速，工业和城市挤占农业用水的现象比较普遍，农业用水的份额还会逐步降低。稳定和扩大灌溉面积是保障我国粮食安全的重要途径，但农业灌溉用水的紧缺又是我国的基本国情，因此，节水农业是我国农业发展的必由之路。

一、高效灌排的涵义

灌溉措施是指按照作物的需水要求，通过灌溉系统有计划地将水量输送和分配到田间，以补充农田水分的不足。排水措施是指通过修建排水系统将农田内多余的水分（包括地面水和地下水）排入容泄区（河流或湖泊等），使农田处于适宜的水分状况或适宜的地下水埋深。在农田灌溉与排水的过程中，都应该有节水的意识。

在我国，人们习惯用"节水"这一提法，更确切地提法应当是"高效用水"，国外多用后者。节水是相对的概念，不同的水源状况、自然条件和社会经济发展水平，对节水有不同的要求。

《节水灌溉工程技术规范》（GB/T 50363）对节水灌溉的定义是：根据作物需水规律和当地供水条件，高效利用降雨和灌溉水，以取得农业最佳经济效益、社会效益和环境效益的综合措施。节水灌溉的目的是提高水的利用率和水分生产率，其内涵包括水资源的合理开发利用，输配水系统的节水，田间灌溉过程的节水，用水管理的节水以及农艺节水增产技术措施等方面。

通常认为节水灌溉就是减少或避免用水浪费的灌溉，或节约灌溉用水量的灌溉。灌溉输水过程中大量的渗漏、过量配水造成的退水弃水、旱作物大水漫灌造成的田面水量流失与深层渗漏以及稻田长期淹灌造成的大量渗漏等，均是灌溉用水中的水量损失或水量浪费，造成这种情况的灌溉则是粗放或落后的灌溉，亦即用水浪费的灌溉。因此，渠道防渗或管道输水、实行计划用水、旱作物采用精细的地面灌溉技术或喷微灌、水稻节水灌溉模式等，均可以大幅度减少渠道与田间的渗漏量、地表流失量，这是目前节水灌溉的最主要措施，其目的就是节约灌溉用水量。这种传统的节水灌溉概念与目的在以往无可非议，以这种概念指导节水灌溉实践已取得了很好的效果。但是，在当前水资源紧缺问题日益严重和农业节水科技高度发展的条件下，节水灌溉应适应节约水资源、保护生态环境和有利于生产实践的要求。

从水文循环的观点出发，节水灌溉就是减少"四水转化"过程中水资源的无效损失量。一般来说，从某一流域或地区排向大海的地表水与地下水、从地表失散的无效蒸发量和过多的作物腾发量，都是无法回收的水量，但我们可以通过各类工程技术措施和农艺措施来控制它，把它减少到最低程度，减少的水量就叫节约的水资源量，国外把它称为"真实的节水量"。"真实节水"的概念在指导现行的节水灌溉实践时，会导致一个结论：渠道可以不进行衬砌防渗，让其渗漏后进入地下水，它并没有流失，抽上来又可再利用；田间深层渗漏和退水量，也不算浪费，流到地下水和回归水中后，仍然进入了水文循环，总的水资源量并没有损失等。

传统的节水灌溉与"真实节水"的概念是有区别的，前者是解决现实中存在的问题，后者是从理论上讨论水的循环和再利用问题，但两者并不矛盾。节约灌溉用水量，可以减少引水量，实质上仍是节约了水资源量，两者是统一的。一般灌溉水都是通过修建灌溉工程而取得的，它是通过投入大量资金和劳力换来的商品水，引入到灌溉系统以后，就不能任意浪费。所以在对某一流域或地区进行节水灌溉规划时，应根据各地的自然和经济条件，做好水资源的全面规划，把地面水、地下水和灌区回归水等进行统一调度和分配，既要实现节约灌溉用水量，又要实现节约水资源量。

排水对于作物生长具有和灌溉同等重要的作用，没有适当的排水条件和设施，就不能保证良好的作物生长环境。由于农田排水不可避免地要带走部分养分和化学物质，不适当的排水不仅会造成农田养分的流失和水环境的污染，而且还会使农田的地表水、地下水或土壤水流失，增加灌溉的压力。同时，农田排水在水资源短缺的地区，还可以作为一个重要的水源加以再利用，从而缓解水资源短缺的矛盾。因此，农田排水中也有节水的内涵。

长期以来，由于单方面强调排水对农业增产的作用而忽视了水资源节约和对环境方面的影响，水资源浪费和水体污染的问题比较突出。人们逐步认识到了这一点，而开始关注排水的控制问题。自20世纪70年代末控制排水技术问世以来，已经在美国、荷兰、日本等国家得到广泛的应用，被认为是最好的水管理技术之一。控制排水技术不同于传统的自由排水，它通过在排水出口（明沟或暗管）加设控制设施，按照作物生长要求和农田的水分状况对农田排水的水位实行有效地管理。研究表明，控制排水不仅可以减少不必要的水量流失，使雨水和土壤水分得到充分利用，从而减少灌溉次数，减轻对水资源的需求压力，同时还可以减少肥料的流失，从而减轻农田化学物质对水体的污染。

将节水灌溉与农田控制排水的理论与技术进行组合，形成农田高效用水灌排模式，是未来农田灌排发展方向。因此，我们将高效灌排的涵义定义为：根据作物需水规律、作物生长所需的农田水分适宜状况和当地供排水条件，高效利用降水、灌溉水和地下水，以取得农业最佳经济效益、社会效益和环境效益的综合措施。

二、发展高效灌排技术的重要意义

由于降水的时空分布不均，导致我国水旱灾害频繁。据不完全统计，从公元前 206 年到 1949 年的 2155 年间，我国发生较大的水灾 1092 次，较大的旱灾 1056 次，几乎每年都有一次较大的水旱灾害。从 1950 年到 2012 年的 63 年间，水灾年均受灾面积 980.385 万 hm^2，成灾年均面积 542.04 万 hm^2，平均成灾率达 55.3%；旱灾年均受灾面积 2128.205 hm^2，成灾年均面积 946.885 hm^2，平均成灾率达 44.5%。因此，兴修水利、发展灌溉、防治水患，是我国历代安邦治国的一件大事。

新中国成立 60 多年来，我国的灌溉排水事业取得了巨大成就，灌溉面积由 1949 年的 1600 万 hm^2 加到 2012 年的 6250 万 hm^2，占全国总耕地面积的 50% 以上；全国有易涝耕地 2447 万 hm^2，渍害田 766.7 万 hm^2，盐碱耕地 760 万 hm^2，到 2012 年全国除涝面积已达到 2185.7 万 hm^2。农田灌溉与排水极大地提高了农业综合生产能力，以全国耕地面积一半的灌排农田生产了全国 75% 以上的粮食和 90% 以上的经济作物，为保障国家粮食安全做出了重大贡献。

从我国目前的实际情况看，一方面水资源较紧缺，而另一方面又存在水量的严重浪费现象。不少灌区尤其北方灌区，由于灌水量偏大，渠道渗漏严重，加上管理不完善等原因，自流灌区灌溉水有效利用系数只有 0.45 左右，井灌区一般也只有 0.7 左右，全国的灌溉水有效利用系数仅为 0.5，远低于 0.7～0.8 的世界先进水平。由于粮食生产的极端重要性和灌溉用水量大、效率低的特殊性，为缓解我国水资源危机，认真搞好农业节水，大力发展高效灌排，具有十分重要的意义。

长期以来我国的农田灌溉与排水工作都是围绕着促使农业高产稳产而进行的。过去，由于受主观认识以及客观条件的限制，没有把节水工作放到应有的地位。随着我国社会经济的迅速发展，人口、资源与环境的问题日益突出，构建节约型社会是我国社会发展的唯一选择。在新的历史发展时期，大力发展高效灌排事业，是进一步改善农业生产条件，缓解农业用水供需矛盾的需要，是加强农业基础设施建设，促使农业高产高效的有效措施，是农田水利基本建设的主要内容之一。发展高效灌排的意义不仅仅是节约灌溉用水，而且改变了传统的农业用水、管水方法。现代高效灌排，特别是先进的喷、滴灌技术和农田控制排水技术，大量采用高分子材料、信息采集、自动控制、计算机数据处理等先进科学技术和器材设备，能够科学有效地控制灌水质量、灌排水时间、灌排水量等，大大促进了农田水利的科技进步，提高了灌溉的科技含量，高效灌排已成为水利现代化的主要标志之一。发展高效灌排不仅要研究作物需水规律和灌溉排水技术，还要研究开发一系列与之密切相关的新材料、新设备、新工艺、新技术，可带动和促进水利产业的建设与发展。高效灌排为农作物生长创造了比较适宜的水分条件，通过水的作用，影响土壤的肥、气、热等因素，促使作物高产、稳产，同时，先进的灌排技术又反过来促进农业耕作栽培技术、良种培育等的变革。高效灌排与农机、施肥、植保等其他现代农业科技相配套，成为现代化农业不可缺少的组成部分。实行高效灌排所节省出的水量用在工业和城镇生活方面，缓解城市和工业用水供需矛盾，有利于国民经济快速、健康、持续发展。此外，发展高效灌排，还有利于促进人们在用水、管水方面的思想观念更新，提高用水管理水平，促进建立适应社会主义市场经济体制要求的用水、节水、管水新机制。因此，高效灌排是我国农田水利发展史上意义深远的一场重大变革。

三、高效灌排理论依据

科技进步和生产发展，促进了人们对灌排原理的认识不断深化，经济发展与水资源紧缺的矛盾，给农田灌排科学提出了新的目标和要求。为了既能节约用水，又能保持农业持续发展，即最经济地利用有限的水资源和最有效地进行灌排，必须要有一定的高效灌排理论作指导。

长期以来，人们对农田灌溉与排水中的节水理论作过许多有益探索。20 世纪 70 年代，在水资源紧缺的形势下，比较广泛地开展了节水灌溉的试验探索与有限水量条件下灌溉水的优化管理理论的研究。Hillel（1972）指出，节水灌溉理论研究的根本目的并非单纯节约用水，而是通过供水和其他环境变量的优化提高劳动生产率。福田仁志（1973）也认为，灌溉的目的是土地和劳动生产率二者协调一致的提高，即缺水时每立方米水所获得的产量和水管理的集约化问题。郭元裕（1983）利用最优化技术确定平原湖区排涝最优水面率时，考虑河网供水需要的调蓄水量，开始用灌排经济学和系统工程学的原理评价灌排行为。Skaggs. R. W 和 G. J. Kriz（1979）在美国的北卡罗来纳州采用地下水位管理的方式进行地下灌溉与排水，进而提出了控制排水技术，将节水、减排的理念引入农田排水领域。经过几代人的努力，逐渐形成了近代灌排目标，即不但要取得最优的灌排效果，同时要具有更高的灌排效率。因此，高效灌排的根本目标是在有限的供水量和排水条件下，能以最小的费用、最大限度地获得单位水量的灌排产值（或产量），即力争以最小费用获得最大的净效益。

水分在时空上的分布不均，作物在生育过程的需水要求不同，要保持二者间的平衡往往是暂时的或相对的。从全过程和整体观察，在许多情况下，水分亏缺胁迫和涝渍胁迫的矛盾总是不可避免。水分亏缺胁迫包括：供给土壤水数小于土壤水分消耗量的"土壤水分亏缺"；蒸腾失水大于根系吸水的"作物水分亏缺"。涝渍水胁迫是指农田地表滞水较深或受地下水浸渍，使土壤还原作用强烈，水、热、气和养分失调，土壤理化性状恶化，使作物生长产生危害。灌溉排水的关键问题是在不同的可供水量和排水条件下，为了获得最佳产量，允许作物在什么时候发生亏缺胁迫或涝渍胁迫及允许胁迫到什么程度？作物对水分胁迫逆境适应的能力有多大？当某生育阶段发生水分胁迫，经过灌溉排水补救之后，其后遗影响的大小及延续时间的长短，它们最终会对产量和产品质量构成哪些影响？揭示并依据这些规律便可科学地制定农田灌溉排水的策略，成为高效灌排的理论依据。

物种资源中存在着一系列的对水分胁迫的适应机制。这种机制表现为干旱时的耐旱（或抗旱）作用和受淹时的耐涝渍作用。水分生理学研究表明，受水分亏缺胁迫的许多作物都表现了脯氨酸（Pro）和脱落酸（ABA）的积累，Pro 增加对于渗透性的调节具有重要作用，作物通过渗透调节，能使细胞内渗透势大于周围环境的渗透势，以便维持细胞内一定膨压，利于保持水分和各种代谢过程的进行及抗渗透胁迫能力的增强。ABA 的积累可能对气孔关闭有某种作用，从而减少和调节蒸腾强度，有利于作物体保持一定水分。植物的抗涝渍能力主要取决于植物的形态结构和生理代谢对缺氧的适应能力。涝渍胁迫环境下，形成不定根是植物对涝渍胁迫的一种主要适应方式，不定根能够迅速代替因缺氧而死亡的初生根，有利于根部形成有氧呼吸结构，既能满足植物根系生理活动的需求，还能避免叶片碳水化合物的过量积累，维持光合速率不变。与此同时，植物体内诱导合成了一些新的蛋白及酶类物质，如植物叶片的游离脯氨酸累积，游离脯氨酸可促进蛋白质水合作用，进而增强植物耐渗透胁迫的能力，防止水分散失以及维持细胞质的稳定性，从而对植物体内的酶和膜具有保护作用，提高了植物体抗性。这种生物适应能力随作物种类和品种不同有较大的差异，对作物的耐性增加和延迟胁迫的适应性机制作出生理解释和揭示，有助于高效灌排作物品种、种类的分析和选择。

大量的研究表明，适度的水分亏缺胁迫和涝渍胁迫并不一定会显著降低作物产量。作物在适度水分亏缺胁迫或涝渍胁迫下具有一定的适应和抵抗效应，在经受短期水分胁迫时，作物生长和发育虽受到一定的抑制，但经过灌水或排水的补救，一段时间后又会加快生长，表现为一种补偿生长的效应。适度的水分胁迫虽然会影响作物叶片的生长扩张，但并不影响叶片的气孔开放，不至对光合作用速率产生明显影响，最终不会影响产量。由于水分胁迫对蒸腾的影响迟缓于生长，在水分胁迫过程中，蒸腾作用却超前于光合作用的下降，因此即使在轻、中度胁迫情况下，气孔开度减小，蒸腾速率可能较大幅度下降，但光合作用仍不致显著下降，最终并不一定会造成产量的明显降低。

四、高效灌排技术体系

灌溉用水从水源到田间，再到被作物吸收、形成产量，主要包括水资源调配、输配水、田间灌水和作物吸收等四个环节。在各个环节采取相应的节水措施，组成一个完整的节水灌溉技术体系，包括水资源优化调配技术、节水灌溉工程技术、农艺及生物节水技术和节水管理技术。其中节水灌溉工程技术是该技术体系的核心，已相对成熟并得到普及，其他技术相对薄弱，急需加强研究开发和推广应用。

1. 灌溉水资源优化调配技术

该技术主要包括地表水与地下水联合调度技术、灌溉回归水利用技术、多水源综合利用技术、雨洪利用技术。

2. 节水灌溉工程技术

该技术主要包括渠道防渗技术、管道输水技术、喷灌技术、微灌技术、改进地面灌溉技术、水稻节水灌溉技术及抗旱点浇技术。直接目的是减少输配水过程的跑漏损失和田间灌水过程的深层渗漏损失，提高灌溉效率。

(1) 渠道防渗技术：采用混凝土护面、浆砌石衬砌、塑料薄膜等多种方法进行防渗处理，与土渠相比，渠道防治可减少渗漏损失 60%～90%，并加快了输水速度。

(2) 管道输水技术：用塑料或混凝土等管道输水代替土渠输水，可大大减少输水过程中的渗漏和蒸发损失，输配水的利用率可达到 95%。另外还能有效提高输水速度，减少渠道占地。低压管道输水技术在我国北方井灌区已经普及，但大型自流灌区尚处于试点阶段。

(3) 喷灌技术：喷灌是一种机械化高效节水灌溉技术，具有节水、省劳、节地、增产、适应性强等特点，被世界各国广泛采用。喷灌几乎适用于除水稻外的所有大田作物，以及蔬菜、果树等，对地形、土壤等条件适应性强。与地面灌溉相比，大田作物喷灌技术可节水 30%～50%，增产 10%～30%，但耗能多、投资大，不适宜在多风条件下使用。

（4）微灌技术：包括微喷和滴灌，是一种现代化、精细高效的节水灌溉技术，具有省水、节能、适应性强等特点，灌水同时可兼施肥，灌溉效率能够达到 90% 以上。微灌已由果树、蔬菜等少数经济作物向行播大田作物发展，如近年来新疆棉花滴灌发展迅速，取得了良好的节水增产效果。微灌的主要缺点是易于堵塞、投资较高。我国在引进、消化吸收国外先进技术的基础上，已基本形成了自己的微灌产品生产能力。

（5）改进地面灌溉技术：在今后相当长的时期内，地面灌溉仍将是我国主要灌溉方式。地面灌溉并非"大水漫灌"，只要在土地平整的基础上，采用合理的灌溉技术并加强管理，其田间水利用率可以达到 70% 以上。多年来，我国普遍推广的沟、畦灌水技术，在土地平整的基础上，大畦改小畦，长沟改短沟，使沟畦规格合理化，可减少灌水定额 1/5～1/4。改进畦（沟）灌溉技术、田间闸管灌溉技术、波涌灌溉技术等改进地面灌溉技术的集成配套与组合应用，形成了适合不同类型灌区的田间工程设计和应用模式，取得了良好的节水增产效果。

3. 农艺及生物节水技术

该技术包括耕作保墒技术、覆盖保墒技术、优选抗旱品种、土壤保水剂及作物蒸腾调控技术。目前，农艺节水技术已基本普及，但生物节水技术尚待进一步开发。如采用保水剂拌种包衣，能使土壤在降水或灌溉后吸收相当自身重量数百倍至上千倍的水分，在土壤水分缺乏时将所含的水分慢慢释放出，供作物吸收利用，遇降水或灌水时还可再吸水膨胀，重复发挥作用。此外，喷施黄腐酸（抗旱剂 1 号），可以抑制作物叶片气孔开张度，使作物蒸腾减弱。

4. 节水灌溉管理技术

该技术包括灌溉用水管理自动信息系统、输配水自动量测及监控技术、土壤墒情自动监测技术、节水灌溉制度等。其中，输配水自动量测及监控技术采用高标准的量测设备，及时准确地掌握灌区水情，如水库、河流、渠道的水位、流量以及抽水泵站运行情况等技术参数，通过数据采集、传输和计算机处理，实现科学配水，减少弃水。土壤墒情自动监测技术采用张力计、中子仪、TDR 等先进的土壤墒情监测仪器监测土壤墒情，以科学制定灌溉计划、实施适时适量的精细灌溉。

5. 控制排水技术

控制排水技术起源于 20 世纪 70 年代欧美一些国家，是在田间排水系统的出口设置控制设施，通过调节控制设施来调节田间的地下水位，达到排水再利用、治理涝渍害、减少排水对承泄区污染的目的。控制排水通过抬高地下水位，可以使土壤水分得到充分利用，从而减少灌溉次数，减轻对水资源的需求压力，同时可以改善排水水质。大量研究表明，常年对农田实行控制排水措施可以减少大约 30% 的排水量，可以减少硝态氮含量的 20% 左右，总氮减少量约为 45%，而磷大约可减少 35%。控制排水已经在美国、荷兰、日本等国家得到广泛的应用，被认为是最好的水管理技术之一。国内对控制排水的研究始于 20 世纪 90 年代后期，安徽淮北地区为治理洪涝灾害，开挖了大量的深沟大渠用于排水，90 年代起，当地农民开始自发地在大沟中建坝蓄水灌溉，在我国率先进行了控制排水的实践。水稻控制排水技术从上世纪末开始重视，1997—2000 年沈荣开教授结合水利部"948 项目""控制排水田间工程及水管理成套技术"，在广东台山开展了水稻控制排水自动化控制的有关研究；2004 年罗纨教授在宁夏银南灌区进行了控制排水技术的相关研究；2006 年以来，河海大学系统开展了水稻控制排水技术研究，提出了水稻节水、减排、高产灌排技术指标和田—沟—塘协同调控技术模式。

复 习 思 考 题

1. 结合国情，分析我国实行高效灌排的重要意义。
2. 高效灌排的涵义是什么？
3. 高效灌排的理论依据是什么？
4. 简述农业节水的途径和主要措施。

上篇 工程节水技术

第一章 地面节水灌溉技术

地面灌溉是指利用沟、畦等地面设施对作物进行灌水，水流沿地面流动，边流动边入渗的灌溉方法。在地面灌溉过程中，灌溉水向土壤中的入渗主要借助于重力作用，兼有毛细管作用，因此地面灌溉也称重力灌水方法。

地面灌溉是最古老的，也是世界上应用最广泛的农田灌溉技术措施。据统计，全世界地面灌溉面积约占总灌溉面积的95％。我国现有的灌溉面积中也有95％以上属于地面灌溉，其中除水稻外，小麦、玉米、棉花、油料等主要旱作物大多采用畦灌或沟灌。

与喷灌、滴灌等灌水方法相比，地面灌溉具有投资少、运行费用低的优点，但管理粗放、灌水均匀性和有效性不易控制是其主要缺点。实践表明，如果运用得当，地面灌溉的均匀性和有效性也可以达到较高的水平。

第一节 基 本 概 念

一、地面灌溉的分类

按照灌溉水向田间输送的形式及湿润土壤的方式，地面灌溉可分为畦灌、沟灌和淹灌3类。

1. 畦灌

畦灌是指将田块用畦埂分隔成许多矩形条状地块，灌溉水以薄层水流的形式输入田间，并借助重力作用渗入土壤的灌水方法，如图1-1所示。畦灌又分尾端封堵和自由排水2种，我国的畦灌多属于前者，称封闭畦灌。畦灌通常适用于大田作物。

根据畦田方向与地形等高线的关系，畦灌可以分为顺坡畦灌和横坡畦灌2种。当地面坡度较小（不超过2％）时，畦长方向一般垂直于等高线布置，这种畦灌称为顺坡畦灌；当地面坡度较大（大于2％）时，为了避免田面水流过快，畦长方向常与等高线平行布置，这种畦灌称为横坡

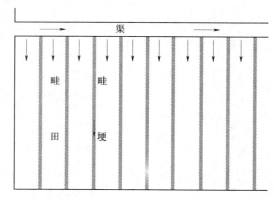

图1-1 畦田布置示意图

畦灌。

根据畦田长度划分，畦灌又可以分为长畦灌和短畦灌 2 种。一般畦长小于或等于 70m 时畦灌称为短畦灌，否则称为长畦灌。

2. 沟灌

沟灌是指将灌溉水引入田间灌水沟，并借助重力作用及毛细管作用向灌水沟四周土壤入渗的灌水方法，如图 1-2 所示。沟灌也分尾端封堵和自由排水 2 种，我国的沟灌多属于前者，称封闭沟灌。沟灌主要适用于宽行距作物，如玉米、棉花及薯类等。由于垄沟密布，所以沟灌通常不如畦灌便于机械化耕作与收割。

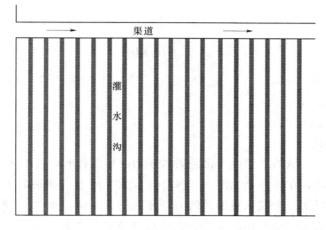

图 1-2　沟灌布置示意图

根据灌水沟方向与地形等高线的关系，沟灌也可以分为顺坡沟灌和横坡沟灌 2 种。当地面坡度较小（不超过 3%）时，沟的方向一般垂直于等高线布置，这种沟灌称为顺坡沟灌；当地面坡度较大（大于 0.5%）时，沟的方向常与等高线平行或斜交布置，这种沟灌称为横坡沟灌。

3. 淹灌

淹灌是在田间用较高的土埂筑成方格格田，一般引入较大流量迅速在格田内建立起一定厚度的水层，水主要借助重力作用下渗的灌水方法。淹灌主要适于水稻及水生作物的灌溉。

二、土壤入渗规律

1. 入渗的概念

入渗是指水分从土壤表面进入土壤的过程。入渗是灌溉过程中非常重要的一个环节，因为灌溉水正是通过入渗才被转化为土壤水分从而被作物吸收利用的。

影响入渗过程的因素有 2 个方面，一个是供水强度，另一个是土壤的入渗能力。当供水强度大于土壤入渗能力时，入渗由土壤入渗能力所控制，称为充分供水入渗；当供水强度小于土壤入渗能力时，入渗由供水强度控制，称为非充分供水入渗。

2. 入渗率和累积入渗

（1）入渗率。单位时间内通过单位面积的土壤表面所入渗的水量，称为入渗率，常用 i 来表示，其单位一般用 mm/min 或 cm/min。入渗率也称入渗强度。

在土壤表面不积水，或积水的静水压力可以忽略的情况下，充分供水条件下的入渗率反映土壤的入渗能力。

（2）累积入渗量。在某一时段内，通过单位面积的土壤表面入渗的水量，称为累积入渗量，常用 I 来表示，单位一般用 mm 或 cm。

显然，入渗率与累积入渗量之间的关系为

$$i = \frac{\mathrm{d}I}{\mathrm{d}t} \tag{1-1}$$

或

$$I = \int_0^t i(t)\mathrm{d}t \tag{1-2}$$

式中　t——入渗历时，min；

$\quad\quad i$——入渗率，mm/min；

$\quad\quad I$——累积入渗量，mm。

3. 入渗规律描述

在入渗过程中，土壤的入渗能力是随着入渗历时而变化的。考察充分供水条件下的垂直入渗过程可以发现，在入渗开始时，入渗率 i 较大，随着入渗历时 t 的延长，入渗率 i 逐渐减小，最后趋近于一个较稳定的数值 i_D，不再继续下降，如图 1-3 所示。由此可见，土壤的入渗能力随着入渗历时逐渐降低，直至达到稳定入渗率 i_D。

按如图 1-3 所示的入渗率随入渗历时变化的关系以及式（1-2）所表示的入渗率与累积入渗量之间的关系，可以得出累积入渗量随入渗历时变化的关系，即累积入渗过程曲线，如图 1-4 所示。由图 1-4 可以看出，随着入渗历时的延长，累积入渗量的增长速度由快变缓。理论上，随着入渗历时的延长，累积入渗过程曲线趋近于一条直线，该直线的斜率即为稳定入渗率 i_D。

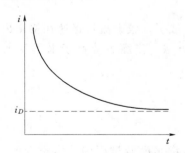
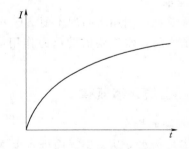

图 1-3　入渗率随入渗历时变化示意图　　　　图 1-4　累积入渗过程曲线示意图

土壤的入渗能力还与土壤质地、容重、初始含水率有关。一般地，砂土的入渗能力较高，黏土的入渗能力较低，壤土的入渗能力居中；对于同一种质地的土壤来讲，容重越小入渗能力越高，反之亦然；在土壤质地和容重相同的情况下，土壤的入渗能力与初始含水率呈负相关的关系。

4. 入渗的数学模型

自 20 世纪初以来，不少研究者提出了经验性的、理论性的，或半经验半理论性的入渗模型，其中影响较大的有考斯加可夫（Kostiakov）模型、考斯加可夫-列维斯（Kostiakov-Lewis）模型、格林-阿姆特（Green-Ampt）模型、菲利普（Philip）模型、霍顿（Horton）模型等。这里只对应用最为广泛考斯加可夫模型加以介绍。

考斯加可夫模型属于经验模型，是 1932 年由苏联的考斯加可夫提出的，其表达式为

$$I = Kt^a \tag{1-3}$$

式中　t——入渗历时，min；

　　I——累积入渗量，mm；

　　α——入渗指数，无因次；

　　K——入渗系数，mm/min。

α、K 统称为入渗参数，属于经验常数，本身并无物理含义，一般由试验或实测资料拟合求得。

由式（1-3）并根据式（1-1）推导可得考斯加可夫模型的入渗率形式为

$$i = \alpha Kt^{a-1} \tag{1-4}$$

式中　i——入渗率，mm/min；

　　其余符号意义同前。

虽然考斯加可夫模型在理论上不太严密，但是简单、实用，所以应用非常广泛。考斯加可夫入渗参数一般需要通过土壤入渗试验确定，其大小与土壤质地、土壤容重、初始含水率等因素有关。入渗指数 α 的值一般为 0.2～0.7；入渗系数 K 的值一般为 2～20mm/min。表 1-1 是根据室内试验资料得到的陕北榆林黄土（干容重为 1.4g/cm³）的考斯加可夫入渗参数。

在参阅国内有关文献时，须注意参数 α、K 的意义，有的书籍中该 2 个参数的意义分别相当于式（1-4）中的（$\alpha-1$）和 αK。

表 1-1　　　　　　　　　　陕北榆林黄土的考斯加可夫入渗参数

初始的体积含水率/%	K/(mm/min)	α
2.14	4.591	0.544
9.17	3.324	0.566

资料来源：缴锡云，等. 覆膜灌溉理论与技术要素试验研究. 北京：中国农业科技出版社，2001.

需要特别指出的是，对于沟灌来讲，由于其入渗界面是一个曲面而非平面，所以以用前述定义的入渗率、累积入渗量来表示入渗性能存在一定的困难。简化的方法有 2 种：①将沟灌的累积入渗量定义为单位沟长上的入渗水量，单位为 m²；②将沟灌的入渗概化为以沟为中心，以沟距为宽度范围内的均匀入渗。按照此概化模型，累积入渗量为

$$I = 1000 \frac{I_L}{d}$$

式中　I——累积入渗量，mm；

　　I_L——单位沟长上的入渗水量，m²；

d——灌水沟的沟距，m。

采用上述第 2 种表示方法比较方便，本章后面对沟灌的累积入渗量按该方法表示。沟灌的入渗率仍按式（1-4）计算。

三、灌水技术要素

地面灌溉的灌水技术要素主要包括畦田（沟）规格、灌水流量、灌水持续时间和改水成数。地面灌溉设计的任务就是以完成计划灌水定额为前提，确定合理的灌水技术要素，以得到较高的灌水质量。

1. 畦田（沟）规格

（1）畦田规格。畦田规格是指畦田的宽度和长度。畦田的宽度，即畦宽，取决于畦田的横向坡度、土壤的入渗能力、农业机械的宽度等因素，一般约 2～4m；畦田的长度，即畦长，取决于畦田的纵向坡度、土壤的入渗能力、水源可提供的灌水流量等因素，一般可在 30～120 m 范围内选取。

（2）灌水沟的规格。灌水沟的规格是指灌水沟的间距、灌水沟的长度以及灌水沟的断面结构。

灌水沟的间距（相邻灌水沟中心之间的距离），即沟距，应和灌水沟的湿润范围相适应，并满足农作物的耕作和栽培要求，一般在 50～80cm 范围内选取。入渗能力较高的轻质土壤的湿润形状为上下方向较长的长椭圆形，因此沟距应取小值；入渗能力较低的重质土壤的湿润形状为水平方向较长的长椭圆形，因此沟距应取大值，有时也可以超过 1m；中质土壤的入渗能力居中，沟距也应居中选取。

灌水沟的长度，即沟长主要取决于土壤的入渗能力和灌水沟的纵向坡度。当灌水沟纵向坡度较大，土壤入渗能力较低时，沟长可以取大些；当灌水沟纵向坡度较小，土壤入渗能力较高时，沟长应取小些。一般砂壤土上的沟长取 30～50m，黏性土壤上的沟长取50～100m 或更长。

灌水沟的断面形状有三角形、梯形以及近似为抛物线形几种，可用灌水沟断面水深与水面宽度的关系表反映。灌水沟的深度一般为 25cm 左右，宽度一般为 30cm 左右。

2. 灌水流量

对于畦灌和沟灌来讲，灌水流量分别称入畦流量和入沟流量。

（1）入畦流量。入畦流量是指畦首的供水流量，一般以单位畦宽上的入流量（即单宽流量）表示。入畦单宽流量的大小主要取决于土壤的入渗能力、畦长、纵向坡度以及土壤的不冲流速等因素，一般取 3～6L/(m·s)，土壤入渗能力高、畦较长、纵坡较小的，取大值，反之取小值。

（2）入沟流量。入沟流量是指灌水沟首端的供水流量，一般以一个沟的入流量（即单沟流量）表示。和畦灌相同，单沟流量的大小主要取决于土壤的入渗能力、沟长、纵向坡度以及土壤的不冲流速等因素，一般取 0.5～3.0L/s，土壤入渗能力高、沟较长、纵坡较小的，取大值，反之取小值。

入沟流量的另外一种表示方法为，将沟灌的入流量概化为以沟为中心，以沟距为宽度范围内均匀入流。按照此概化模型，单宽流量为单沟流量除以沟距。

3. 灌水持续时间

灌水持续时间是指从向畦田或灌水沟放水开始到停水为止的时间长度，单位为 min。灌水持续时间取决于灌水定额、土壤入渗能力等因素。

4. 改水成数

改水成数是指封口（切断入流）时田面水流推进长度占总长度的成数。改水成数与灌水定额、土壤入渗能力、坡度等条件有关，一般有七成改水、八成改水、九成改水和满流改水。改水成数也可用封口来表示，即切断灌水流量时田面水流推进的相对长度。与七成改水、八成改水、九成改水和满流改水相对应，封口一般取 0.7～1.0。一般情况下，在土壤入渗能力较强的沙土地区采用满流改水。

第二节 灌 水 质 量 评 价

一、地面灌溉的灌水过程

以末端封堵的畦灌为例，其灌水过程可分为推进、成池、消退、退水 4 个阶段。

1. 推进阶段

从放水入畦时刻开始，田面的水流前锋在到达畦尾前一直向前推进，这一过程称为推进阶段。

2. 成池阶段

水流前锋到达畦尾后，开始积水成池，直至畦首切断灌水流量为止，这一阶段称为成池阶段。

3. 消退阶段

畦首切断灌水流量后，土壤入渗使得田面积水逐渐减少，直至畦首的地表水深为 0，露出地面为止，这一阶段称为消退阶段。

4. 退水阶段

畦首露出地面后，畦田的积水部分的土壤入渗仍然在持续，田面积水逐渐减少，退水前锋不断地由畦首向畦尾移动，直至达到畦尾为止，这一阶段称为退水阶段。

在实际灌水过程中，成池阶段和消退阶段不一定存在，对于顺坡畦灌通常没有为非满流改水，因此没有该 2 个阶段。当 $t_{co} > t_L$ 时，有成池阶段；当 $t_{co} \leq t_L$ 时，无成池阶段。对于土壤入渗能力中等以上的顺坡畦灌，为了提高灌水均匀度，常常在水流推进到田块末端以前切断灌水流量，即 $t_{co} \leq t_L$，所以无成池阶段。对于没有成池阶段的顺坡畦灌，畦首切断灌水流量后，畦首的水深很快为 0，即 $t_D \approx t_{co}$，所以也可以认为不存在消退阶段。图 1-5 是地面灌溉的灌水过程示意图，其中图 1.5（a）为有成池阶段阶段的情况，图 1.5（b）为无成池阶段的情况。图中，坐标 T 为从开始放水的时刻算起的时间，坐标 x 为沿畦长方向离畦首的距离，t_D 表示退水阶段开始的时间，t_R 表示退水阶段结束的时间，t_{co} 表示停水时间，t_L 表示水流前锋推进到畦尾的时间。以上各时间均从开始放水的时刻算起。

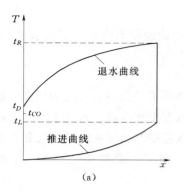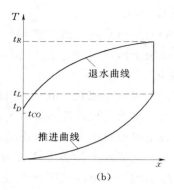

图 1-5 灌水过程示意图

(a) 有成池阶段；(b) 无成池阶段

二、灌水质量评价指标

一般来说，灌入水量沿畦（沟）长的分布是不均匀的，从而使得有的地方入渗水量过大渗到根系贮水层以下，产生了浪费，有的地方入渗水量偏小，出现了欠灌。

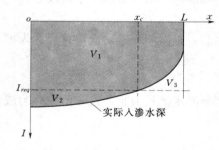

图 1-6 是入渗水量分布的示意图。图中：x 表示沿畦长方向离畦首的距离，m；L 为畦长，m；I 为某点的入渗水量，mm；I_{req} 为按灌水定额计算的需要入渗水量，mm；V_1 表示畦田中渗入根系贮水层的水量，m^3；V_2 表示畦田中渗到根系贮水层以外的深层渗漏水量，m^3；V_3 表示畦田中根系贮水层欠灌的水量，m^3；x_c 为超灌与欠灌分界点对应的坐标 x，m。该图也同样适合于沟灌。

图 1-6 入渗水量分布示意图

目前，对于地面灌溉的灌水质量评价，最常用的指标有灌水均匀度和灌水效率。

1. 灌水均匀度

灌水均匀度是指灌溉范围内，田间土壤湿润的均匀程度，通常用沿畦（沟）长多点入渗水深的值进行计算

$$E_d = 1 - \frac{\Delta I}{\bar{I}} = 1 - \frac{\frac{1}{n}\sum_{j=1}^{n}|I_j - \bar{I}|}{\bar{I}} \tag{1-5}$$

其中

$$\bar{I} = \frac{1}{n}\sum_{j=1}^{n}I_j$$

式中　　E_d——灌水均匀度，无量纲；

n——沿畦（沟）长测量的入渗水深的横断面个数；

I_j——第 j 个横断面上的平均入渗水深，沟灌的入渗水深为单位沟长上的入渗水量除以沟距计算得到，mm；

$\bar{I}$——沿畦（沟）长各横断面的平均入渗水深，mm；

ΔI——沿畦（沟）长各横断面的入渗水深的平均离差，mm。

2. 灌水效率

灌水效率是指灌溉范围内，根系贮水层内增加的水量与灌入田间的水量之比，其计算式为

$$E_a = \frac{V_1}{0.06qt_{co}} \tag{1-6}$$

其中

$$V_1 = \frac{1}{1000}\left[I_{req}x_c + \sum_{j=n_c}^{n-1}\left(\frac{I_j + I_{j+1}}{2} \cdot \Delta x_j \right) \right]$$

式中 E_a——灌水效率，无量纲；

V_1——单位宽度上渗入根系贮水层的水量，m²；

q——入畦（沟）单宽流量，沟灌的入沟单宽流量应以单沟流量除以沟距求得，L/(m·s)；

t_{co}——灌水持续时间，min；

I_{req}——按灌水定额计算的需要入渗水量，mm；

x_c——超灌与欠灌分界点对应的离畦首的距离，m；

n——沿畦（沟）长测量的入渗水深的横断面个数；

n_c——x_c 对应的横断面序号；

Δx_j——沿畦（沟）长方向第 j 个横断面和第 $j+1$ 个横断面之间的距离，m；

I_j、I_{j+1}——第 j 个横断面、第 $j+1$ 个横断面上的平均入渗水深，沟灌的入渗水深为单位沟长上的入渗水量除以沟距计算得到，mm。

此外，作为评价灌水质量的附加指标，还有需水效率、深层渗漏率和尾水率。

三、入渗水深的估算

在进行灌水质量评价过程中，各断面的入渗水深可以通过测定灌水前后的根层土壤含水率计算得到，也可以通过观测灌水过程的推进曲线和退水曲线，结合入渗模型来计算得到。

图 1-7 描述了无成池阶段的畦灌过程。坐标 T 为从开始放水的时刻算起的时间，坐标 x 表示离畦首的长度。对于任一横断面，退水时间与推进时间之差即为该断面的入渗历时，即

$$t_j = T_{dj} - T_{aj}$$

式中 t_j——第 j 个横断面的入渗历时，min；

T_{dj}——第 j 个横断面的退水时间，min；

T_{aj}——水流推进到第 j 个横断面的时间，min。

于是，在已知土壤入渗参数的情况下，根据考斯加可夫入渗模型便可求得第 j 个横断面的入渗水深

$$I_j = Kt_j^{\alpha}$$

式中 I_j——第 j 个横断面的入渗水深，mm；

t_j——第 j 个横断面的入渗历时，min；

α——入渗指数，无因次；

K——入渗系数，mm/min。

入渗参数 α、K 的确定，有很多种方法。利用双套环田间下渗仪测定畦田入渗参数是比较方便的方法。根据水量平衡原理，利用灌水的推进、退水过程观测资料以及灌水流量也可以反算出畦灌、沟灌的入渗参数，有兴趣的读者可以参考有关文献。

【例 1 - 1】　研究人员进行畦灌试验，畦长 $L=100\mathrm{m}$，单宽流量 $q=3.0\mathrm{L/(m \cdot s)}$，灌水持续时间 $t_{co}=35\mathrm{min}$，按灌水定额计算的需要入渗水量 $I_{req}=60\mathrm{mm}$。通过灌溉前后对根系贮水层土壤含水率观测结果计算，得出沿畦长各点的入渗水量，如图 1 - 8 所示，具体数据见表 1 - 2。试计算灌水均匀度和灌水效率。

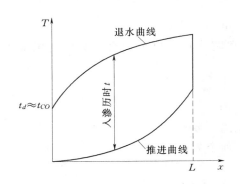

图 1 - 7　入渗历时计算示意图

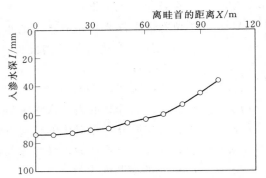

图 1 - 8　入渗水量沿畦长方向的分布

表 1 - 2　　　　　　　　　　　灌水均匀度及灌水效率计算表

j	x /m	I_j /mm	ΔI_j /mm	$\dfrac{I_j+I_{j+1}}{2}$ /mm	$\dfrac{I_j+I_{j+1}}{2}\Delta x_j$ /$10^{-3}\mathrm{m^2}$
1	0	74.2	11.9		
				74.2	742
2	10	74.2	11.9		
				73.6	736
3	20	72.9	10.6		
				72.0	720
4	30	71.0	8.7		
				70.6	706
5	40	70.1	7.8		
				68.1	681
6	50	66.1	3.8		
				64.7	647
7	60	63.3	1.0		
				61.7	617
8	70	60.0	2.3		
				56.5	565
9	80	52.9	9.4		
				48.9	489
10	90	44.8	17.5		
				40.4	404
11	100	36.0	26.3		
平均		62.3	10.1		

1. 灌水均匀度计算

入渗水量沿畦长方向的分布如图 1 - 8 所示。由入渗水量沿畦长分布的数据，可以计算出 11 个断面入渗水量的平均值为 $\overline{I}=62.3\mathrm{mm}$。按 $\Delta I_j=|I_j-\overline{I}|$ 计算沿畦长各断面

的入渗水深离差，结果见表 1-2，均值为 $\Delta I=10.1$mm。利用式 (1-5) 计算灌水均匀度为

$$E_d=1-\frac{\Delta I}{\overline{I}}=1-\frac{10.1}{62.3}=0.84$$

2. 灌水效率计算

由所给数据可以看出，超灌与欠灌分界点对应的离畦首的距离 $x_c=70$m，即 $n_c=8$。单位宽度上渗入根系贮水层的水量为

$$V_1=\frac{1}{1000}\Big[I_{req}x_c+\sum_{j=n_c}^{n-1}\Big(\frac{I_j+I_{j+1}}{2}\Delta x_j\Big)\Big]$$

$$=\frac{1}{1000}\big[60\times70+(565+489+404)\big]$$

$$=5.66(\mathrm{m}^3)$$

利用式 (1-6) 计算灌水效率为

$$E_a=\frac{V_1}{0.06qt_{co}}=\frac{5.66}{0.06\times3.0\times35}=0.90$$

第三节 地 面 灌 溉 设 计

地面灌溉设计就是根据实际资料，以完成计划灌水定额为前提，以灌水质量较高为目标，确定合理的灌水技术要素，包括沟畦规格、流量、持续灌水时间和改水成数。

一、畦灌系统设计

1. 畦田（沟）规格

畦宽取决于畦田的横向坡度、土壤的入渗能力、农业机械的宽度等因素，一般约 2~4m。

畦长取决于畦田的纵向坡度、土壤的入渗能力、水源可提供的灌水流量等因素，一般可在 60~300m 范围内选取，土壤入渗能力高、纵坡较小的，取短些，反之取大些。畦长可以参考表 1-3 中的数值来确定。

表 1-3		不同土壤质地及地面坡度的畦长		单位：m
土壤质地	$i<0.002$	$i=0.002\sim0.005$	$i=0.005\sim0.010$	$i=0.010\sim0.020$
轻砂壤土	20~30	50~60	60~70	70~80
砂壤土	30~40	60~70	70~80	80~90
黏壤土	40~50	70~80	80~90	90~100
黏土	60~60	70~80	80~90	100~110

资料来源：林性粹，赵诗乐，等.旱作物地面灌溉节水技术.北京：中国水利水电出版社，1999.

2. 灌水持续时间

灌水持续时间取决于灌水定额、土壤入渗能力等因素。在假定灌水均匀度为 1 的前提

下，各处的土壤入渗历时等于灌水持续时间，累积入渗水深等于灌水定额，即

$$Kt^a = m \qquad (1-7)$$

式中 t——灌水持续时间，min；

     α——入渗指数，无因次；

     K——入渗系数，mm/min。

根据式（1-7）推导，得估算灌水持续时间的公式

$$t = \left(\frac{m}{K}\right)^{\frac{1}{a}} \qquad (1-8)$$

式中   各符号意义同前。

3. 单宽流量

对于畦灌，按照水量平衡原理，有

$$60qt = mL$$

式中 t——灌水持续时间，min；

     q——入畦单宽流量，L/(m·s)；

     m——计划灌水定额，mm；

     L——畦长，m。

根据上式及式（1-8），可得单宽流量为

$$q = \frac{mL}{60t} \qquad (1-9)$$

式中   各符号意义同前。

单宽流量还应保证不冲刷土壤，而且又能分散覆盖于整个田面，其最大、最小单宽流量分别为

$$q_{max} = \frac{0.1765}{s_0^{0.75}} \qquad (1-10)$$

$$q_{min} = \frac{0.00595L\sqrt{s_0}}{n} \qquad (1-11)$$

式中 q_{max}——最大单宽流量，L/(m·s)；

     s_0——地面坡度，无量纲；

     L——畦长，m；

     n——曼宁糙率系数。

畦首的水深不应超过畦埂高度。畦首水深的计算式为

$$y_0 = \left(\frac{qn}{1000s_0^{0.5}}\right)^{0.6} \qquad (1-12)$$

式中 y_0——畦首水深，m；

     其余符号意义同前。

如果由式（1-9）计算出的单宽流量不满足最大、最小单宽流量的限制，或畦首水深超过了畦埂高度，则应调整灌水定额、畦田规格等，以满足要求。

4. 改水成数

改水成数与灌水定额、土壤入渗能力、坡度、畦长、单宽流量等条件有关，一般有七

成改水、八成改水、九成改水和满流改水。改水成数需要通过田间试验或其他更复杂的理论计算来确定。一般对于地面坡度大、单宽流量大、土壤入渗能力低的畦田，改水成数取低值，反之取高值。

河南省引黄灌区根据畦灌试验，给出了不同土壤质地、不同坡度条件下的灌水技术要素，列于表1-4，供参考。

表1-4　　　　　　　　　　　河南省引黄灌区畦田灌水技术要素表

土壤质地	$i<0.002$		$i=0.002\sim0.010$		$i=0.010\sim0.025$	
	畦长/m	单宽流量/[L/(m·s)]	畦长/m	单宽流量/[L/(m·s)]	畦长/m	单宽流量/[L/(m·s)]
强透水性轻壤土	30~50	5~6	50~70	5~6	70~80	3~4
中透水性土壤	50~70	5~6	70~80	4~5	80~100	3~4
弱透水性重质土壤	70~80	4~5	80~100	3~4	100~130	3

资料来源：水利部农村水利司．灌溉管理手册．北京：中国水利水电出版社，1994．

【例1-2】 冬小麦畦田的起身-拔节期间，灌水定额确定为60mm。畦田规格为畦宽3m，畦长70m，畦埂高度0.20m。畦田的纵坡0.001。土壤为黏壤土，经田间实际测定，考斯加可夫模型的入渗指数 $\alpha=0.377$，入渗系数 $K=18.6$mm/min，曼宁糙率系数 $n=0.084$。试确定灌水持续时间和入畦单宽流量。

根据式（1-8）计算灌水持续时间 t。将灌水定额 $m=60$mm，入渗指数 $\alpha=0.377$，入渗系数 $K=18.6$mm/min 代入公式，得灌水持续时间为

$$t=\left(\frac{m}{K}\right)^{\frac{1}{\alpha}}=\left(\frac{60}{18.6}\right)^{\frac{1}{0.377}}=22.3(\text{min})$$

根据式（1-9）计算单宽流量。将灌水定额 $m=60$mm，畦长 $L=70$m，灌水持续时间 $t=22.3$min 代入公式，得入畦单宽流量为

$$q=\frac{mL}{60t}=\frac{60\times70}{60\times22.3}\approx3.1[\text{L/(m·s)}]$$

将畦田纵坡 $s_0=0.001$ 代入式（1-10），计算最大单宽流量为

$$q_{max}=\frac{0.1765}{s_0^{0.75}}=\frac{0.1765}{0.001^{0.75}}\approx31.4[\text{L/(m·s)}]$$

将畦田纵坡 $s_0=0.001$，畦长 $L=70$m，满宁糙率系数 $n=0.084$ 代入式（1-11），计算最小单宽流量为

$$q_{min}=\frac{0.00595L\sqrt{s_0}}{n}=\frac{0.00595\times70\sqrt{0.001}}{0.084}\approx0.2[\text{L/(m·s)}]$$

将入畦单宽流量 $q=3.1$L/(m·s)，畦田纵坡 $s_0=0.001$，满宁糙率系数 $n=0.084$ 代入式（1-12），计算畦首水深

$$y_0=\left(\frac{qn}{1000s_0^{0.5}}\right)^{0.6}=\left(\frac{3.1\times0.084}{1000\times0.001^{0.5}}\right)^{0.6}\approx0.06(\text{m})$$

入畦单宽流量为3.1L/(m·s)满足最大、最小限制，畦首水深不超过畦埂高度，于

是入畦单宽流量取 3.1L/(m·s)，相应的灌水持续时间为 22.3min。

二、沟灌系统设计

1. 灌水沟的规格

沟距应和灌水沟的湿润范围相适应，并满足农作物的耕作和栽培要求，一般在 50～80cm 范围内选取。入渗能力较低的重质土壤的湿润形状为水平方向较长的长椭圆形，因此沟距应取大值；中质土壤的入渗能力居中，沟距也应居中选取。沟距可以参考表 1-5 中的数值确定。

表 1-5　　　　　　　　　　　不同土壤质地条件下的灌水沟距

土壤质地	轻质土壤	中质土壤	重质土壤
沟距/cm	50～60	65～75	75～80

资料来源：林性粹，赵诗乐，等．旱作物地面灌溉节水技术．北京：中国水利水电出版社，1999.

灌水沟的断面形状一般采用三角形、梯形。灌水沟的深度一般在 25cm 左右，宽度一般在 30cm 左右。

沟长主要取决于土壤的入渗能力和灌水沟的纵向坡度。当灌水沟纵向坡度较大，土壤入渗能力较低时，沟长可以取大些；当灌水沟纵向坡度较小，土壤入渗能力较高时，沟长应取小些。一般砂壤土上的沟长取 30～50m，黏性土壤上的沟长取 50～100m。沟长可以参考表 1-6 中的数值来确定。

表 1-6　　　　不同土壤质地、灌水定额、坡度条件下的灌水沟长度　　　　　单位：m

土壤质地	灌水定额为 375m³/hm²			灌水定额为 450m³/hm²			灌水定额为 525m³/hm²		
	$i<0.001$	$i=0.001\sim$ 0.003	$i=0.003\sim$ 0.004	$i<0.001$	$i=0.001\sim$ 0.003	$i=0.003\sim$ 0.004	$i<0.001$	$i=0.001\sim$ 0.003	$i=0.003\sim$ 0.004
轻质土壤	20	30	45	25	45	50	30	50	60
中质土壤	20	30	45	25	40	60	35	55	70
重质土壤	30	35	50	35	40	65	45	60	80

资料来源：林性粹，赵诗乐，等．旱作物地面灌溉节水技术．北京：中国水利水电出版社，1999.

2. 灌水持续时间

灌水持续时间取决于灌水定额、土壤入渗能力等因素。本书在讲述入渗数学模型内容时已经提及，沟灌的入渗可以概化为以沟为中心，以沟距为宽度范围内的均匀入渗。按照此概化模型，累积入渗量为

$$I = 1000 \frac{I_L}{d}$$

式中　I——累积入渗量，mm；

　　　I_L——单位沟长上的入渗水量，m²；

　　　d——灌水沟的沟距，m。

将概化的累积入渗量用考斯加可夫模型表示，即 $I=Kt^a$，并考虑灌水停止时刻沟中尚存蓄一定的水量的情况，则按照水量平衡原理有

$$mdL=(b_0h+dKt^a)L \qquad (1-13)$$

式中　m——沟灌的灌水定额，mm；

　　　d——沟距，m；

　　　L——沟长，m；

　　　b_0——灌水沟中蓄水的平均水面宽度，m；

　　　h——灌水沟平均蓄水深度，mm；

　　　t——灌水持续时间，min；

　　　α——概化模型的入渗指数，或称为沟灌的折引入渗指数，无因次；

　　　K——概化模型的入渗系数，或称为沟灌的折引入渗系数，mm/min。

灌水沟平均蓄水深度 h，一般在沟深度的 $1/3\sim2/3$ 范围内选取，土壤入渗能力较低、灌水沟坡度较大的选小值，反之选大值。

于是，沟灌的灌水持续时间计算为

$$t=\left(\frac{md-b_0h}{dK}\right)^{\frac{1}{a}} \qquad (1-14)$$

式中　各符号意义同前。

3. 灌水流量

入沟流量一般以单沟流量来表示。和畦灌相同，单沟流量的大小主要取决于土壤的入渗能力、沟长、纵向坡度以及土壤的不冲流速和不淤流速等因素，一般取 $0.5\sim3.0$L/s，土壤入渗能力高、沟较长、纵坡较小的，取大值，反之取小值。

对于沟灌，则按照水量平衡原理有

$$60qt=mdL$$

式中　t——灌水持续时间，min；

　　　q——单沟流量，L/s；

　　　m——计划灌水定额，mm；

　　　d——沟距，m；

　　　L——畦长，m。

根据上式及式（1-13），可得单沟流量为

$$q=\frac{mdL}{60t} \qquad (1-15)$$

式中　各符号意义同前。

单沟流量还应保证不冲刷土壤，因此也应该用灌水沟允许的最大流速校核。对于易侵蚀的淤泥土，灌水沟允许的最大流速为 8m/min；对于砂土、黏土，灌水沟允许的最大流速为 13m/min。

如果由式（1-15）计算出的单沟流量不满足最大流速的限制，则应调整灌水定额、畦田规格等，以满足要求。

4. 改水成数

根据沟灌的灌水定额，土壤入渗能力，以及灌水沟的纵坡，沟长和入沟流量等条件，

改水成数可采用七成改水、八成改水、九成改水或满流改水。一般对于地面坡度大、入沟流量大、土壤入渗能力低的灌水沟，改水成数取低值，反之取高值。

河南省引黄灌区根据沟灌试验，给出了不同土壤质地、不同坡度条件下的灌水技术要素，列于表1-7，供参考。

表1-7　　　　　　　　河南省引黄灌区沟灌技术要素表

土壤质地	$i<0.002$		$i=0.002\sim0.004$		$i=0.004\sim0.010$	
	沟长/m	单沟流量/(L/s)	沟长/m	单沟流量/(L/s)	沟长/m	单沟流量/(L/s)
强透水性轻壤土	30~40	1.0~1.5	40~60	0.7~1.0	60~80	0.6~0.9
中透水性土壤	40~60	0.7~1.0	70~90	0.5~0.6	80~100	0.4~0.6
弱透水性重质土壤	50~80	0.5~0.6	80~100	0.4~0.5	90~120	0.2~0.4

资料来源：林性粹，赵诗乐，等．旱作物地面灌溉节水技术．北京：中国水利水电出版社，1999.

第四节　波涌灌溉技术简介

波涌灌溉（Surge Irrigation）是一种改进的地面灌溉，又称涌流灌溉或间歇灌溉，它是把灌溉水按一定周期间歇地向畦田（沟）供水，逐段湿润土壤，直到水流推进到畦田（沟）末端为止的一种节水型地面灌水新技术。

波涌灌溉是20世纪70年代末期由美国犹他州立大学首先提出的。美国从1986年开始推广这一地面灌水新技术。1987年开始，我国的有关高校和科研院所在河南商丘、人民胜利渠及陕西的泾惠渠管理局、宝鸡峡灌区、洛惠渠灌区等地进行了大量的试验研究。试验表明，和连续灌比较，波涌灌的灌水均匀度可提高10%~20%。

一、波涌灌溉的方式

在波涌灌溉的过程中，以波涌流实行间歇性灌水，水流不再是一次推进到田块末端，而是分段逐次地由首端向末端推进。一次的放水历时 T_{on} 称为灌水运行时间；一次放水及之后的一次停水，称为一个循环周期，因此周期时间 T 为灌水运行时间 T_{on} 与停水的历时 T_{off} 之和，即 $T=T_{on}+T_{off}$；灌水运行时间 T_{on} 与周期时间 T 之比称为循环率 r，即 $r=T_{on}/T$。

目前，波涌灌溉的方式有3种。

1. 定时段-变流程方式

在灌水的全过程中，每个灌水周期的放水流量和灌水运行时间一定，而每个周期的水流推进长度则不相同。目前，波涌灌溉多采用此方式。

2. 定流程-变时段方式

在灌水的全过程中，每个灌水周期的放水流量和水流新推进的长度一定，而每个周期的灌水运行时间则不相同。

3. 增量灌水方式

在第一个周期内增大流量，使得水流快速推进到田块总长的3/4位置后停水，在随后的几个循环周期中再按定时段-变流程方式或定流程-变时段方式，以较小的放水流量运行。

二、波涌灌溉的节水机理

试验观测结果表明，在波涌灌溉过程中，经过一个循环周期，经历了田面的湿润和变干2个阶段，土壤的入渗能力降低、糙率系数减小，从而使得水流界面流畅，推进速度加快。也就是说，当灌水量一定时，以波涌灌溉实行的间歇性灌水，水流可以更快地推进到田块末端。与连续灌相比，这使得田块上游端的入渗历时减少，而下游端的入渗历时增加，从而上游端的深层渗漏和下游端根系层的欠灌水量均有所减少，提高了灌水均匀度。

第五节　地面灌溉稳健设计简介

针对畦灌质量不高、波动较大的问题，研究了畦灌技术要素稳健设计方法。在定义灌水质量损失指标，建立畦灌系统信噪比计算公式的基础上，根据田口稳健设计理论，对畦灌各影响因素进行了正交试验组合，利用畦灌一维模拟的结果计算各方案的信噪比，筛选信噪比最大的畦灌技术要素组合为稳健设计方案。结果表明，与普通优化设计相比，采用稳健设计得到的灌水技术方案能够提高灌水质量，并有效减小其波动性。

一、田口稳健设计理论

田口方法分为系统设计、参数设计和容差设计3个阶段，所以又称为3次设计。地面灌溉的灌水质量评价有着较为成熟的基础理论，因此畦灌技术要素稳健设计不需要经过系统设计阶段，借鉴已有的理论直接进行参数设计即可，暂未考虑容差设计。

参数设计是田口方法的核心，是设计的重要阶段，其基本原理是利用产品输出特性的非线性效应，依据正交试验设计（Orthogonal Experimental Design）和信噪比（Signal Noise Ratio）分析结果，选择系统中所有因素的最佳水平组合，这种组合受各种干扰因素的影响较小，质量特性最为稳定。参数设计是利用2个正交表来安排试验的，可控因素被安排在内侧正交表（简称内表），误差因素被安排在外侧正交表（简称外表）。

信噪比最初应用于通讯和电气工程设计中，反映信号强度与噪声强度的比值。在田口方法中，它被用来评价干扰因素对质量评价指标的影响程度。

按照田口方法，针对畦灌的技术要素和自然要素进行内、外表正交试验设计，根据田面水流运动的模拟结果计算各方案的信噪比，并进行方差分析，依据信噪比大小及方差分析结果确定可控技术要素的稳健组合。

二、灌水技术要素稳健设计

1. 信噪比计算

影响畦灌灌水质量的因素有很多，包括灌水流量、畦长、改水成数、土壤入渗参数、糙率系数及田面纵坡等。在畦灌的设计中，常根据给定的农田条件，包括土壤入渗特性、糙率系数及田面坡度等，进行畦长、单宽流量及改水成数等的设计。因此，可将单宽流量、畦长及改水成数确定为可控因素，将入渗参数和糙率系数作为不可控因素。建立在激光控制土地精细平整技术上的水平畦灌技术虽然可以改善田面平整精度或控制田面纵坡，但考虑到我国灌溉水平的现状，短期内激光控制精细平地技术的大面积推广应用难以实现，因此本书将畦田纵坡归为影响灌水质量的不可控因素。

为了方便利用田口方法进行灌水技术要素设计，将 2 个常用的灌水质量评价指标的几何平均值与 1 的差值定义为灌水质量损失指标：

$$P_L = 1 - \sqrt{E_a D_u} \qquad (1-16)$$

式中　P_L——灌水质量损失指标；

　　E_a、D_u——灌水效率和灌水均匀度。

灌水质量评价指标 E_a、D_u 可通过地面灌溉模型 SRFR 进行计算。灌水质量损失指标 P_L 表征的是灌水质量与理论最高值 1 之差，其值越小，代表灌水质量越高，具有望小特性，据此可以计算得到畦灌信噪比：

$$SN = -10\lg\left(\frac{1}{N}\sum_{i=1}^{N} P_{Li}\right) \qquad (1-17)$$

式中　SN——信噪比；

　　N——测试次数；

　　i——测试次序；

　　P_L——灌水质量损失指标。

2. 内表与外表设计

将单宽流量、改水成数、畦长等 3 个技术要素（可控因素）各设置 3 个水平，采用正交表 $L_9(3^4)$ 设计内表，安排模拟试验方案。

考虑各因素的误差进行的模拟试验方案称为外设计，需针对内表中的各个方案分别进行外表设计。在设计中，单宽流量、改水成数和沟畦长度存在着控制误差，分别按内表设计值的 ±5% 计。糙率系数 n 和田面纵坡 s 为自然要素，其波动幅度可通过实测得到。

3. 灌水技术要素文件设计组合

对于内表中的 9 个方案，每个方案均对应着 18 次外表模拟试验。对于每个内表方案的 18 种波动，通过模拟得到各方案的灌水效率 E_a 和灌水均匀度 D_u，并采用式（1-16）计算得到 18 个灌水质量损失指标 P_L，由此可分别计算得到内表 9 个方案的信噪比 SN。

根据田口稳健设计理论，信噪比越大，表示系统在受干扰的情况下输出特性越稳定，因此信噪比最大的组合即为可控因素的稳健组合。对灌水技术而言，信噪比越大表明灌水质量受干扰因素的影响越小，灌水质量越稳定，即为稳健的灌水技术要素组合。

复 习 思 考 题

1. 地面灌溉的概念是什么？一般可以分为几类？

2. 入渗的概念是什么？入渗率和累积入渗量的定义是什么？

3. 畦灌的灌水技术要素有哪些？沟灌的灌水技术要素有哪些？

4. 地面灌溉的灌水过程一般包括哪几个阶段？

5. 最常用的灌水质量评价指标有哪些？是如何定义的？

6. 根据土壤入渗试验资料，拟合考斯加可夫模型为 $I=8.42t^{0.53}$（其中：I 为累积入渗量，mm；t 为入渗历时，min），试计算入渗 40min 时的累积入渗量；如欲使灌水定额达到 90mm（折合 60m³/亩）需要灌水的持续时间是多少？

7. 对某畦田在长度上均匀设置 10 个观测点，观测灌水前后的土壤水分，并计算各点的灌水入渗量，见表 1-8。试计算该畦田的灌水均匀度。

表 1-8　　　　　　　　　　　　某畦各点入渗水量表

观测点编号 j	1	2	3	4	5	6	7	8	9	10
入渗水量 I/mm	68.5	67.4	63.1	58.4	58.3	61.2	57.6	51.2	50.3	64.3

第二章 渠道防渗工程技术

第一节 概 述

一、渠道防渗的意义及其作用

渠道防渗，通常指的是要采取技术措施，防止渠道的渗漏损失。建好渠道防渗工程，是节约用水、实现节水型农业的重要内容。我国灌溉渠系水的利用系数很低，因渠道渗漏而损失掉的水量很大。大量工程实践证明，采取渠道防渗措施以后，可以减少渗漏损失70%~90%，如以减少渗漏损失80%计算，每年就可以节水1387.2亿 m^3。如按我国目前每亩灌溉用水量660 m^3 计，可以扩大灌溉面积2.1亿亩。因此建好渠道防渗工程是提高现有水利工程效益、提高渠系水利用系数、节约用水时效较快的重要途径。另外，现在我国农业水利逐步向农村生态水利建设发展，渠道衬砌也成为生态河道和生态水景观的重要组成部分。渠道防渗意义重大，重要性非常明显。

渠道渗漏水量占渠系损失水量的绝大部分，一般占渠首引入水量的30%~50%，有的灌区高达60%~70%。渠系水量损失不仅降低了渠系水利用系数，减少了灌溉面积，浪费了宝贵的水资源，而且会引起地下水位上升，招致农田渍害。在有盐碱化威胁的地区，会引起土壤次生盐碱化。水量损失还会增加灌溉成本和农民的水费负担，降低灌溉效益。为了减少渠道输水损失，提高渠系水利用系数，一方面要加强渠系工程配套和维修养护，实行科学的水量调配，不断提高灌区管理工作水平；另一方面要采取防渗工程措施，减少渠道渗漏水量。

渠道防渗的作用主要有以下几方面：

（1）减少渠道渗漏损失，提高渠系水利用系数。没有衬砌的土渠，渗漏损失水量很大，一般占总灌溉引水量的一半。渗漏严重的地区，损失更高。通过对渠道采取防渗措施，可减少渠道的渗漏损失水量，提高渠系水利用系数，进而提高灌溉水利用系数，节省灌溉用水量，更有效的利用水资源。

（2）减小渠床糙率系数，提高渠道输水能力。渠道防渗后，渠床糙率显著降低，渠中流速加大，因而输水能力明显提高，一般防渗后的渠道比防渗前提高输水能力30%以上。防渗渠道糙率小、流速大，故输水时间可以缩短30%~50%，同时可以加大渠道流量。这样就可以缩小渠道断面，减少渠道开挖方量，减少占用耕地面积。

（3）减少渠道渗漏对地下水的补给，防治土壤盐碱化。渠道长期大量渗漏，会引起灌区地下水位上升。例如，内蒙古河套灌区，水浇地灌成了盐碱地，面积也在逐年增加，1955—1958年次生盐碱土面积占全灌区面积的13.2%，到1965—1974年就上升为58%。而渠道防渗后，则可使灌区地下水位降低，特别是沿渠两侧的地下水位显著降低，有利于改良盐碱地和沼泽地。

（4）防止渠道长草，减少淤积、冲刷及坍塌，节约工程运行费用。对渠道进行防渗后，可以提高渠床的稳定性，防止渠道滑坡和塌方变形导致的溃决等事故的发生。还可以防止渠床长草，减少淤积和冲刷，因而可以减少大量的防险、除草等养护、维修的工作量和费用。

二、防渗工程技术的发展

我国人民很早就养成了兴修水利、节约用水、与干旱做斗争的良好习惯和传统。据《新疆图志》记载，清光绪六年（1880）哈密县在修建石城子渠时，就采用毛毡防渗。可见渠道防渗工作早就引起了人们的重视，曾先后采用黏土、灰土、三合土夯实，黏土捶打，砌砖、砌石等方法，修建了一些渠道防渗工程。新中国成立以后，于20世纪60年代陕西、山西、河北、河南等省开展了混凝土防渗试验研究和推广工作，渠道防渗的范围和规模越来越大，对渠道防渗意义的认识也越来越深入。1976年在水利部的重视、组织和领导下，全国26个省（自治区、直辖市）开展了渠道防渗科技协作攻关活动，有组织的进行了试验研究工作，有力的促进渠道防渗技术的发展，大大推动了防渗工程建设。

由于全国有关单位的共同努力，我国取得了很多防渗技术成果。水利部为了统一和提高渠道防渗工程的设计、施工、测验和管理水平，在已有科技成果的基础上，组织编制了《渠道防渗工程技术规范》（GB/T 50600），并已颁布施行。这对我国建好渠道防渗工程，将起到积极的促进和指导作用。

综合国内外工程技术概况，渠道防渗工程技术发展趋势有以下几个方面。

1. 防渗新材料的研究和推广

目前国内外都对防渗新材料有较多的研究和推广，包括在薄膜材料、沥青混凝土防渗材料、新型伸缩缝止水材料、新型防冻害保温材料等，不同材料根据其特点和适用性，以及投资造价的不同，都有不同程度的推广和应用。

2. 复合材料防渗结构形式

实践证明，单一的混凝土或砌石等防渗材料很难达到预期的防渗效果和耐久性。近年来随着防渗膜料的发展，采用了符合材料防渗的结构形式，即采用柔性膜料（塑膜、沥青玻璃布油毡或复合膜料等）作防渗层，主要起防渗作用。在膜料防渗层上，再用混凝土等刚性材料或土料作保护层，此层主要起保护膜料不被外力破坏和防止老化、延长工程寿命的作用。两种材料互相扬长避短，是目前发展的趋势。

3. 防渗渠道的断面形式

美、日等国外防渗渠道以往多为梯形断面。其中，美国有采用弧形坡脚梯形断面的报道。日本当前由于人多地少，为了节约土地，同时，为了适应机械化施工的要求，新建改建的渠道防渗工程已多采用矩形和U形断面。我国在小型渠道上已推广了U形断面，在大中型渠道上，也将逐渐采用弧形坡脚梯形断面和弧形底梯形断面。

4. 渠道防渗工程防冻害技术

我国经过20多年的反复试验和实践后，采用了"允许一定冻胀位移量"的工程设计标准和"适应、削减或消除冻胀"的防冻害原则和技术措施，效果很好，与国外相比，工程造价大大降低。这是目前我国行之有效的和符合国情的防冻害先进技术，并以列入规范中，在全国执行。

5. 施工向半机械化和机械化方向发展

为了保证施工质量，加快进度，美、日等国已基本上全部采用机械化施工的方法修建渠道防渗工程。这是施工技术的发展方向，虽然我国与国外的差距较大，但迄今为止，我国也研制出一批施工机械设备，如 U 形渠道施工机械（U 形渠基槽开渠机、小型 U 形渠混凝土浇筑机等）、预制块压块机和轻便型制、灌泥浆成套设备等。

第二节 防 渗 措 施

我国幅员辽阔，各地气候、土质、材料、水质等条件不尽相同，多年来各地试验研究和推广应用了许多渠道防渗措施，取得了显著的节水效果。在选择防渗措施时，要结合当地材料和已有经验选择。特别是南北方之间气候差异大，防渗措施往往不同，或是相同的措施，具体构造也不同。对于大型渠道，则应对其可能采用的几种防渗措施，通过小范围试验进行比选，必要时可进行经济比较，以供选择时参考。

一、砌砖石防渗

砌砖石防渗按结构形式分有护面式、挡土墙式两种；按材料和砌筑方法可分为浆砌料石、浆砌块石、浆砌石板、浆砌卵石和干砌卵石挂淤等多种形式。是一种用料石、块石、卵石、石板等进行浆砌，或用卵石进行干砌挂淤等作为渠道护面或渠道挡土墙而进行的防渗措施。国内常见的石料衬砌渠道的断面形式有：梯形断面、矩形断面和 U 形断面，以及箱形断面和城门洞形断面的暗渠等。在设计时，可结合防渗要求、料源情况、投资以及施工技术条件等确定采用哪种形式。

砖石料衬砌渠道抗冻、护冲、抗磨及抗腐蚀性能好，施工简易，耐久性强，对固定渠床，减少糙率有显著作用；但是，施工不易采用机械化施工，从而防渗能力较难保证。砌石防渗适用于石料资源丰富，能就地取材的地区，多用于有抗冻和抗冲要求的渠道。砌砖石防渗一般可减少渠道渗漏量 70%～80%。浆砌石防渗效果为 $0.09～0.25 m^3/(m^2 \cdot d)$，干砌卵石挂淤的防渗效果为 $0.20～0.40 m^3/(m^2 \cdot d)$。但是，一般砌石防渗的效果不如混凝土、塑料薄膜、油毡等的防渗效果。因为砌石防渗缝隙较多，砌筑、勾缝不易保证质量。

依据《渠道防渗工程技术规范》（GB/T 50600）的要求，对于浆砌料石、浆砌块石挡土墙式防渗层的厚度应根据实际需要确定。对于护面式防渗层厚度，浆砌料石采用 15～25cm；浆砌块石采用 20～30cm；浆砌石板不宜小于 3cm。浆砌卵石护面或干砌卵石护面的防渗层厚度，应根据使用要求和当地料源情况确定，可采用 15～30cm 。

为了提高砌石护面的防渗效果以及防止渠床基土被淘刷，对于干砌卵石挂淤渠道，可在砌石体下面设置砂砾石垫层，或铺设土工织物；对于浆砌石板渠道，可在石板防渗层下铺设厚度为 2～3cm 的砂料，或低标号砂浆作垫层；对于防渗要求高的大、中型渠道，可在砌石防渗层下铺设复合土工膜料层。

关于施工缝的设置：护面式浆砌石防渗结构，可不设伸缩缝；软基上挡土墙式浆砌石防渗结构，应设置沉陷缝，缝距可采用 10～15m。砌石防渗层与建筑物连接处，应按伸缩缝结构要求处理。

石料防渗层的砌筑方法对渠道的坚固性和防渗性能有很大的影响。干砌石防渗在竣工后，和未被水中泥沙淤填之前，如果砌筑质量不好，在水流作用下，不仅防渗能力差，而且会因局部石料的松动而引起整体砌石层发生崩塌，甚至溃散的现象。因此在进行石料砌筑时应严格遵守砌石施工规程，保证施工质量。

二、混凝土防渗

混凝土防渗就是用混凝土衬砌渠道，减少或防止渗漏损失。这是目前广泛采用的一种渠道防渗技术措施。混凝土衬砌渠道防渗效果好，一般能减少渗漏损失 90％～95％以上；耐久性好，正常可以运行 50 年以上；渠道糙率小，允许流速大，在地形坡度较陡的地区可节省连接建筑物，缩小渠道断面，减少土方工程量和占地面积；强度高，便于管理；适应性广泛。

大、中型渠道防渗工程混凝土的配合比，应按现行行业标准《水工混凝土实验规程》(DL/T 5150) 的有关规定进行实验确定，其选用配合比应满足强度、抗渗、抗冻及和易性的设计要求。小型渠道混凝土的配合比可按当地类似工程的经验采用。混凝土衬砌渠道要求混凝土的各性能指标不应低于表 2-1 中的数值。严寒和寒冷地区的冬季过水渠道，抗冻等级应比表中所列数值提高一级。渠道流速大于 3m/s，或水流中挟带推移质泥沙时，混凝土的抗压强度不应低于 15MPa。

表 2-1　　　　　　　　　　混 凝 土 性 能 指 标

工程规模	标号	严寒地区	寒冷地区	温和地区
小型	强度（C）	15	15	15
	抗冻（F）	50	50	—
	抗渗（W）	4	4	4
中型	强度（C）	20	15	15
	抗冻（F）	100	50	50
	抗渗（W）	6	6	6
大型	强度（C）	20	20	15
	抗冻（F）	200	150	50
	抗渗（W）	6	6	6

注　1. 强度等级的单位为 MPa。
　　2. 抗冻等级的单位为冻融循环次数。
　　3. 抗渗等级的单位为 0.1MPa。
　　4. 严寒地区为最冷月平均气温低于 -10℃；寒冷地区为最冷月平均气温不低于 -10℃ 但不高于 -3℃；温和地区为最冷月平均气温高于 -3℃。

混凝土衬砌防渗层的结构形式，一般采用等厚板。当渠基有较大变形时，除采取必要的地基处理措施外；对大中型渠道主要采用楔形板、肋梁板、中部加厚板和Ⅱ形板结构形式；小型渠道宜采用整体式 U 形或矩形渠槽；特种土基宜采用板膜复合式结构。各种形式如图 2-1 所示。

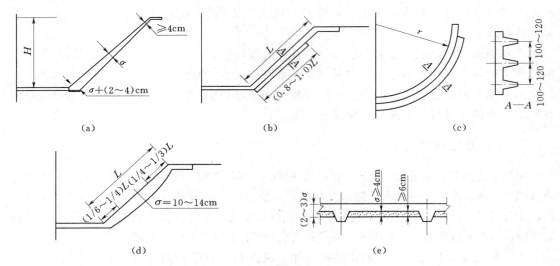

图 2-1 混凝土防渗层结构形式

(a) 楔形板；(b) 平肋梁板；(c) 弧形肋梁板；(d) 中部加厚板；(e) Π形板

楔形板、平肋梁板、中部加厚板和Π形板，均是为防冻破坏而改进的混凝土防渗结构形式，楔形板是在等厚板的基础上，为了使其承载能力更加合理而改进的结构形式。楔形板为一下厚上薄的不等厚板，在坡脚处的厚度，比中部应增加 2～4cm。肋梁板和Π形板的厚度，比等厚板的厚度可适当减小，但不应小于 4cm。Π形板是利用板下的密闭空间起保温作用，可以减轻冻胀；同时使板与土基脱离接触，又可消弭土基冻胀所产生的变形。肋梁板的肋高宜为板厚的 2～3 倍。渠基土稳定且无外压力时，U 形渠和矩形渠防渗层的最小厚度，一般参照表 2-2 选用。渠基土不稳定或存在较大外压力时，U 形渠和矩形渠宜采用钢筋混凝土结构，并应根据外荷载进行结构强度、稳定及裂缝宽度验算。

等厚板因施工简便，质量容易控制，造价较低，在没有特殊地质问题的一般地基上，只要施工得当，完全可以满足防渗和安全运行的要求，所以得到了普遍应用。综合国内外实践工程经验，结合《渠道防渗工程技术规范》（GB/T 50600）要求：当渠道流速小于3m/s 时，梯形渠道混凝土等厚板的最小厚度应符合表 2-2 中的规定；渠道流速为 3～4m/s 时，最小厚度为 10cm；流速为 4～5m/s 时，最小厚度宜为 12cm；水流中含有砾石类推移质时，为防止冲刷破坏，渠底板的最小厚度不应小于 12cm，渠道超高部分的混凝土衬砌厚度可适当减小，但不得小于 4cm。

表 2-2　　　　　　　　　　　　混凝土防渗层的最小厚度　　　　　　　　　　　　单位：cm

工程规模	温和地区			寒冷地区		
	钢筋混凝土	混凝土	喷射混凝土	钢筋混凝土	混凝土	喷射混凝土
小型	—	4	4	—	6	5
中型	7	6	5	8	8	7
大型	7	8	6	9	10	8

混凝土防渗的施工方式有现场浇筑和预制装配两种。现场浇筑法的优点是衬砌接缝少，造价较低；预制装配法的优点是受气候条件的影响小，混凝土质量容易保证。一般采用预制板型构件装配的造价要比现场浇筑高10％。此外，还有用喷射混凝土进行防渗的，这种形式的防渗渠道强度高，厚度薄，抗渗性、抗冻性好，但施工需要专用的机械设备。

三、沥青混凝土防渗

沥青混凝土是以沥青为胶结剂，与矿粉、矿物骨料经过加热、拌和、压实而成的防渗材料。沥青混凝土防渗能力强，适应变形能力较好，造价与混凝土相近，对人畜无害且易修补。沥青混凝土防渗一般适用于冻胀性土基，且附近有沥青料源的渠道。其防渗效果好，为 $0.04 \sim 0.14 \mathrm{m^3/(m^2 \cdot d)}$，使用年限为 $20 \sim 30$ 年。

沥青混凝土防渗层的孔隙率不得大于4％，渗透系数不大于 $1 \times 10^{-7} \mathrm{cm/s}$，斜坡流淌值小于0.8mm，水稳定系数大于0.9，在低温下不开裂。整平胶结层的渗透系数不小于 $1 \times 10^{-3} \mathrm{cm/s}$，热稳定系数小于4.5。

沥青混凝土防渗层一般为等厚断面，其厚度为 $5 \sim 6 \mathrm{cm}$。有抗冻要求的地区，渠坡防渗层也可采用上薄下厚的断面，坡顶厚度一般为 $5 \sim 6 \mathrm{cm}$，坡底厚度为 $8 \sim 10 \mathrm{cm}$。预制沥青混凝土板的边长应根据安装、搬运条件确定；厚度一般为 $5 \sim 8 \mathrm{cm}$，密度应大于 $2.30 \mathrm{g/cm^3}$。

沥青混凝土防渗结构分为有整平胶结层和无整平胶结层两种形式，构造如图 2-2 所示。无整平胶结层的结构多用于土质地基，有整平胶结层的结构多用于岩石地基，为防渗层提供一个较平整的浇筑基面。沥青混凝土整平胶结层的厚度应按能填平岩层基面的原则确定。

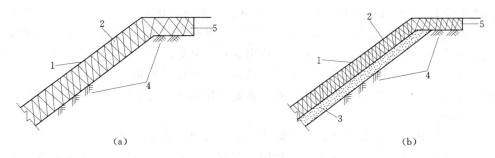

图 2-2 沥青混凝土防渗结构形式

(a) 无整平胶结层的防渗结构；(b) 有整平胶结层的防渗结构

1—封闭面层；2—沥青混凝土防渗层；3—整平胶结层；4—土（石）渠基；5—封顶板

沥青混凝土配合比应根据技术要求，经过室内试验和现场试铺筑确定。也可按现行行业标准《土石坝沥青混凝土面板和心墙设计规范》（DL/T 5411）的有关规定选用。

寒冷地区沥青混凝土防渗层的低温抗裂性能，可按下列公式验算：

$$F > \sigma_t \tag{2-1}$$

$$\sigma_t = \frac{E_t}{1-\mu} \Delta T R' \alpha_t \tag{2-2}$$

式中　F——沥青混凝土的极限抗拉强度，MPa；

σ_t——温度应力，MPa；

E_t——沥青混凝土平均变形模量，MPa；

μ——轴向拉伸泊桑比；

ΔT——沥青混凝土板面任一点的温差，℃；

R'——层间约束系数，宜为 0.8；

α_t——温度收缩系数。

当防渗层沥青混凝土不能满足抗裂性能的要求时，可掺用高分子聚合物材料进行改性，其掺量应通过实验确定。

沥青混凝土防渗的施工工艺有现场浇筑法和预制按砌法。现场浇筑法，即将拌和好的沥青混合料运至浇筑现场进行摊铺。预制按砌法的优点是可以工厂化生产，预制板的质量容易保证，且不受施工季节和气候的影响，施工机具可以大大简化，同时还可以缩短工期，节约投资。

四、膜料防渗

采用黏性膜料防渗是指采用塑料薄膜和沥青玻璃布油毡等材料做渠道衬砌来减少或防止渠道渗漏的措施。膜料防渗渠道防渗能力强，质轻，运输便利，有较高的抗冻性、抗热性和抗腐蚀性，并具有良好的柔性和延伸性，施工技术简单，群众容易掌握且造价低。膜料防渗可减少渗漏量 80%～90%，防渗效果为 0.04～0.08m³/(m²·d)，使用年限为 20～30 年。

目前我国用于渠道防渗的塑料薄膜材料主要是增塑聚氯乙烯（PVC）、聚乙烯（PE）和线性低密度聚乙烯（LLDPE）薄膜等。聚氯乙烯薄膜的优点是抗穿透能力比聚乙烯薄膜大，缺点是稳定性差，遇冷变脆，在 -15℃ 以下老化快。聚乙烯的优点是质地柔软，不易老化，耐低温、抗冻性好，密度小，材料用量省，但抵抗芦苇、杂草的穿透能力比聚氯乙烯小。线性低密度聚乙烯的拉伸强度、断裂伸长率及抗穿刺能力都大大优于聚乙烯，同时又具有原聚乙烯的柔性和耐低温的优点。因此，作为薄膜防渗材料应尽量采用线性低密度聚乙烯薄膜。

膜料防渗的铺衬方式有表面式和埋铺式。表面式铺衬是将塑料薄膜铺于渠床表面；埋铺式是在铺好的塑料薄膜上再置放一保护层。埋铺式与表面式相比较，埋铺式增加了渠槽的挖填土方量，两者的渠床糙率虽相同，但埋铺式避免了阳光、大气的直接作用和机械破坏，减缓了塑料薄膜的老化程度，延长了薄膜的使用寿命，所以目前膜料防渗主要采用埋铺式。

埋铺式膜料防渗结构主要由膜料防渗层和保护层组成。当渠床为岩石、砂砾石、土渠基，或用石料、砂砾料、现浇碎石混凝土或预制混凝土作为保护层时，需在渠床基槽与膜料之间以及膜料与保护层之间铺设过渡层，保证膜料在施工中不被破坏；当渠床为土基、采用黏性土保护层或用复合土工膜时，不需设置过渡层。结构形式如图 2-3 所示。

膜料防渗层的顶部宜按图 2-4 铺设。膜料防渗结构中各层所在的位置不同，起到的作用不同，因此采用的材料也有所差别。中、小型渠道的防渗膜料宜采用厚度为 0.2～

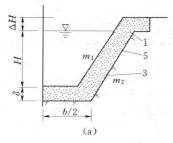
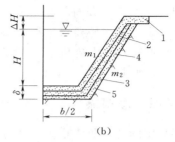

(a)　　　　　　　　　　　　(b)

图 2-3 埋铺式膜料防渗结构

（a）无过渡层的防渗结构；（b）有过渡层的防渗结构

1—黏性土、灰土或混凝土、石料、砂砾料保护层；2—膜上过渡层；3—膜料防渗层；

4—膜下过渡层；5—土渠基或岩石、砂砾石渠基

0.3mm 的深色塑模，也可采用厚度为 0.60～0.65mm
的无碱或中碱玻璃纤维布机制油毡；大型渠道防渗膜
料宜采用厚度为 0.3～0.6mm 的深色塑模。

　　过渡层可以采用灰土和水泥砂浆，在寒冷地区
宜采用水泥砂浆；在温和地区则可选用灰土；采用
灰土或砂浆时，过渡层厚度一般为 2～3cm；用土或
砂料作过渡层时，应注意防止淘刷，其厚度采用
3～5cm。

　　保护层材料主要根据当地材料来源和渠道流速的
大小选择。保护层一般分为土料保护层和刚性保护层。
土料保护层厚度要求参照表 2-3。石料、砂砾料和混
凝土等刚性保护层的厚度可按表 2-4 选用，并可在渠底、渠坡或不同渠段，采用具有不
同抗冲能力、不同材料的组合式保护层。

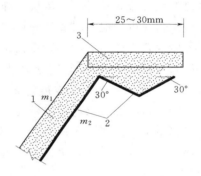

图 2-4 膜料防渗层顶部铺设形式

1—保护层；2—膜料防渗层；3—封顶板

表 2-3　　　　　　　　　　**土料保护层的厚度**　　　　　　　　　单位：cm

渠道设计流量/(m³/s) 保护层土质	<2	2～5	5～20	>20
砂壤土、轻壤土	45～50	50～60	60～70	70～75
中壤土	40～45	45～55	55～60	60～65
重壤土、黏土	35～40	40～50	50～55	55～60

表 2-4　　　　　　　　　　**不同材料保护层的厚度**　　　　　　　　单位：cm

保护层材料	块石、卵石	砂砾石	石板	混凝土	
				现浇	预制
保护层厚度	20～30	25～40	≥3	4～10	4～8

　　膜料防渗结构与建筑物连接是否正确和牢固，将直接影响渠道防渗效果和工程使用寿
命。工程实践表明，防渗结构与渠系建筑物连接不佳，会导致渠水渗漏，冲走过渡层材

料，引起保护层坍塌、表面凸凹不平，甚至整体下滑。因此，必须按照要求进行膜料防渗结构与建筑物的连接。黏结角度一般为 30°～60°，如图 2-5 所示。

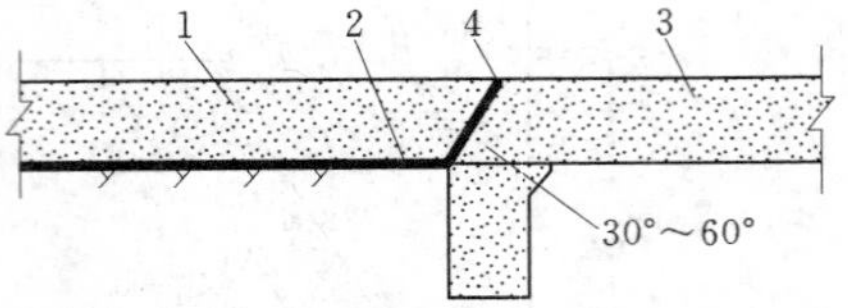

图 2-5　膜料防渗层与渠系建筑物连接形式
1—保护层；2—膜料防渗层；3—建筑物；
4—膜斜与建筑物黏结面

五、其他防渗措施

除上述介绍的几种防渗措施，还有土料防渗和水泥土防渗，这两种防渗措施，都可以就地取材，且工程造价低，施工简便。

土料防渗是指用压实素土、黏砂混合土、灰土、三合土、四合土等土料进行渠槽防渗的措施。土料防渗效果为 $0.07\sim0.17\text{m}^3/(\text{m}^2 \cdot \text{d})$，使用年限 5～25 年。但是，土料防渗渠道的允许流速较低，防渗层抗冻性差。

土料在进行混合时要拌和均匀，边铺料边夯实，达到设计干容重为止。一般要求素土或黏砂混合土夯压后的干容重在 $1.5\sim1.7\text{t}/\text{m}^3$；防渗层的厚度，小型渠道取 15cm 左右，大型渠道取 25～40cm。对于灰土、三合土、四合土等防渗层，则要求压实后干容重在 $1.65\text{t}/\text{m}^3$ 左右，防渗层厚度为 20～40cm。

土料防渗相对其他防渗措施，表面强度不高。为增强土料防渗层的表面强度，可以采用水泥砂浆、水泥石灰砂浆或石（贝）灰砂浆进行抹面，抹面厚度一般为 0.5～1.0cm；在灰土、三合土或四合土防渗层表面，可以涂刷一层 1∶10～1∶15 的硫酸亚铁溶液保护层。

水泥土防渗是将水泥土在渠道表面经过压实和养护而进行的防渗措施。水泥土主要由土料、水泥和水等按照一定比例配合拌匀后制成的。因其主要靠水泥与土料的胶结与硬化，故水泥土硬化的强度类似混凝土。水泥土防渗适用于气候温暖且渠道附近有壤土或砂壤土的地区，其使用年限 8～30 年，防渗效果为 $0.06\sim0.17\text{m}^3/(\text{m}^2 \cdot \text{d})$。

水泥土防渗分为压实干硬性水泥防渗和浇筑塑性水泥防渗两种。干硬性水泥土是按最优含水量配置的压实水泥土，适用于现场铺筑或预制块铺筑的防渗工程，其抗冻性能好，在北方地区应用广泛。塑性水泥土是施工时稠度与建筑砂浆类似的，由土、水泥和水拌和而成的混合物，适用于现场浇筑振捣的南方地区的渠道防渗工程。

水泥土防渗层的厚度，一般采用 8～10cm。小型渠道的水泥土防渗层厚度不应小于5cm。大型渠道宜用塑性水泥土浇筑，其防渗层表面宜用水泥砂浆或混凝土预制板、石板等材料作保护层，此时防渗层厚度可适当减小为 4～6cm，同时水泥土中的水泥用量也可适当减少，但水泥土 28d 的抗压强度不应低于 1.5MPa。

水泥土防渗的施工方法有现场铺筑法和预制铺砌法。现场铺筑法即在施工现场进行水泥土的拌和，在铺筑塑性水泥土之前，应先洒水润湿渠基，安设伸缩缝模版，然后按先渠坡后渠底的顺序铺筑。预制铺砌法则是将水泥土料装入模具中，压实成型后拆模进行养护。将渠基修整后，按设计要求铺砌预制板。板间应用水泥砂浆挤压、填平，并及时勾缝。水泥土与水泥混凝土一样，应十分重视养护工作。一般不论是采用现场铺筑法还是采用预制铺砌法施工，均应盖湿草帘保潮养护 14～28d。

第三节 生态渠道的适宜结构

一、渠道系统的生态与环境功能

人工沟渠是自然河流生态系统的延伸与扩充。灌溉渠系分为干、支、斗、农四级，纵横交错于田间，与排水沟道一起组成了农田的水域网络。该水域网络有良好的连通性，为水生生物提供了很好的栖息、迁徙条件，形成了农田水域生态廊道。而农田水域生态廊道除为水生生物提供通道外，因其与陆域紧邻，故也是水陆域生物的缓冲带，是生物活动最为活跃的场所，沟渠系统除了基本的输配水功能外，还有运输、自净、泥沙搬运以及孕育水中生命的功能，因此渠道对农田生态系统有着非常重要的作用。主要有以下 4 个方面：

1. 蕴藏丰富生物资源

灌排渠系中蕴藏着丰富的生物资源，其中主要是植物和动物。植物种类有水生植物和陆生植物；动物种类主要有浮游动物、脊椎动物、软体动物、节肢动物、海绵动物等。

2. 提供众多生物的生态空间

排水沟道由于长时间存水，在常年运行中，有高低水位变化所形成的干湿交替区，存在着丰富多样的生物物种，如萤火虫、鸟、鱼以及青蛙等，都能在沟道内以及周边筑巢产卵。沟道的水流形态多样化，如蜿蜒、深潭、浅滩等，水流与岸坡或渠底间，自然形成地下水出流和地表水入渗的环境，其水质、水量的交换营造了众多生物的生态空间。

3. 提供了完整的食物链

从食物链的角度来说，石头上的青苔、渠道的水草以及河畔的枯木、落叶，均是微生物很好的有机养分；同时微生物、菌类是昆虫的食物；昆虫又是鱼虾、两栖类等生物的食物；鱼虾、两栖类又是水鸟、飞鹰的食物。因此对居住在沟渠中的所有生物来说，沟渠是不可缺少的维持生命的体系。

4. 涵养地下水和净化水质

排水沟道由于常年有水，部分水渗透至地下，可涵养地下水。沟渠在满足农业用水需求的情况下，保持沟渠水与地下水的连通性，有利于地表水与地下水的相互转化。连通性良好的沟渠，经过物理、化学、生物的作用，可达到净化水体的功效。沟渠中有很多微生物，能够分解水中的有机质，在灌溉水质普遍超标的背景下，沟渠中的植物能够部分吸收、吸附部分养分，控制水华等富营养化的发生；沟渠中的动物通过食物链的富集以及呼吸道、皮肤等器官，也可吸收部分养分，从而改善灌溉排水水质的安全性。当渠道被混凝土衬砌，或者被作为单一输水渠道时，尤其是提水灌区的渠道，只有在灌溉季节有水，其他时间可能是干枯的，或者积水深度过小，渠道的生态功能基本丧失。

二、渠道防渗对农田生态的影响

目前输水渠道改造单纯从提供水效率出发，基于输水效率、护岸稳定以及节省土地等方面考虑，偏重于提高灌溉水利用系数，使渠道笔直化、断面单一化、渠床硬质化。渠道防渗结构主要采用混凝土防渗、砌石防渗、复合式防渗和黏壤土压实防渗四种结构形式。

上述防渗结构形式的选取，主要从地形、土壤性质、当地材料、防渗效果和防渗投资等方面，考虑减少渗漏损失和渠道稳定安全，而没有从生态角度来考虑结构形式的选择，忽略了渠道的生态功能，造成陆生、水生动植物栖息空间丧失，破坏了渠道动植物正常栖息与繁衍的环境，导致农田生态系统退化、生物多样性大大降低。主要表现如下。

（1）防渗渠道割裂了渠道与农田的连通性，阻碍了渠道与陆地、地下水的物质、能量交换。导致水温上升，影响水生动植物正常生长；衬砌和防护导致沟渠边坡、浅滩和底部植物生长困难，对水质的净化效果降低，使得水质恶化，破坏渠道动物的栖息、繁衍环境等。

（2）阻断生物迁移，并可能造成人畜安全隐患。为节省土地，部分渠道边坡比过大或建设成笔直形状（如 U 形渠和矩形渠道），造成渠道内外物种迁徙困难。甚至对不慎跌入渠道内的居民，尤其是儿童，构成威胁。

（3）对地下水的补给减少。对于大量开采地下水的井灌区来说，不仅导致机井提水难度和成本加大，甚至导致机井报废。在缺少其他地下水补给途径的地区，地下水因失去涵养而趋于枯竭，将会降低灌区自身的抵御旱灾的能力，影响到灌溉农业的可持续发展。而且，由于切断了补给途径，有可能影响沿渠两侧生态用水，导致沿线居民手压井取水困难。

三、生态防渗渠道适宜的结构形式

国外很多国家已在反思传统渠道建设对生态环境的影响，实施将渠道回归自然的改造，并取得了良好的效果。如日本高度重视河流生态环境的可持续发展，提出了与自然共生的河流整治理念，在保证安全的条件下，采用了适当增加岸坡工程的孔隙度、降低岸坡的坡比以及实施岸坡的生态保护等措施，并尽量减少混凝土的用量，尽可能采用砌石等天然材料，在保证渠道岸坡稳定的同时留有一定的孔隙空间，以利于植物生长。通过植物的吸收、富集等作用净化水体，维持渠道生态环境。

近些年来，我国关于渠道生态构建方面的研究和应用已经展开，一些灌区的渠道也进行了生态工程的尝试。吴明衍、陈献于 1993 年提出了灌排渠道设置亲水、景观空间的观点；赖平雄、陈献等人探讨了不同渠道形态的自然生态功能，提出应当通过适宜的衬砌、防护材料选择，构建生态沟渠的理念，并强调了微生物、水生植物等对水质的净化作用以及河流的底质对动植物生长以及河流自净能力的影响。因此，沟渠的规划设计，除满足灌排要求外，还应满足水域生态系统完整性、依存性的要求，实现人与自然的和谐。这种和谐的实现，主要通过完善沟渠衬砌防护的结构、材料和适宜断面形式实现。

1. 传统混凝土防渗渠的改进结构形式

目前虽然出现了生态混凝土，但仍未大批量生产和应用。即使在经济发达的日本等国家，虽然主张就地取材，使用更符合生态需要的材料，但受限于施工地天然材料的不足，也有不少案例使用混凝土材料，并非完全排斥混凝土材料。

因混凝土渠道无法像自然河流采用多样性的生态保护，所以从生态角度考虑，只能从衬砌结构、混凝土材料施工方法等角度对现有的混凝土渠道设计进行改进，以营造多空隙空间的环境，提供水生昆虫等动物栖息、藏匿的场所。按照上述原则，具体改进措施可有如下几种形式：

（1）侧壁设 PVC 管。在渠道侧壁设置 PVC 管（可用竹子等材料替代），可以让小鱼等动物躲藏，如渠道两侧土地够宽，可延伸 PVC 管，使其穿过混凝土侧壁（注意 PVC 管的止水），营造更大的生活空间，并可在其里置放小石头，提供多样化的生活环境，如图 2-6 和图 2-7 所示。

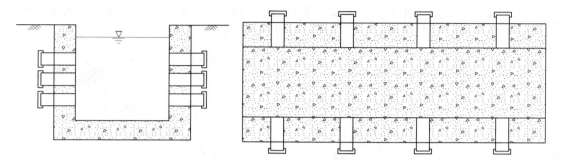

图 2-6 PVC 管延伸到混凝土渠道外

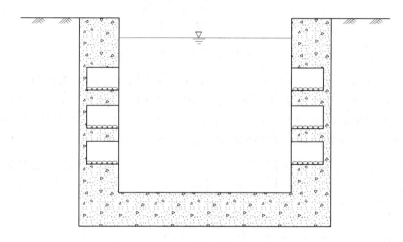

图 2-7 PVC 管设在混凝土渠道内

（2）渠坡铺设混凝土空心砖。渠道侧壁铺设空心砖易于施工及维护管理，也能提供小动物栖息的场所，且空心砖为混凝土材料，容易获得，如图 2-8 所示。

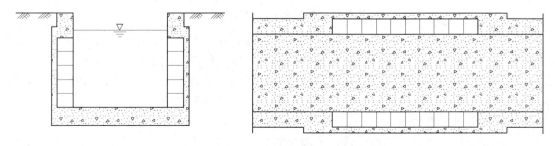

图 2-8 渠道侧壁设置空心砖

渠道坡面较缓时，也可采用六角形空心预制混凝土加植被的建设方法，即在渠道坡面基底铺设复合土工布，其上铺设 10cm 厚土质垫层，密实、平整坡面后，在坡上铺设 500mm×300mm×80mm 的六角形空心预制混凝土，铺完后洒土填满预制块空心部分，然后在空心位置撒播草种，既有效地保护了岸坡的稳定性，又保持了地表水与土壤间物质流通的通畅性，同时也为生物的生存营造了良好的栖息环境。渠道在输水过程中，一定流速的水流会对坡脚产生一定强度的冲刷，会引起六角形空心预制块的下滑，从而导致岸坡崩塌，所以应加强坡脚的防护，坡脚的防护主要采用混凝土浇筑的方法，如图 2-9 所示。

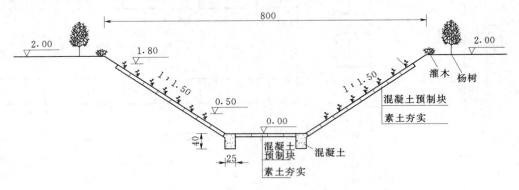

图 2-9　混凝土预制块衬砌渠道断面图

（3）侧壁设凹洞。在原有的混凝土渠道设置各种不同大小的、类似鱼巢的凹洞，回填石砾与土壤，为植物生长提供条件，并有多样化的多孔洞空间提供昆虫及两栖动物栖息与藏匿的环境，或者在其内部铺设卵石更可便于水生昆虫栖息，而在孔洞间有相通的管道，可使物质、能量由孔洞的串联而充分扩散流动，如图 2-10 所示。

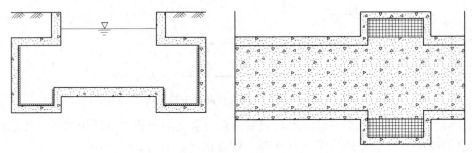

图 2-10　侧壁设置凹洞并铺设卵石

（4）空心混凝土预制块。空心预制混凝土块具有良好的力学性能，可增加不稳定坡面的整体性，对渠坡起锚固作用，增加抗滑力矩，为绿化创造有利条件；预制块中间的土壤要素为植物生长提供条件，进而为动物营造栖息环境。植物、渠坡、预制块联成一体，提高了边坡的稳定性。此种结构形式一般用于比较大型的骨干渠道。

2. 生态混凝土防渗渠道

生态混凝土是指通过材料筛选、添加功能性添加剂、采用特殊工艺制造出来的具有特殊结构与功能，能减少环境负荷，提高与生态环境的协调性的混凝土。生态混凝土能够适应动、植物生长，对调节生态平衡，美化环境景观，实现人类与自然的协调具有积极作用的混凝土材料。

生态混凝土内有很多孔隙，利用多孔混凝土空隙部位的透气、透水等性能，渗透植物所需营养，生长植物根系这一特点来种植小草等植物，用于骨干渠道岸坡的绿化。施工时，只要在混凝土块的孔隙中填充腐殖土、种子、缓释肥料、保水剂等混合料，草籽就可生根、发芽，并穿透到土壤中生长。同时，利用其多孔、透水透气性，可使微生物及小动物在其凹凸不平的表面或连续空隙内生息，通过相互作用或共生作用，形成食物链，保持了生物的多样性，具有显著的生态效应。

因此，渠道的护岸部分采用生态混凝土护坡方式，不但可以提升农村生活环境质量并改善生态环境，保持生物物种多样性，而且可以创造亲水空间及景观，增加农村的美观及利于农村的可持续发展。

（1）生态混凝土衬砌的一般形式。生态混凝土衬砌的一般形式如图 2-11 所示，在设计水位以下用混凝土衬砌，设计水位以上用生态混凝土衬砌。

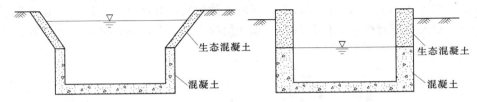

图 2-11　生态混凝土衬砌的一般形式

（2）有亲水空间的结构形式。在较大的骨干渠道，用生态混凝土缓坡护岸可减少使用不透水铺面，增加透水性且有利于植物生长，使水域与陆域空间的生态交错区范围增加，提供休憩及亲水活动平台，营造绿色生活空间，提高农村生活品质，如图 2-12 所示。

（3）生态混凝土块结构形式。可先将生态混凝土预铸成型，然后以堆叠方式施工，不但施工方便，起到稳定渠道岸坡的效果，而且较符合多空隙空间的环境，可提供水草生长环境及小动物栖息场所，可让农田灌溉渠道更具有生态功能，如图 2-13 所示。

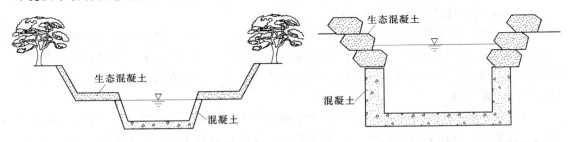

图 2-12　亲水空间的生态混凝土改进结构形式　　　图 2-13　生态混凝土块衬砌结构形式

3. 砌石衬砌渠道

砌石渠道有一个优点，就是利用石块间隙增加渠道内孔隙空间，促进陆域、水域栖息地的连通性，并承受渠道水流对岸坡的冲刷，创造生物的藏匿空间，增加动、植物多样化的栖息环境，促进生物物种多样性。因此考虑生态渠道的建设，只要有石材、且造价不是很高的情况下都可以采用。尤其是对于斗渠及其以上的大型渠道，或者是需要防护的沟道，在材料允许的情况下，推荐使用砌石防护、防渗。

（1）干砌石渠道。因砌石间有空隙，土壤可填充于空隙间，提供植物生长的平台，进而给微生物提供天然饵料，与鱼虾、水鸟等构成完整的食物链。砌石表面凹凸不平，各种生物幼虫有其栖息场所，在渠道灌溉季节时避免被冲走。因此干砌石有着优良的维护渠道生态的功能。又因砌石间有孔隙，保持了渠道水体和地下水的连通性，故对涵养地下水及防护岸坡因土壤饱和而滑动，具有非常优良的效果。其缺点是糙率大，渗漏较多，适于水源较丰富且渠道渗漏不强的地区。如浙江的山丘区、江苏省宁镇扬丘陵区等。

（2）浆砌石渠道。砌石间以混凝土勾缝，渠道表面粗糙，因为缺乏土壤，仅能生长苔藓等植物，对微生物的天然饵料供应方面有所不足，但因其表面的凹凸可供生物栖息的空间，有保护鱼虾功能。浆砌石渠道在强度方面高于干砌石渠道，且具有良好的防渗功能，因此可在石材丰富、水资源紧缺地区应用。

（3）砌石和混凝土混合形式。把石块堆砌于坡面，背后用混凝土固定，石块缝隙间可栽种植物，如图2-14所示，或在石块上再覆土种植物，如图2-15所示，在基质条件上提供土壤要素供动植物栖息，使其自然形成动植物群落。此结构形式适于在断面较大的骨干渠道上采用。

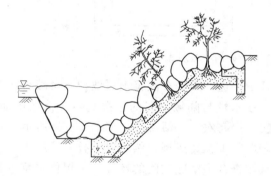
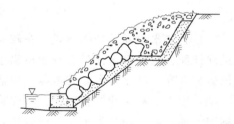

图2-14　砌石和混凝土混合衬砌形式　　　　图2-15　砌石护岸覆土栽植衬砌形式

4. 其他生态渠道的改进结构设计

除上述生态渠道模式外，还有其他一些设计措施，可提高沟渠的生态与环境功能，在渠道结构设计与实际施工中，目前已经有很多措施得到了很好的采用，比较常见的有护岸不护底、分段设通道、构建复式断面、缓坡作缓冲、岸墙留孔洞等，通过多年来的实践，以上措施非常有效。

（1）护岸不护底。在渠道衬砌中，为了既保持生态平衡，不破坏动物微生物栖息活动、生存繁衍，又达到防渗断漏，高速行水，高效行水的双重效益，其结构设计形式是，在深泓行水区，采取护岸不护底的方式，即渠道主流区的坡岸采用混凝土或砖石等材料进行衬砌护坡，渠道底部采用黏土进行夯实与碾压，让土壤与水气保持正常的通透性能，保持水生植物、动物、微生物正常生存环境，这对于保持水体自净能力也非常重要。在护岸前，多数渠道是先对两岸及渠底进行清障清杂与填土碾压，然后铲坡护砌与盖顶封底。

（2）分段设通道。渠道防渗衬砌后，边坡由缓变陡，不仅影响植被生长，更使一些两栖动物如青蛙、蛇等，在非灌溉行水期间，形成生物通道阻隔，影响生物，尤其是某些有益生物的迁移。为保障动物上岸或下渠方便，在渠道结构设计中，可采取分段设立生态型动物逃逸通道的方式与措施，保护生态。一般每30～50m设一道，通道宽度为3～5m。生物通道结构可为空心透水砖材料，砌成阶梯式，孔眼垂直向上，眼中填土种草，砖下黏土夯实，阶侧可用混凝土固化。或者通过调整衬砌率，每隔一定距离保持原来的土渠结构。

（3）渠底多孔隙设计。在山丘区，或者堤坡比较大的沟渠，可在渠底堆置块石或石砾，创造出渠底多孔隙空间，可搅动水流，制造多样化水流，并让动物、微生物附着在表面，使渠底成为底栖生物藏匿及繁衍的场所，提供多样化的底栖型生物空间。另外灌溉渠道在非灌溉季节，渠道水量骤减，甚至干涸见底，在渠底设置多孔隙空间，可以延续水生生物的生命，如图2-16所示。

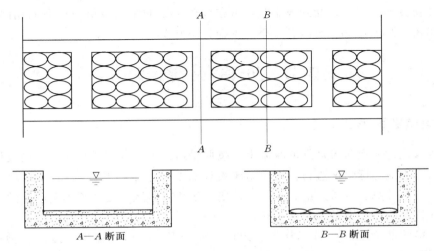

图2-16 渠底多孔隙改进设计

（4）多段式跌水设计。山丘区渠道，因地形变化太大时，多采用跌水设计。在渠道拦水灌溉时，会设置拦河坝或节制闸，这些渠系建造物都会因高度过高阻断鱼虾上溯的路径。因此，可采用多段式跌水设计，降低建造物高度以利鱼虾上溯，并在渠道比降过大地方提供消能的作用，有助于创造出鱼类喜爱的急、缓水流，如图2-17所示。

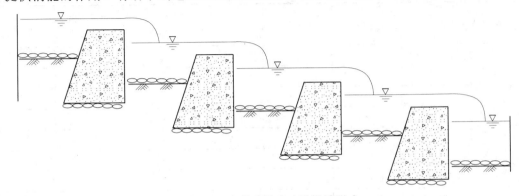

图2-17 多段式跌水改进设计形式

四、生态沟渠的配套措施

在渠道周边通过绿化来营造一个良好的生态环境。乔木高大的树干和树冠可以为渠道提供良好的遮阴，可降低水温，为水生动物营造多样化的栖息、繁衍空间；灌木可为地表提供良好的覆盖，减少降雨等对地表的冲蚀，并能在渠道旁形成一到天然屏障，防止动物失足跌入渠道；草本植物的根系可增加渠道岸坡的抗剪强度，植物根系分布范围愈广，效果越明显。

渠道改造后，为了防止居民沿渠乱堆乱放，侵害渠道生态环境，在管理中，可采用以下措施：将渠岸堤防的迎水侧圈定5m，进行开沟排水，绿化植被，使绿化区与行人道隔离，在圈入的范围内栽种花木，既保护了渠道，又保护了道路。隔离栏的绿化可采用日本冬青、金叶女贞等。在土地受到限制时，可在渠道两岸的岸顶栽植一排乔灌相间的林带，乔木选择杨树，灌木可选择蔷薇、月季、木槿、小叶女贞等。

第四节 防渗渠道设计

一、渠道断面形式

渠道防渗设计应在防渗规划的基础上，按照渠道的工程级别或规模、不同设计阶段的要求，并结合当地实际情况进行。渠道防渗设计需要确定渠道断面形式，选定断面参数，进行水力计算，并综合分析渗漏、冻胀、冲刷、淤积、盐胀、侵蚀等不利因素的影响使渠道防渗设计符合防渗和渠基稳定的要求。

防渗明渠的断面形式可选用梯形、矩形、复合形、弧形底梯形、弧形坡脚梯形、U形；各种断面形式如图2-18所示。

防渗渠道断面形式的选择应根据渠道级别和规模，并结合防渗结构的选择确定。不同防渗结构适用的断面形式不同，实际规划设计中可根据具体情况参考表2-5选定。寒冷地区大、中型防渗渠道宜采用弧形坡脚梯形或弧形底梯形断面，小型渠道宜采用U形断面。

表2-5 不同防渗结构适用的断面形式

防渗结构类别		梯形	矩形	复合形	弧形底梯形	弧形坡脚梯形	U形
砌石	料石	√	√	√	√	√	√
	块石	√	√	√	√	√	√
	卵石	√			√	√	√
	石板	√				√	
混凝土		√	√	√	√	√	√
沥青混凝土		√			√	√	
膜料	土料保护层	√			√	√	
	刚性保护层	√	√	√	√	√	√

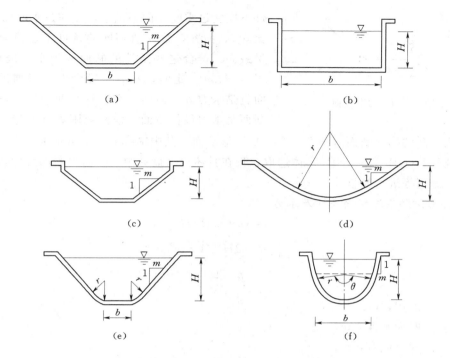

图 2-18 防渗渠道断面形式
（a）梯形断面；（b）矩形断面；（c）复合形断面；（d）弧形底梯形断面；
（e）弧形坡脚梯形断面；（f）U 形断面

在实际施工过程中，砌筑混凝土预制板（槽）防渗渠道，宜采用标准化设计、工厂化预制、现场装配技术；现场浇筑混凝土渠道，宜采用机械化施工技术。

二、渠道水力计算

防渗渠道按其防渗材料可分为两类：一类是土料衬砌渠道或具有土料保护层的防渗渠道，这种渠道的纵横断面设计方法与一般土质渠道设计方法相同；另一类是材料质地坚硬、抗冲性能良好防渗渠道，这类渠道渠床糙率较小、允许流速较大、工程投资较高，为了降低工程造价和节省渠道占地，常采用水力效率更高的断面形式，水力计算方法也有自己的特色。

防渗渠道的断面尺寸水力计算应符合下列要求：

$$Q = \omega \frac{1}{n} R^{2/3} i^{1/2} \tag{2-3}$$

式中　Q——渠道设计流量，m³/s；

　　　ω——过水断面面积，m²；

　　　n——渠道糙率系数；

　　　R——渠道水力半径，m；

　　　i——渠道比降。

设计渠道要求工程量小，投资少，即在设计流量 Q、比降 i、糙率系数 n 值相同的条

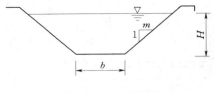

图 2-19 梯形断面

件下应使过水断面面积最小，或在过水断面面积 ω、比降 i、糙率系数 n 值相同的条件下，使通过的流量最大。符合这些条件的断面称为水力最佳断面。当 ω、i、n 一定时，水力半径最大或湿周最小的断面就是水力最佳断面。在各种几何图形中，半圆形断面是水力最佳断面，但修建困难且不稳定，只能修成接近半圆的梯形断面（图 2-19）或 U 形断面。其中糙率 n 取值可根据《渠道防渗工程技术规范》（GB/T 50600）具体选取，且在具体渠道设计中，还需将断面尺寸按不冲流速、不淤流速等进行校核。

1. 梯形防渗渠道断面尺寸及水力计算

$$\omega=(b+mH)H \tag{2-4}$$

$$\chi=b+2H\sqrt{1+m^2} \tag{2-5}$$

$$R=\frac{\omega}{\chi} \tag{2-6}$$

式中　χ——湿周，m；

　　　H——断面水深，m；

　　　b——梯形底宽，m；

　　　m——渠道上部直线段的边坡系数，$m=\cot\dfrac{\theta}{2}$。

【例 2-1】 某灌溉渠道采用梯形断面，设计流量 $Q=4.8\text{m}^3/\text{s}$，边坡系数 $m=1.5$，渠道比降 $i=0.0005$，渠床糙率系数 $n=0.025$，渠道不冲流速 0.8m/s，不淤流速 0.4m/s，求渠道过水断面尺寸。

解：初设 $b=2\text{m}$，$H=1.5\text{m}$，作为第一次试算的断面尺寸。

计算渠道断面各水力要素：

$$\omega=(b+mH)H=(2+1.5\times1.5)\times1.5=6.375(\text{m}^2)$$

$$\chi=b+2H\sqrt{1+m^2}=2+2\times1.5\sqrt{1+1.5^2}=7.41(\text{m})$$

$$R=\frac{\omega}{\chi}=\frac{6.375}{7.41}=0.86(\text{m})$$

$$Q=\omega\frac{1}{n}R^{\frac{2}{3}}i^{1/2}=6.375\times\frac{1}{0.025}\times0.86^{2/3}\times0.0005^{1/2}=5.049(\text{m}^3/\text{s})$$

即设计断面所能通过的流量 5.049m³/s 大于设计流量 4.8m³/s。

$$V=\frac{Q}{\omega}=\frac{4.8}{7.41}=0.65(\text{m/s})$$

设计流速满足校核条件：

$$0.8\text{m/s}>0.65\text{m/s}>0.4\text{m/s}$$

所以，渠道设计过水断面尺寸是 $b=2\text{m}$，$H=1.5\text{m}$。

2. U 形、弧形底梯形防渗渠道断面（图 2-20）尺寸及其水力计算

(1) 断面尺寸的各主要指标可按下列公式计算。

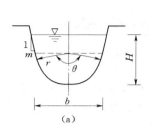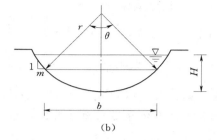

图 2-20 U 形和弧形底梯形

(a) U 形断面；(b) 弧形底梯形断面

$$\omega=\left(\frac{\theta}{2}+2m-2\sqrt{1+m^2}\right)K_r^2H^2+2(\sqrt{1+m^2}-m)K_rH^2+mH^2 \qquad (2-7)$$

$$\chi=2\left(\frac{\theta}{2}+m-\sqrt{1+m^2}\right)K_rH+2H\sqrt{1+m^2} \qquad (2-8)$$

$$K_r=\frac{r}{H} \qquad (2-9)$$

$$b=\frac{2r}{\sqrt{1+m^2}} \qquad (2-10)$$

式中 χ——湿周，m；

      θ——渠底圆弧的圆心角，rad；

     H——断面水深，m；

     r——渠底圆弧半径，m；

     b——弧形底的弦长，m；

    m——渠道上部直线段的边坡系数，$m=\cot\dfrac{\theta}{2}$。

（2）渠顶以上挖深不超过 1.5m 时，边坡系数小于或等于 0.3 。渠线经过耕地时，U 形渠道 K_r 可按表 2-6 选用。填方断面或渠顶以上挖深很小、土质差时，U 形渠道 K_r，取 1.0~0.8。

表 2-6   U 形 渠 道 K_r 值

m	0	0.1	0.2	0.3	0.4
θ	180	168.6	157.4	146.6	136.4
K_r	0.65~0.72	0.62~0.68	0.56~0.63	0.49~0.56	0.39~0.47

注 挖深大、土质好、土地价值高时取小值。

【例 2-2】 某支渠拟采用 U 形断面，混凝土防渗，已知 $Q=3.8\text{m}^3/\text{s}$，$H=0.62\text{m}$，$m=0.5\text{m}$，$r=0.4\text{m}$。求合适的 θ 角度（要求在 120°~160°），使得渠道的流速在 0.50~0.55m^3/s。

解：已知 $H=0.62\text{m}$，$m=0.5\text{m}$，$r=0.4\text{m}$，则

$$b=\frac{2r}{\sqrt{1+m^2}}=0.72, \quad K_r=\frac{r}{H}=0.65$$

选取 $\theta = 135°$，进行试算。

则：$A = \left(\dfrac{\theta}{2} + 2m - 2\sqrt{1+m^2}\right)r^2 + 2\left(\sqrt{1+m^2} - m\right)rH + mH^2 = 6.39\text{m}^2$

$V = \dfrac{Q}{A} = 0.56\text{m}^3/\text{s}$，不满足。

经过反复试算，当 $\theta = 150°$ 时，$A = 7.06\text{m}^2$，$V = 0.51\text{m}^3/\text{s}$，满足要求。

3. 弧形坡脚梯形防渗渠道断面（图 2-21）的尺寸水力计算

$$\omega = (\theta + 2m - 2\sqrt{1+m^2})K_r^2 H^2$$
$$+ 2(\sqrt{1+m^2} - m)K_r H^2 + mH^2 + b_1 H \qquad (2-11)$$

$$\chi = 2(\theta + m - \sqrt{1+m^2})K_r H + 2H\sqrt{1+m^2} + b_1 \qquad (2-12)$$

$$K_r = \frac{r}{H} \qquad (2-13)$$

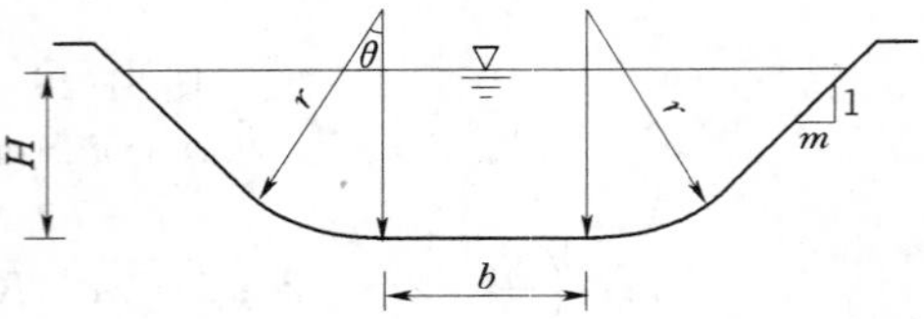

图 2-21　弧形坡脚梯形

$$B = 2m(H-r) + 2r\sqrt{1+m^2} + b_1 \qquad (2-14)$$

式中　θ——圆弧坡脚的圆心角，rad；

　　　H——断面水深，m；

　　　r——坡脚圆弧半径，m；

　　　b_1——渠底水平段宽，m；

　　　B——水面宽，m；

　　　m——渠道上部直线段的边坡系数，$m = \cot\theta$。

三、防渗结构设计

1. 伸缩缝

刚性材料渠道防渗结构及膜料防渗的刚性保护层，均应设置伸缩缝（图 2-22）。以适应气温变化和地基变形引起的防渗层（或保护层）的变形要求。伸缩缝的间距应根据渠基情况、防渗材料和施工方式按规范选用；伸缩缝的宽度应根据缝的间距、气温变幅、填料性能和施工要求等因素确定，宜采用 2~3cm；当采用衬砌机械连续浇筑混凝土时，切割缝宽可采用 1~2cm。

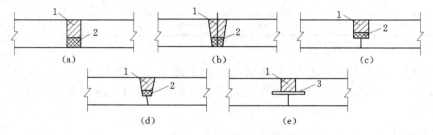

图 2-22　刚性材料伸缩缝形式

（a）矩形缝；（b）梯形缝；（c）矩半形缝；（d）梯形半缝；（e）止水带

1—封盖材料；2—弹塑性胶泥；3—止水带

浆砌石防渗层不设伸缩缝的原因：一是砌体较厚，因气温变化引起的变形较小；二是砌筑缝较多，这些缝隙可以消弭一部分外界因素引起的变形。但为适应软弱基础引起的较大变形，还应设置沉降缝。

2. 砌筑缝

水泥土、混凝土、沥青混凝土预制板防渗和浆砌石防渗均有砌筑缝。砌筑缝处理的好坏，往往是此类防渗工程防渗效益能否发挥的关键，应妥善设计、认真施工。混凝土预制板（槽）和浆砌石，应用水泥砂浆或水泥混合砂浆砌筑，并应用水泥砂浆勾缝；混凝土 U 形槽也可用高分子止水管及其专用胶砌筑；浆砌石可用细粒混凝土砌筑。各砌筑缝形式如图 2-23 所示。

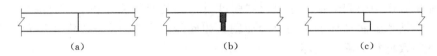

图 2-23 砌筑缝形式
(a) 矩形缝；(b) 梯形缝；(c) 企口缝

砌筑缝的宽度，沥青混凝土为 5cm（矩形缝）或上口 7cm、下口 2cm（梯形缝），其他刚性材料为 1.5～2.5cm（矩形缝）或上口 2～5cm、下口 1.5～2cm（梯形缝）。

3. 堤顶

防渗渠道的堤顶宽度可按表 2-7 选用，渠堤兼做公路时，应该按道路的要求确定。对于 U 形和矩形渠道，公路边缘宜距渠口的边缘 0.5～1.0m，并且堤顶应作成向外倾斜 1/100～2/100 的斜坡。高边坡堤岸的防渗渠道，还应根据规范要求设置纵向排水沟。堤岸为高边坡时，应在其坡脚设置纵向排水沟，保证堤顶或高边坡坡面的雨水顺利排出堤外，不冲坏防渗渠道。如渠道通过城镇、交通要道或人口密集地区，应在堤顶设置安全栅栏，以减少安全隐患。

表 2-7   防渗渠道的堤顶宽度

渠道设计流量/(m³/s)	<2	2～5	5～20	>20
堤顶宽度/m	0.5～1.0	1.0～2.0	2.0～2.5	2.5～4.0

4. 封顶板

为了防止堤顶、高边坡以及渠坡上的雨水流入防渗层的底部而破坏防渗层，各种防渗材料的防渗渠道，在边坡防渗层的顶部，应设置封顶板。封顶板的宽度宜为 15～30cm。当防渗层下有砂砾石置换层时，封顶板的宽度应大于两者之和再加 10cm；当防渗层高度小于渠深时，应将封顶板嵌入渠堤。

第五节　防渗工程的冻胀及防治措施

一、冻胀产生原因及冻害类型

在季节性冻土地区，细粒土壤中的水分在冬季负温条件下结成冰晶，使土壤体积膨胀，地面隆起，这种现象称为土壤的冻胀。在渠道衬砌的条件下，因衬砌层约束了土壤的冻胀变形而产生了巨大推力，称为冻胀力。衬砌层和冻土黏结在一起，还会产生切向冻胀力。在冻胀力的作用下，衬砌护面会遭受破坏。由于渠道断面各部位接受太阳辐射不均匀，各处温度就不同，土壤的冻深和冻胀量也不同，一般渠底和阴坡的冻胀量会大于阳坡。渠床渗漏和地下水上升毛管水的补给影响，使渠床下部土壤的含水量高于上部，也增加了下部土壤的冻胀量。因而，渠道的冻胀破坏以渠底和渠坡最为严重。

负气温对于渠道防渗衬砌工程的破坏作用按性质分为三种类型：

（1）包括渠道防渗材料的冻融破坏。渠道防渗材料具有一定的吸水性，又经常处于有水的环境中，因此材料内总是含有一定的水分，这些水分在负温下冻结成冰，体积发生膨胀。当这种膨胀作用引起的应力超过材料强度时，就会产生裂缝并增大吸水性，使第二个负温周期中，结冰膨胀破坏的作用更为加剧。如此经过多个冻结-融化循环和应力的反复作用，最终导致材料的冻融破坏。

（2）渠道中水体结冰造成防渗工程的破坏。当渠道因运行管理的要求，在负温期间输水时，渠道内的水体将发生冻结。起初只是形成岸冰，在特别寒冷或严寒条件下，岸冰逐渐向中心扩大，逐步连成一体，表面封冻。此后，冰层逐渐加厚，对两岸衬砌体产生冰压力，造成衬砌体的破坏，或者在冰推力作用下，砌体被推上坡，发生破坏性的变形。

（3）渠道基土冻融对防渗工程的破坏。由于渠道水的渗漏，地下水和其他水源补给，渠道基土中含水量比较高。在冬季负温作用，土壤中的水分发生冻结而造成土体膨胀，使混凝土衬砌开裂、隆起而折断。在春季消融时又造成渠床表土层过湿，使土体失去强度和稳定性，导致材料砌体的滑塌。

一般情况下，对于我们常见的混凝土衬砌，其破坏形式主要有鼓胀及裂缝、隆起架空、滑塌以及整体上抬等，其他刚性衬砌发生的冻害破坏形式与水泥混凝土相似。

二、冻胀防治措施

防渗工程产生冻胀破坏与当时当地的土质、土的含水量、负温度及工程结构等因素有关。实际上，采用单一措施达到不冻胀是很困难的。实践证明，防治防渗工程的冻害要从渠系规划布置、渠床处理、排水、保温衬砌的结构形式、材料、施工质量、管理维修等方面着手，全面考虑，采用适宜防冻害的措施。现将实践中一些有效的冻害防治措施介绍如下。

1. 尽量避开较大冻胀量的自然条件

（1）尽可能避开黏土、粉质土壤、松软土层、淤土地带、沼泽和高地下水位的地段，选择透水性较强的（如砂砾石）不易产生冻胀的地段，或地下水位埋藏较深的地段。

（2）尽可能采用填方渠道。

（3）尽可能使渠线走在地形较高的脊梁地带，避免渠道两侧有地面水（降水或管排水）入渠。

（4）在有坡面旁渗水和地面回归水入渠的渠段，尽量做到渠路、沟相结合，或者专设排水设施。

（5）沿渠道外两侧应规划布置林带，可改善土基，有利于防冻害。

渠道防渗工程环境同时具备下列条件时，应进行防冻胀设计：①土中粒径小于0.05mm 的土粒含量大于 6％（重量比）；②标准冻深大于 0.14m；③冻结初期土的含水量大于 9/10 的塑限含水量，或地下水位至渠底的埋深小于土的毛管水上升高度加设计冻深。

2. 选取合理的防渗结构以适应冻胀变形

(1) 在弱冻胀地区采用预制混凝土板衬砌渠道时，对冻胀变形有较好的适应性。采用现场浇筑混凝土板衬砌渠道时，应在渠坡下部和渠底中部设变形缝，以适应土壤的冻胀变形。

(2) 在小型渠道上，可采用 U 形渠道，以提高抵抗冻胀破坏的能力。

(3) 在强冻胀地区，可采用柔性膜料衬砌渠道，以适应土壤的冻胀变形。

3. 采取适当的措施处理渠道防渗结构

(1) 在防渗层下面设置保温层，保温材料的强度、压缩系数、吸水率、耐久性等要符合工程设计要求。大型渠道的保温层厚度，应根据渠道走向和不同部位，通过试验或热工计算确定；中、小型渠道，采用聚苯乙烯泡沫塑料板或高分子防渗保温卷材保温时，保温层的厚度可取设计冻深的 1/10～1/15。

(2) 有适宜的非冻胀性土时，渠床可采用置换处理方法。置换深度可按下式计算：

$$Z_n = \varepsilon Z_d - \sigma$$

式中 Z_n——置换深度，m；

ε——渠床置换比，可按表 2-8 取值；

Z_d——设计冻深，m；

σ——防渗层厚度，m。

表 2-8　　　　　　　　　　　渠　床　置　换　比

地下水位埋深 Z_w/m	土　质	置　换　比 ε	
		坡面上部	坡面下部、渠底
$Z_w \geq Z_d + 2.0$	黏土，粉质黏土	0.50～0.70	0.70～0.80
$Z_w \geq Z_d + 1.5$	重、中壤土		
$Z_w \geq Z_d + 1.0$	轻壤土，砂壤土	0.40～0.50	
Z_w 小于上述值	黏土，重、中壤土	0.60～0.80	0.80～1.00
	轻壤土，砂壤土	0.50～0.60	0.60～0.80

(3) 当地下水位较高或渠床水分较大时，应设置排水系统。设置方法可按不同情况分别确定：当冻结层或置换层以下不透水层或弱透水层厚度小于 10m 时，在渠底每隔 10～20m 设一眼盲井。当渠床的冻结深度内有排水出路时，在设计冻深底部设置纵、横向暗排系统。冬季输水的防渗渠道，当渠侧有傍渗水补给渠床时，在最低水位以上设置反滤排水体，必要时设置逆止阀。排水口及逆止阀设在最低行水位处。

(4) 用压实或强夯法提高渠床土的密度，应同时符合压实度不低于 0.98，干密度不低于 1.60g/cm³，且不小于天然于密度的 1.05 倍的要求。压实深度不应小于渠床置换深度。

复习思考题

1. 渠道防渗的作用有哪些？

2. 目前常用的渠道防渗措施有哪些？

3. 比较混凝土防渗和沥青混凝土防渗的相同点与不同点？

4. 膜料防渗采用的塑料薄膜的材料有哪些，它们的特点是什么？

5. 为什么膜料防渗主要采用埋铺式？

6. 某干渠设计引水流量 $Q=4.2\text{m}^3/\text{s}$，沿渠土壤为中黏壤土，渠底比降 1/5000，渠道不冲流速 0.8m/s，不淤流速 0.4m/s，设计该干渠的断面。

7. 渠道防渗产生冻胀的原因是什么？

8. 渠道防渗冻胀防治的措施有哪些？

第三章　低压管道输水灌溉技术

低压管道输水灌溉系统是近年来在我国迅速发展起来的一种节水、节能型的新式地面灌溉系统。它利用低耗能机泵或由地形落差所提供的自然压力水头将灌溉水加低压（一般不超过 0.2MPa），然后再通过低压管道网输配水到农田进行灌溉，以充分满足作物的需水要求。因此，在输、配水上，它是以低压管网来代替明渠输配水系统的一种农田水利工程形式，而在田间灌水上，通常采用畦、沟灌等地面灌水方法。低压管道输水灌溉系统的工作压力是最末一级管道最不利出水口的工作压力，一般远比喷灌、微灌等喷洒口的工作压力为低，通常只需控制在 2～3kPa 左右。

第一节　概　　述

一、低压管道输水灌溉系统优缺点

1. 优点

低压管道输水灌溉系统与灌溉渠道系统相比，一般有以下几方面的优点：

（1）节水效益显著。由于低压管道输水灌溉系统利用管网输配水和灌水，因此可以完全避免输水损失和蒸发损失，从而节约灌溉用水，提高了灌溉水利用率，管网输水一般可比渠系节水 30%～50%；并可防止因渠系渗水而导致土壤盐碱化、沼泽化和冷浸田等的发生。

（2）土地利用率高。由于低压管道输水灌溉系统的输配水管网大部分或全部埋在地下，因此渠系一般可少占 10%左右的耕地，提高了土地利用率，扩大了有效灌溉面积，同时还方便了交通。

（3）适应性强，便于实现自动化。低压管道输水灌溉系统运用灵活方便，容易调节控制并实现自动化；可适用于各种地形和不同作物与土壤；不会影响机耕和田间管理。

（4）输水速度快，灌溉效率高。利用管道输水、配水和灌水，水流速度快，灌溉效率高，灌水劳动生产率高，故可减少灌水用工、用时，一般比渠系的灌溉效率可提高 1 倍以上，用工减少 50%左右。

（5）维修养护省工、省时、管理方便。低压管道输水灌溉系统不会滋生杂草，可省去明渠清淤除草和整修维护。

（6）灌水及时，作物增产增收效果明显。利用管道输配水和灌水，不仅因减少了水量损失和浪费而扩大了灌溉面积或增加了灌水次数，而且还因输水迅速而有利于向作物适时适量地供水和灌溉，从而有效地满足了作物的需水要求，提高作物单位水量的产量和产值。

　　低压管道输水灌溉系统与喷灌系统比较，工作压力低，机泵的扬程小，管材承压能力低，因此投资可大为降低，且工程见效快。与滴灌系统比较，低压管道输水灌溉系统与滴灌系统所需工作压力大致相同，滴灌比低压管道输水灌溉系统节水效果更好，但滴灌比低压管道输水灌溉系统对水质的要求更严格，需设置专门的过滤器，而且滴头和管道容易堵塞，其管理运用不如低压管道输水灌溉系统简单方便。

　　2. 缺点

　　与明渠输水比，需要的管材和设备较多，投资相对高一些；寒冷地区，特别要注意放空管道中的存水，防止冻胀破坏。

二、低压管道输水灌溉系统类型

　　低压管道输水灌溉系统类型很多，特点各异，一般可按下述两种方式进行分类。

　　1. 按灌溉系统可移动程度分类

　　(1) 固定式低压管道输水灌溉系统。低压管道输水灌溉系统的所有组成部分在整个灌溉季节、甚至常年都固定不动。该系统的各级管道通常均为地埋管。固定式低压管道输水灌溉系统只能固定在一处使用，故需要管材量大，单位面积投资高。

　　(2) 移动式低压管道输水灌溉系统。除水源外，引水取水枢纽和各级管道等各组成部分均可移动。它们可在灌溉季节中轮流在不同地块上使用，非灌溉季节时则集中收藏保管。这种系统设备利用率高，单位面积投资低，效益较高，适应性较强，使用方便，但劳动强度大，若管理运用不当，设备极易损坏。其管道多采用地面移动管道。

　　(3) 半固定式低压管道输水灌溉系统，又称半移动式低压管道输水灌溉系统。这类系统的引水取水枢纽和干管或干、支管为固定的地埋暗管，支管以下的配水管网可移动。这种系统具有固定式和移动式两类低压管道输水灌溉系统的特点，是目前渠灌区低压管道输水灌溉系统使用最广泛的类型。由于其枢纽和干管笨重，固定它们可以减低移动的劳动强度，而配水管网一般较轻，但所占投资比例较大，所以使其移动相对劳动强度不大，又可节省投资。

　　2. 按灌溉系统压力来源分类

　　(1) 机压式低压管道输水灌溉系统。在水源的水面高程低于灌区的地面高程，或虽略高一些但不足以提供灌区管网输配水和田间灌水所需要的压力时，则要利用水泵机组加压。在其他条件相同的情况下，这类系统因需消耗能量，故运行管理费用较高。我国井灌区和提水灌区的低压管道输水灌溉系统均为此种类型。

　　(2) 自压式低压管道输水灌溉系统。水源的水面高程高于灌区地面高程，管网配水和田间灌水所需要的压力完全依靠地形落差所提供的自然水头得到。据论证，一般地形坡度只要有 $1/250 \sim 3/500$ 的地面坡度，即可满足自压式低压管道输水灌溉系统正常运行所需要的工作压力。这种类型不用水泵加压，故可大大降低工程投资，特别适宜在引水自流灌区、水库自流灌区和大型提水灌区内田间工程应用。在有地形条件可利用的地方均应首先考虑采用自压式低压管道输水灌溉系统。

　　目前，我国单井、群井汇流灌区和规模小的提水灌区及部分小型塘坝自流灌区多采用移动式低压管道输水灌溉系统，其管网采用一级或两级地面移动的塑料软管或硬管。面积较大的群井联用灌区、抽水灌区以及水库灌区与自流灌区主要采用半固定式低压管道输水灌溉系统，其固定管道多为地埋暗管，田间灌水则采用地面移动软管。

三、低压管道输水灌溉系统组成

低压管道输水灌溉系统依各部分所担负的功能作用不同，一般由水源与引水取水枢纽、输配水管网、田间灌水系统等部分组成，如图 3-1 所示。

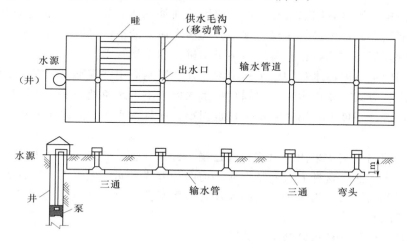

图 3-1 低压管道输水灌溉系统组成图

1. 水源

低压管道输水灌溉系统与其他灌溉系统形式一样，首先要有符合灌溉要求的水源。井、泉、塘坝、水库、河湖以及渠沟等均可作为低压管道输水灌溉系统的水源，但水源水质应符合农田灌溉用水标准的要求。与明渠灌水系统比较，低压管道输水灌溉系统更应注意水质，水中不得含有大量污脏、杂草和泥沙等易于堵塞管网的物质，否则应进行拦污、沉积甚至净化处理后方可引取。

2. 引水取水枢纽

引水枢纽形式主要取决于水源种类，其作用是从水源取水，并进行处理以符合管网与灌溉在水量、水质和水压 3 方面的要求。

需要机压的低压管道输水灌溉系统必须设置水泵和动力。可根据用水量和扬程的大小，选择适宜的水泵类型和型号。

在有自然地形落差可利用的地方，可采用自压式，以节省投资。在自流灌区或大中型抽水灌区以及灌溉水中含有大量杂质的地区建设低压管道输水灌溉系统，引水取水枢纽除必须设置进水闸和量水建筑物外，还必须设置拦污栅、沉淀池或水质净化处理等设施。

3. 输配水管网

输配水管网是由低压管道、管件及附属管道装置连接成的输配水通道。在灌溉面积较小的灌区，一般只有单机泵、单级管道输水和灌水。

井灌区输配水管网一般采用 1～2 级地面移动管道，或一级地埋管和一级地面移动管。渠灌区输配水管网多由多级管道组成，一般均为固定式地埋管。地埋管管材目前我国主要采用混凝土管、硬塑料管、钢管。输配水管网的最末一级管道，可采用固定式地埋管，也可采用地面移动管道。地面移动管道管材目前我国主要选用薄塑软管、涂塑布管，也有采用造价较高的如硬塑管、锦纶管、尼龙管和铝合金管等管材。

4. 田间灌水系统

渠灌区低压管道输水灌溉系统的田间灌水系统可以采用多种形式，常用的主要有以下3种形式：

（1）采用田间灌水管网输水和配水，应用地面移动管道来代替田间毛渠和输水垄沟，并运用退管灌法在农田内进行灌水。这种方式输水损失最小，可避免田间灌水时灌溉水的浪费，而且管理运用方便，也不占地，不影响耕作和田间管理。

（2）采用明渠田间输水垄沟输水和配水，并在田间应用常规畦、沟灌等地面灌水方法进行灌水。这种方式仍要产生部分田间输配水损失，不可避免地还要产生田间灌水的无益损耗和浪费，劳动强度大，田间灌水工作也困难，而且输水沟还要占用农田耕地，因此最为不利。

（3）仅田间输水垄沟采用地面移动管道输、配水，而农田内部灌水时仍采用常规畦、沟灌等地面灌水方法。这种方式的特点介于前两种方式之间，但因无需购置大量的田间灌地用软管，因此投资可大为减少。田间移动管可用闸孔管道、虹吸管或一般引水管等，向畦、沟放水或配水。

井灌区多采用第一种田间灌水形式。

第二节　低压管道输水灌溉系统的规划布置

低压管道输水灌溉系统规划布置的基本任务：在勘测和收集基本资料以及掌握低压管道输水灌溉区基本情况和特点的基础上，研究规划发展低压管道输水灌溉技术的必要性和可行性，确定规划原则和主要内容。通过技术论证和水力计算，确定低压管道输水灌溉系统工程规模和低压管道输水灌溉系统控制范围；选定最佳低压管道输水灌溉系统规划布置方案；进行投资预算与效益分析，以彻底改变当地农业生产条件，建设高产稳产、优质高效农田及适应农业现代化的要求为目的。因此，低压管道输水灌溉系统规划与其他灌溉系统规划一样，是农田灌溉工程的重要工作，必须予以重视，认真做好。

一、规划布置的基本原则

规划布置低压管道输水灌溉系统一般应遵循以下基本原则：

（1）低压管道输水灌溉系统的布设应与水源、道路、林带、供电线路和排水等紧密结合，统筹安排，并尽量充分利用当地已有的水利设施及其他工程设施。

（2）低压管道输水灌溉系统布设时应综合考虑低压管道输水灌溉系统各组成部分的设置及其衔接。

（3）在山丘区，大中型自流灌区和抽水灌区内部以及一切有可能利用地形坡度提供自然水头的地方，只要在最末级管道最不利出水口处有 0.3～0.5m 左右的压力水头，就应首先考虑布设自压式低压管道输水灌溉系统。对于地埋暗管，沿管线具有 1/200 左右的地形坡度，就可满足自压式低压管道输水灌溉系统输水压力能坡线的要求。

（4）小水源如单井、群井、小型抽水灌区等应选用布设全移动式低压管道输水灌溉系统。群井联用的井灌区和大的抽水灌区及自流灌区宜布设固定式低压管道输水灌溉系统。

（5）输水管网的布设应力求管线总长度最短，控制面积最大；管线平顺，无过多的转折和起伏；尽量避免逆坡布置。

（6）田间末级暗管和地面移动软管的布设方向应与作物种植方向或耕作方向及地形坡度相适应，一般应取平行方向布置。

（7）田间给水栓或出水口的间距应依据现行农村生产管理体制相结合，以方便用户管理和实行轮灌。

（8）低压管道输水灌溉系统布局应有利于管理运用，方便检查和维修，保证输水、配水和灌水的安全可靠。

二、布置形式

地埋暗管固定管网的布置形式。根据水源位置、控制范围、地面坡度、田块形状和作物种植方向等条件，地埋固定管网可布置成环状、树枝状或混合状 3 种类型。

1. 环状管网

干、支管均呈环状布置。其突出特点是：供水安全可靠，管网、内水压力较均匀，各条管道间水量调配灵活，有利于随机用水；但管线总长度较长，投资一般均高于树枝状管网。目前，环状管网在低压管道输水灌溉系统中应用很少，仅在个别单井灌区试点示范使用。

水源位于田块一侧、控制面积较大（10～20hm²）的环状管网布置形式如图 3－2 所示。

2. 树枝状管网

树枝状管网由干、支或干、支、农管组成，并均呈树枝状布置。其特点是：管线总长度较短，构造简单，投资较低，但管网内的压力不均匀，各条管道间的水量不能互相调剂。

（1）当控制面积较大，地块近似正方形，作物种植方向与灌水方向相同或不相同时可布置成树枝形（图 3－3）。

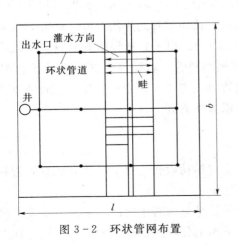

图 3－2　环状管网布置

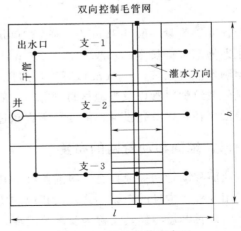

图 3－3　树枝状管网布置

（2）水源位于田块一侧，树枝状管网呈"一"字形布置（图3-4），适用于控制面积较小的井灌区，一般井的出水量为20～40m³/h，控制面积3～7hm²，田块的长宽比(l/b)不大于3，多用地面移动软管输水和浇地，管径大致为100mm左右，长度不超过400m。

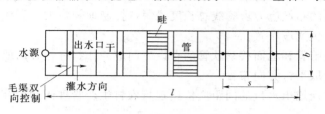

图3-4 "一"字形布置

3. 混合状管网

当地形较复杂时，常将环状与树枝状管网混合使用，形成混合状。

对于井灌区，这两种布置形式主要适用于井水量60～100m³/h，控制面积10～20hm²，田块的长宽比（l/b）约为1的情况。常采用一级地埋暗管输水和一级地面移动软管输水、灌水。地埋暗管多采用硬塑料管、内光外波纹塑料管和当地材料管，管径约为100～200mm，管长不超过1.0km。地面移动软管主要使用薄膜塑料软管和涂塑布管，管径50～100mm，长度不超过灌水畦、沟长度。

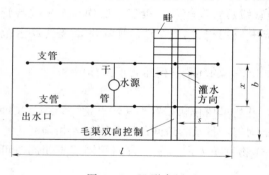

图3-5 H形布置

水源位于田块中心，常采用H形和长一字形树枝状管网布置形式（图3-5）。主要适用于井灌区，水井位于田块中部。井出水量40～60m³/h，控制面积7～10hm³；田块的长宽比（l/b）≤2时，采用H形；当长宽比（l/b）＞2时，常采用长一字形。

对于渠灌区，常为多级半固定式或固定式低压管道输水灌溉系统，其控制面积可达70hm²，干管流量一般约在0.4m³/s以下，管径在300～600mm之间，长度可达2.0km以上；支管流量一般0.15m³/s，管径100mm左右，管长即支管间距约200～400m，农管间距即灌水沟畦长度，一般为70～200m。大管径（300mm以上）地埋暗管管材常用现浇或预制素混凝土管，300mm以下管径的常用管材有硬塑料管、石棉水泥管、素混凝土管、内光外波纹塑料管以及当地材料管等。一般要求农管（或支管）采用同管径，干管或支管可分段变径，以节省投资；但变径不宜超过3种，以方便管理。

三、地面移动管网的布置

地面移动管网一般只有一级或两级，其管材通常有移动软管、移动硬管和软管硬管联合运用3种。常见的布设形式及其相应的使用方法如下。

（1）长畦短灌。其又称为长畦分段灌，是将一条长畦分为若干短段，从而形成没有横向畦埂的短畦，用软管或纵向输水沟自上而下或自下而上分段进行畦灌的灌水方法，如图

3-6 所示。其畦长可达 200m 以上。

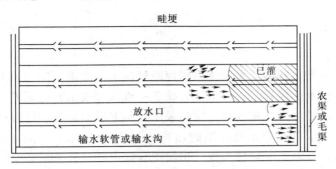

图 3-6　长畦分段灌布置

（2）长畦短灌双向灌溉。长畦短灌双向灌溉（图 3-7）是在长畦短灌的基础上由一个出水口放水双向灌溉的方法。其单口控制面积约 $0.09\sim0.18\mathrm{hm^2}$，移动管长 20m 左右。

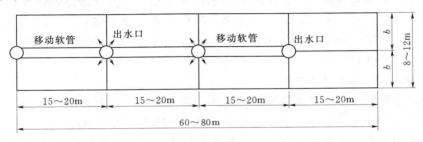

图 3-7　长畦短灌双向灌溉

（3）长畦短灌单向灌溉。地面坡度较陡，灌水不宜采用双向控制时，可在长畦短灌基础上采用单向控制灌溉，见图 3-8。

（4）方畦双向灌溉。地面坡度小，畦的长宽比约等于 1（或 0.6～1.0）时可采用方畦双向灌溉。移动管长不宜大于 10m，畦长亦不宜大于 10m，见图 3-9。

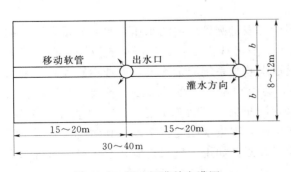

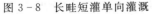

图 3-8　长畦短灌单向灌溉

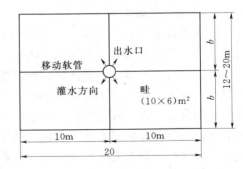

图 3-9　方畦双向灌溉

（5）移动闸管灌溉。移动闸管灌溉是在移动管（软管或硬管）上开孔，孔上设有控制闸门，以调节放水孔的出流量。移动闸管可直接与井泵出水管口相连接，也可与地埋暗管上的给水栓相连接。闸管顺畦长方向放置。闸管长度不宜大于 20m。畦的规格及灌水方法

57

均与移动管网相同。闸管上孔闸的间距视灌水畦、沟的布置而定。

四、附属设施

1. 给水装置

给水装置是低压管道输水灌溉系统由地埋暗管向田间灌水、供水的主要装置，可分为两类：直接向土渠供水的装置，称出水口；接下一级软管或闸管的装置，称给水栓。出水口应设置防冲池，防冲池宜就地取材，优先采用预制混凝土构件；地面移动管出口宜有防冲措施。一般每个出水口或给水栓控制的面积为 $0.25\sim0.6\text{hm}^2$，间距大致为 $30\sim60\text{m}$。单向灌水取较小值，双向灌水取较大值。田间配套地面移动管道时，单口灌溉面积可扩大至 1.0hm^2。

出水口和给水栓的结构类型很多，选用时应因地制宜，依据其技术性能、造价和在田间工作的适应性，并结合当地的经济条件和加工能力等，综合考虑确定，一般要求：结构简单，坚固耐用；密封性能好，关闭时不渗水，不漏水；水力性能好，局部水头损失小；整体性能好，开关方便，容易装卸；功能多，除供水外，尽可能具有进排气，消除水锤、真空等功能，以保证管路安全运行，造价低。根据止水原理，出水口和给水栓可分为外力止水式、内水压式和栓塞止水式等三大类型。

2. 分、配水控制和泄水建筑物

在各级地埋暗管首、尾和控制管道内水压、流量处，均应布设闸门、闸阀以利分水、配水、泄水及控制调节管道内的水压或流量。闸门、闸阀等可采用定型工业产品，亦可根据实际情况采用分水、配水建筑物。分、配水控制装置应满足设计的压力和流量要求，且密封性好、安全可靠、操作维修方便、水流阻力小。低压管道输水灌溉系统总干管、干管、支管等多级管道一般全部或部分埋在地下，因此需要设置阀门井进行配水和控制流量。

在地形较低处，干管和支管的末端设泄水阀，放空灌溉后存留在管道中的水量，防止寒冷地区管道冻胀破坏。

3. 量测建筑物

低压管道输水灌溉系统中，通常都采用压力表量测管道内的水压，水表测量管道中的流量。压力表的量程不宜大于 0.4MPa，精度一般可选用 1.0 级。压力表应安装在各级管道首部进水口后为宜。在井灌区，低压管道输水灌溉系统流量不大，可选用旋翼式自来水表，但其口径不宜大于 $\phi50$，否则造价过高，会影响投资。在渠灌区，各级管道流量较大如仍采用自来水表，既造价高，又会因渠水含沙量大，还含有其他杂质，而使水表失效。采用闸板式圆缺孔板量水装置或配合分流式量水计则量水精度更精确，其测流误差不小于 30%，价格低，加工安装简易，使用维护均很方便。如用于量水，应装在各级管道首部进水闸门下游，以节流板位置为准，要求上游直管段需要有 $10\sim15$ 倍管道内径的长度，下游应有 $5\sim10$ 倍管道内径长度。

4. 管道安全装置

为防止管道进气、排气不及时或操作运用不当，以及井灌区泵不按规程操作或突然停电等原因而发生事故，甚至使管道破裂，必须在管道上设置安全保护装置。目前在低压管道输水灌溉系统中使用的安全保护装置主要有：球阀型进排气装置、平板型进排气装置、单流门进排气阀和安全阀 4 种。它们一般应装设在管道首部或管线较高处。

5. 镇墩

管道遇到下列情况之一时应设置镇墩：

(1) 管内压力水头不小于 6m，且管轴线转角不小于 150°。

(2) 管内压力水头不小于 3m，且管轴线转角不小于 300°。

(3) 管轴线转角不小于 450°。

(4) 管道末端。

镇墩应设在坚实的地基上，用混凝土构筑，管道与沟壁之间的空隙应用混凝土填充到管道外径的高度，镇墩的最小厚度应大于 15cm，并应有规定的支撑面积。

第三节　管网水力计算

一、管径确定

管道系统各段的直径，应通过技术经济计算确定；在初估管径时，可按下式计算：

$$D = \sqrt{\frac{4Q}{\pi v}} \tag{3-1}$$

式中　D——管径，mm；

Q——流量，m³/s；

v——管道流速，m/s，可按表 3-1 取值。

表 3-1　　　　　　　　　　　　管道流速表

管　材	塑料管	石棉水泥管	混凝土管	薄膜管
流速/(m/s)	1.0～1.5	0.7～1.3	0.5～1.0	0.5～1.2

二、沿程水头损失计算

$$h_f = f\frac{Q^m}{D^b}L \tag{3-2}$$

式中　h_f——沿程水头损失，m；

f——管材摩阻系数；

Q——管段内流量，m³/h；

D——管道内径，mm；

L——管段长度，m；

m、b——流量指数和管径指数。

各种管材的 f、m、b 可按表 3-2 取值。

表 3-2　　　　　　　　　　不同管材摩阻系数、流量指数和管径指数表

管材	摩阻系数 f	流量指数 m	管径指数 b
塑料管	0.948×10^5	1.77	4.77
石棉水泥管	1.455×10^5	1.85	4.89
混凝土管	1.516×10^6	2	5.33
旧钢管、旧铸铁管	6.25×10^5	1.9	5.1

注　地埋薄壁塑料管的摩阻系数 f 值宜用表内塑料管 f 的 1.05 倍。

三、局部水头损失计算

管道的局部水头损失发生在水流边界突然发生变化，即均匀流被破坏的流段，由于水流边界突然变形促使水流运动状态紊乱，从而引起水流内部摩擦而消耗机械能。管道的局部水头损失可以采用下面的公式计算，也可按沿程水头损失的一定比例计入，一般取 $0.1\sim0.15$。

$$h_j=\xi\frac{v^2}{2g} \tag{3-3}$$

式中　h_j——局部水头损失，m；

　　　ξ——局部水头损失系数（或局部阻力系数），一般由试验测定；

　　　v——流速，m/s，一般指局部阻力以后的管中流速，但在突然扩大、逐渐扩大、分流、出口等取局部阻力以前的管中流速；

　　　g——重力加速度。

四、管道系统设计工作水头

$$H_0=\frac{H_{max}+H_{min}}{2} \tag{3-4}$$

式中　H_0——管道系统设计工作水头，m；

　　　H_{max}——管道系统最大工作水头，m；

　　　H_{min}——管道系统最小工作水头，m。

$$H_{max}=Z_2-Z_0+\Delta Z_2+\sum h_{f,2}+\sum h_{j,2}+h_0 \tag{3-5}$$

$$H_{min}=Z_1-Z_0+\Delta Z_1+\sum h_{f,1}+\sum h_{j,1}+h_0 \tag{3-6}$$

式中　Z_0——管道系统进口高程，m；

　　　Z_1——参考点 1 的地面高程，m，在平原地区，参考点 1 一般为距水源最近的给水栓；

　　　Z_2——参考点 2 的地面高程，m，在平原地区，参考点 2 一般为距水源最远的给水栓；

　　　ΔZ_1、ΔZ_2——参考点 1 与参考点 2 处给水栓出口中心线与地面的高差，m，给水栓出口中心线的高程应为其控制的田间最高地面高程加 0.15m；

　　　$\sum h_{f,1}$——管道进口至参考点 1 给水栓的管路沿程水头损失，m；

　　　$\sum h_{j,1}$——管道进口至参考点 1 给水栓的管路局部水头损失，m；

$\sum h_{f,2}$——管道进口至参考点 2 给水栓的管路沿程水头损失，m；

$\sum h_{j,2}$——管道进口至参考点 2 给水栓的管路局部水头损失，m；

$\quad h_0$——给水栓工作水头，m。

五、水泵的设计扬程

$$H_p = H_0 + Z_0 - Z_d + \sum h_{f,0} + \sum h_{j,0} \tag{3-7}$$

式中　H_p——水泵的设计扬程，m；

$\quad Z_0$——管道系统进口高程，m；

$\quad Z_d$——泵站前池水位或机井动水位，m；

$\sum h_{f,0}$——水泵吸水管进口至管道系统进口之间的管道沿程水头损失，m；

$\sum h_{j,0}$——水泵吸水管进口至管道系统进口之间的管道局部水头损失，m。

第四节　工程施工及运行管理

一、工程施工

管道工程的施工程序为：施工准备—管槽开挖—管道系统安装—试水回填—工程验收。

1. 施工准备

施工前应做好物料准备，并根据设计，核对工程物料的数量、规格，并检查其质量；编制施工计划，对施工人员进行技术培训；施工期宜避开雨季，在地下水位较高地段，应备好排水设备。

2. 管槽开挖

施工现场应设置测量控制网点。宜在管道中心线上每隔 30～50m 打木桩，并在管线的转折点、给水栓、闸阀等处或地形变化较大的地方加桩，桩上应标注开挖深度。

管槽开挖应符合下列要求：根据当地土质、管材、地下水位、土层深度及施工方法等确定断面开挖形式；根据管材规格、施工机具、操作要求确定管槽开挖宽度。槽底宜挖成弧形管床，管床对薄壁塑料管的包角应不小于 120°；管材与管件连接处，管槽开挖尺寸可适当加大。

管槽弃土应堆放在管槽一侧 0.3m 以外处。槽底应平直、密实，并清除石块与杂物，排除积水。超挖则应回填夯实至设计高程；软弱地基应采取加固措施；地下水位较高，土层受到扰动时，可铺 150～200mm 的砂垫层。管槽开挖完毕应检查合格后敷设管道。

3. 管道系统安装

管道安装前，应对管材、管件进行外观检查，清除管内杂物。

（1）管道安装，宜先干管后支管。承插口管材，插口在上游，承口在下游，依次施工。

（2）管道中心线应平直，管底与槽底应贴合良好。

（3）塑料管的连接应符合下列要求：①热扩口承插，应将插口处挫成坡口，承口内壁和插口外壁均应涂黏结剂，搭接长度应大于 1 倍管外径；②带有承插口的塑料管应按厂家要求连接；③塑料管连接后，除接头外均应迅速覆土 20～30cm 进行初始回填。

4. 试水回填

管道系统和建筑物应达到设计强度后方可试水。安装结束后，应对每条管道进行水压试验。管道系统试水前应做好下列准备工作：

（1）安装好测压仪表。

（2）认真检查被测管道系统设备是否安全，进、排气阀是否通畅，安全阀、给水栓是否启闭灵活。

（3）认真检查被测管段覆土固定情况。

管道试水时，环境气温应不低于 5℃。试水压力应为管道系统的设计工作压力，保压时间不应小于 1h，应检查管道系统的渗漏情况并做好标志和记录。渗漏损失应符合管道水利用系数要求，不允许有集中渗漏。

管道试水合格后方可进行最终回填。回填应按设计要求和程序进行。有条件时宜采用水浸密实法。采取分层压实法时，回填密实度应不低于最大夯实密实度的 90%。初始回填应在管道两侧同时进行，回填材料应不含直径大于 25mm 的石块和直径大于 50mm 的土块。回填达到管顶以上 15cm 后再进行最终回填，回填料应不含直径大于 75mm 的石块。对管道系统的关键部位，如镇墩、竖管周围及防冲池地基等的回填应分层夯实，严格控制施工质量。

5. 工程验收

工程施工结束后，应由主管部门组织设计、施工、使用单位组成工程验收小组，对工程进行全面验收。

二、运行管理

1. 一般规定

（1）应建立管理组织或明确专管人员，制定运行操作规程和管理制度；操作人员应经培训合格后持证上岗。

（2）应根据灌溉制度制定科学的用水计划。

（3）运行前，应检查机电设备、管道系统和附属设施是否齐全、完好。

（4）应定期检查工程及配套设施的状况，并及时进行维护、修理或更换。

（5）在冻害地区，冬季应及时放空管道内存水。

2. 水源工程的维护管理

当从河道、塘坝、渠道等水源处取水时，在水源附近应禁止取土、采石、建筑、爆破及其他危及工程安全的活动。对水源工程除经常性的维护外，每个灌溉季节结束，应及时清淤、整修。在机井使用中，应注意观察水量和水质的变化，若发现出水量减少，水中含砂量增大等异常现象，应查清原因，采取相应措施。

3. 设备的使用和维护

（1）灌水时，机压管道输水灌溉系应先开启给水栓，后启动水泵；改换给水栓时，应先开后关；停灌时应先停泵，后关给水栓自压管道系统，首先应打开排气阀和要放水的给水栓，必要时再打开管道上的其他给水栓排气，然后缓慢地开闸充水。管道充满水后，缓慢地关闭作为排气用的其他给水栓。

（2）电气设备操作维修应符合有关安全规定。

（3）自压管道输水灌溉系统应注意进水口的水位，避免管道中水流掺气。

（4）各类阀门的开、闭应均匀缓慢。

（5）地埋管道漏水时，应停机进行处理。

（6）地面移动管道铺设时应将铺管路线平整好；软管跨沟时应有托架，跨道路时应挖沟和垫土保护；转弯应平缓，不应拐直角、死角。

（7）停灌期，应把地面可拆卸的设备收回，经保养后妥善保管。

第五节 系统设计实例

一、自然概况

某自然村位于山前平原，有 835 户共 3760 人，耕地 238.86hm²，以井灌为主。近年来，随着工农业用水量的不断增加，地下水位逐年下降，灌溉用水日益紧张。为节约用水，保证增产，根据当地条件和群众要求，兴建低压管道输水灌溉工程。现以该村北部 1 眼机井为例介绍低压管道输水灌溉工程的设计过程。

该村北部有一块农田，地块长 410m，宽 250m，灌溉面积 10.2hm²。地形平坦，起伏不大。农作物以小麦、玉米为主。土壤肥沃，土质为壤土，容重 1.40g/cm³，田间持水率为 25%（重量百分比）。土壤最大冻深为 0.5m，日最大蒸发量为 5.5mm，多年平均年降水量 357mm，当保证率为 80% 时，年降雨 560mm。据分析，小麦全生育期需水 357mm，合 3570m³/hm²，生育期内降雨 120.7mm，合 1207.5m³/hm²，尚缺 2362.5 m³/hm²，需补充灌溉。该地块内有 1 眼机井，井深 150m，出水量 50m³/h，动水位 50~60m，水量、水质满足灌溉系统的要求。

二、设计依据

（1）《农田低压管道输水灌溉工程技术规范》（GB/T 20203）。

（2）《节水灌溉工程技术规范》（GB/T 50363）。

（3）《灌溉与排水工程设计规范》（GB 50288）。

三、设计参数的确定

根据设计规范及结合当地的实际情况，选用如下设计参数：

（1）小麦、玉米的日耗水强度：$e=5.5$mm/d。

（2）灌水有效利用系数：$\eta=0.85$。

（3）计划湿润层深：0.8m。

（4）土壤干容重：1.40g/cm³。

（5）田间持水率 25%（占土干土重的百分比）。

(6) 土壤适宜含水率的上、下限分别取田间持水率的 90% 和 70%。

四、灌水器选择

出水口采用丝盖固定式给水栓，出水口设计流量为 50m³/h。

五、管网布置

1. 布置原则

根据地形条件、水源位置、地块形状、种植方向及原有工程配套等因素，通过比较，确定采用树状管网。管网布置力求控制面积大，力求管道总长度最短，管径最小。管线平顺，减少折点和起伏。管线布置与地形坡度相适应，与田间道路结合考虑，支管与作物的种植方向一致。

2. 管网布置方案

管道系统采用干管和支管两级固定管道。管道均采用 PE 管，埋于地下，埋深 0.8m。干管沿田间道路铺设，支管垂直于干管布置，并与作物的种植方向一致。支管双向控制，间距为 80m。支管上布设给水栓，给水栓间距为 50m，给水栓与涂塑软管相连进行灌溉。具体布置见图 3-10。

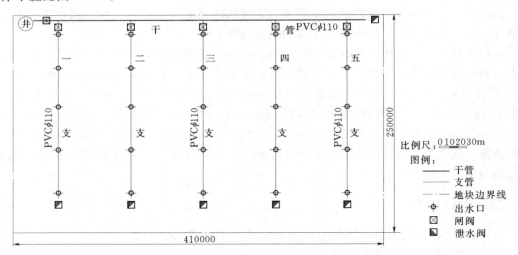

图 3-10　低压管道输水灌溉系统平面布置图

六、灌溉制度及工作制度

1. 设计灌水定额

设计灌水定额由下式计算：

$$m = 1000\gamma_s H(\beta_1 - \beta_2)$$

式中　m——设计灌水定额，mm；

　　　γ_s——计划湿润层土壤干容重，g/cm³；

　　　H——土壤湿润层深，m，土壤计划湿润层深度取为 0.8m；

β_1、β_2——土壤含水量上限和下限,分别取田间持水率的90%和70%。

经计算,小麦、玉米的设计灌水定额为56.0mm。

2. 灌水周期 T

设计灌水周期由下式确定:

$$T_{设}=\frac{m}{e}$$

经计算,小麦、玉米的设计灌水周期为10.18d,根据计算及当地经验,低压管道输水灌溉系统小麦、玉米的设计灌水周期取10d,修正后的灌水定额为55mm,即550m³/hm²。

3. 一次灌水时间 t

$$t=\frac{mS_eS_l}{q_d\eta}$$

式中 t——一次灌水延续时间,h;

   m——灌水定额,mm;

 S_e、S_l——出水口间距和支管间距,m;

   q_d——灌水器设计流量,L/h。

经计算,小麦、玉米一次灌水延续时间为5.18h。

4. 轮灌组划分

每次灌溉只开1个给水栓,给水栓一次工作时间5.18h,一天工作3组,灌水周期为10d,在一个灌水周期最多可工作30个给水栓。典型地块上共25个给水栓,可满足灌溉要求。

七、灌溉系统水力计算

1. 系统设计流量

根据水源条件和系统的工作制度,干管和支管的设计流量均为50m³/h。

2. 管径确定

采用经济流速法确定干、支管的管径,计算公式采用式(3-1),计算结果见表3-3。

表3-3 管道选择及计算结果表

管道	流量/(m³/h)	流速/(m/s)	计算内径/mm	确定内径/mm
干管	50	1.4	112.39	116.2
支管	50	1.4	112.39	116.2

初选干管与支管均为U-PVC管,公称外径 $\phi125$,公称壁厚4.4mm,工作压力均为0.8MPa。根据目前国内生产的各种软管的技术特性及经济指标,移动软管选择 $\phi50$ 涂塑软管。

3. 管道水头损失计算

沿程水头损失按下式计算:

$$h_f=f\frac{Q^m}{D^b}L$$

根据表 3-2 不同管材摩阻系数、流量指数和管径指数表，查得塑料管的摩阻系数 f 为 0.948×10^5，流量指数 m 为 1.77，管径指数 b 为 4.77，沿程水头损失计算结果见表 3-4。

管道局部水头损失可按沿程水头损失的 12.5% 估算，计算结果见表 3-4。

表 3-4　　　　　　　　　　　　　　系统工作水头校核表

计算位置	管长/m		水头损失/m			地形高差/m	给水栓出口中心线与地面的高差/m	给水栓工作压力/m	系统工作压力/m	备注
	干管	支管	沿程水头损失	局部水头损失	合计					
一支	50	10	0.82	0.1	0.92	0	0.15	0.4	1.47	距水源最近处
五支	370	200	7.74	0.97	8.71	0	0.15	0.4	9.26	距水源最远处

4. 管道系统设计工作水头

管道系统设计工作水头按下式计算：

$$H_0 = \frac{H_{\max} + H_{\min}}{2}$$

$$H_{\max} = Z_2 - Z_0 + \Delta Z_2 + \sum h_{f,2} + \sum h_{j,2} + h_0$$

$$H_{\min} = Z_1 - Z_0 + \Delta Z_1 + \sum h_{f,1} + \sum h_{j,1} + h_0$$

式中　H_0——管道系统设计工作水头，m；

　　　$H_{\max}$——管道系统最大工作水头，m；

　　　$H_{\min}$——管道系统最小工作水头，m。

选取干管上距水源最远处的轮灌组和最近处的轮灌组，作为系统最有利、最不利工况点，进行水力计算。经计算，系统的工作压力为 5.37m。

5. 水泵的设计扬程

$$H_p = H_0 + Z_0 - Z_d + \sum h_{f,0} + \sum h_{j,0}$$

系统的工作压力 5.37m，机井动水位 60m，水泵吸水管进口至管道系统进口之间的管道水头损失为 10.0m，经计算，水泵的设计扬程为 75.37m。

八、水泵的选型与配套

灌溉系统水泵的设计扬程要考虑泵路损失、管路损失、首部损失以及地形高差等因素。经计算，系统扬程为 75.37m。选用潜水泵，其型号为 175QJ50-84/7，流量 50m³/h，扬程 84m，额定功率为 18.5kW。根据水泵的轴功率，水泵的效率，确定电动机功率为 28.6kW。

九、附属工程

在干管和支管的末端设泄水井，以防止冬季冻胀对管道产生破坏。在管道的转弯处、分水处或沿管道长度一定距离设镇墩。镇墩尺寸 0.4m×0.4m×0.4m，每个镇墩混凝土用量 0.064m³，该系统设置镇墩 45 个，混凝土总用量为 2.28m³。

十、工程材料用量及工程量估算

低压管道输水灌溉工程材料用量及工程量估算见表 3−5。

表 3−5　　　　　　　　　　　低压管道输水灌溉工程量估算表

序号	工程项目名称	单位	数量
一	金属结构设备及安装工程		
1	PVC管 φ125	m	1500
2	涂塑软管 φ50	m	360
3	固定式给水栓 DN125	个	25
4	三通 DN125	个	30
5	弯头 DN125	个	2
6	铸铁蝶阀 DN125	个	6
7	排水阀 DN125	个	6
8	进排气阀 G1.5″	个	1
9	水表 DN125	个	1
10	水泵 175QJ50−84/7	台	1
11	电动机 28.6kW	台	1
二	土建工程		
1	开挖土方	m³	990
2	回填土方	m³	975
3	泵房	m²	10
4	阀门井	个	6
5	泄水井	个	6
6	混凝土镇墩	m³	2.28

复 习 思 考 题

1. 低压管道输水灌溉系统的组成？

2. 与渠道输水相比，低压管道输水有何优缺点？

3. 低压管道输水灌溉时管材、管径如何确定？

第四章 喷微灌工程技术

喷微灌工程技术包括喷灌和微灌两种灌水技术，其中微灌工程包括滴灌工程、微喷灌工程和渗灌工程等。

第一节 喷灌技术与规划设计

一、概述

（一）喷灌定义与特点

喷灌是利用专门的设备（喷头）将有压水送到灌溉地段，并喷射到空中散成细小水滴，均匀地散布在田间进行灌溉的灌水方法。喷灌需要借助压力管网输水，压力可以是水泵加压，也可利用地形高差。有条件的地方尽量利用地形落差提供压力。

喷灌是当今先进的节水灌溉技术之一。适宜大面积农业灌溉和各种经济作物灌溉。具有以下优点：

（1）省水。灌水效率高，喷灌可根据不同的土壤和灌水需要，适时适量灌水，不产生深层渗漏和田面径流，保土保肥，灌水均匀，田间灌水有效利用率高，与地面灌相比，一般可节水30％～50％，对透水性大的土壤，节水量更大。

（2）省地。喷灌可减少土地平整工程量；田间渠道少，不打畦，不筑埂，田间工程量小；少占耕地，土地利用率高。据统计，喷灌可节省土地7％～13％。

（3）省工，节约劳力，有利于实现灌水机械化和自动化。据统计，喷灌用工只为地面灌的1/6。

（4）对地形的适应性强。喷灌适用于蔬菜、果园、苗圃和多种作物灌溉。对地形和土壤的适应性强。当地面坡度大于2％时，采用地面灌溉有困难，需要进行大量的土地平整工作，在土壤透水性强的地区，如采用地面灌溉，将有大量的灌溉水渗漏浪费，而喷灌则不受地形和土壤的影响，特别是地形复杂，坡陡、土层薄，渗漏严重，不适于地面灌溉的地区，最适于发展喷灌。

（5）增产。喷灌增产作用十分明显，粮食作物灌溉比地面沟畦灌增产10％～30％。

（6）其他。喷灌可以调节农田小气候，防干热风、防霜冻等。

喷灌的缺点是一般投资较高，能耗和运行费用较大；受风的影响大，有空中漂移和植物截流水量损失，在风速大于3级时，不宜进行喷灌。

（二）喷灌系统的组成与分类

1. 喷灌系统的组成

喷灌系统一般由水源工程、水泵和动力机、输配水管网（包括控制件与连接件）、灌水器（喷头）等四部分组成。如图 4-1 所示。

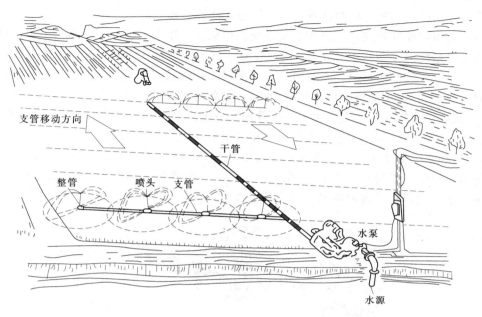

图 4-1 喷灌系统示意图

喷灌系统的水源一般是江河、湖泊、水库、井、渠等，只要能满足灌溉用水要求，都可作为喷灌水源。水泵和动力机是喷灌系统的加压设备，为喷头提供工作压力。管道的作用是将压力水流输送到喷头，而喷头的作用则是将有压集中水流喷出并粉碎成细小水滴，均匀落在田间。

2. 喷灌系统分类

喷灌系统按其获得压力的方式不同，分为机压喷灌系统和自压喷灌系统。靠水泵和动力机械将水加压的喷灌系统，称机压喷灌系统；利用自然地形落差为喷头提供工作压力的喷灌系统，称自压喷灌系统。喷灌系统按其设备组成又可分为管道式喷灌系统和机组式喷灌系统两大类。

（1）管道式喷灌系统。按管道可移动程度可分为固定式、移动式和半固定式三种。

1）固定式管道喷灌系统。除喷头外，喷灌系统的所有组成部分均固定不动，各级管道埋入地下，支管上设有竖管，根据轮灌计划，喷头轮流安设在竖管上进行喷洒。固定式喷灌系统操作方便，易于维修管理，多用于灌水频繁、经济价值高的蔬菜、果园和经济作物。缺点是管材用量多，投资大，对田间耕作有一定的影响。

2）移动式管道喷灌系统。除水源工程外，水泵和动力机、各级管道、喷头都可拆卸移动。喷灌时，在一个田块上作业完毕，依次转到下一个田块作业，轮流喷洒。其优点是设备利用率高，管材用量少，投资小。缺点是设备拆装和搬运工作量大，搬移时还会损坏作物。

3）半固定式管道喷灌系统。喷头和支管是可移动的，其他各组成部分都是固定的，干管一般埋入地下。喷灌时，将带有喷头的支管与安装在干管上的给水栓相连接进行灌

69

溉，并按设计顺序移动支管位置，轮流喷洒。其优点是设备利用率高，管材用量少，是国内外广泛使用的一种较好的喷灌系统，特别适用于大面积喷灌。

（2）机组式喷灌系统。机组式喷灌系统类型很多，按大小可分为轻型、小型、中型和大型喷灌机系统。小型机组有 4 马力、6 马力、12 马力喷灌机。造价低，使用方便，喷灌质量较差。大型喷灌机：滚移式、时针式、平移式，绞盘式等。南方地区河网较密，宜选用轻型（手抬式）、小型喷灌机（手推车式），少数情况下也可选中型喷灌机（如绞盘式喷灌机）。北方田块较宽阔，根据水源情况各种类型机组都有适用的可能性。但对大型农场，则宜选大、中型喷灌机，大中型喷灌机工作效率较高。

1）滚移式喷灌系统。其支管支承在直径为 1～2m 左右的许多大轮子上，以管道本身作为轮轴，轮距一般为 6～12m，见图 4-2。在一个位置喷完后，用拖拉机拖动将支管滚移到下一个位置再喷。这种系统适用于较平整的田块。

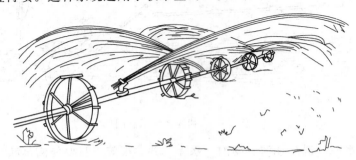

图 4-2 滚移式喷灌系统

2）时针式喷灌系统。又称中心支轴式喷灌系统或圆周自动行走式喷灌系统。其结构如图 4-3 所示。在喷灌田块的中心有供水系统（给水栓或水井与泵站），其支管支承在可以自动行走的小车或支承架上，工作时支管就像时针一样不断围绕中心点旋转。常用的支管长 400～500m，根据轮灌需要，转一圈要 2～20d，可灌溉 800～1000 亩。支管离地面 2～3m。这种系统的优点是机械化和自动化程度高；可以不要人操作连续工作，生产效率高，并且支管上可以装很多喷头，喷洒范围互相重叠，提高了灌水均匀度，受风的影响小，也可以适应起伏的地形。但其最大缺点是灌溉面积是圆形，不利于田间机耕作业。

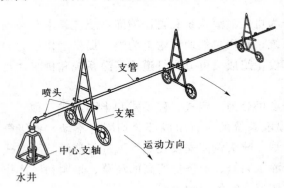

图 4-3 时针式喷灌系统

3）平移式喷灌系统。它的支管和时针式系统一样，也是支承在可以自动行走的小车上，但它是自动作平行的移动，由垂直于支管的干管上的给水栓通过软管供水。当行走一定距离（等于给水栓间距）后就要改由下一个给水栓供水，这样喷灌面积是矩形的，便于和耕作相配合，但自动化程度略差于时针式系统，如图 4-4 所示。

图 4-4 平移式喷灌系统

4）绞盘式喷灌机。绞盘式喷灌机一般包括绞盘车和喷头车两部分，如图 4-5 所示。绞盘车停在干管旁边并通过高压半软管与干管相连。绞盘车与喷头车之间也用高压半软管相连，软管直径多为 50～125mm，长约 100～300m。工作前先将喷头车拉到最远处然后通水，一边喷洒一边移动，移动是由水力驱动转动绞盘（或钢索）紧密而均匀地分层缠绕在绞盘上来实现的。喷头车上一般只有一个大喷头，少数的也有带几个喷头。喷头射程一般为 30～90m，喷水量 20～250m³/h，工作压力为 400～800kPa，喷头车移动速度一般为 10～200m/h，每一行程可喷灌 14～60 亩，每一个机组可控制 200～1000 亩。

图 4-5 绞盘式喷灌机

二、喷灌设备

仅对喷灌系统的主要专用设备作一简要介绍，如喷头、管材、管件等。

（一）喷头

喷头（又称为喷灌器）是喷灌机与喷灌系统的主要组成部分。它的作用是将有压的集中水流喷射到空中，散成细小的水滴并均匀地散布在它所控制的灌溉面积上，因此喷头的结构形式及其制造质量的好坏直接影响喷灌的质量。

喷头的种类很多，按其工作压力及控制范围大小可分为低压喷头（或称近射程喷头）、中压喷头（或称中射程喷头）和高压喷头（或称远射程喷头），这种分类目前还没有明确的划分界限，但大致可以按表 4-1 所列的范围分类。用得最多的是中射程喷头，这是由于它消耗的功率小而比较容易得到较好的喷灌质量。

按照喷头的结构形式与水流形状可以分为旋转式和固定式。

71

表 4-1　　　　　　　　　　喷头按工作压力与射程分类表

类别	工作压力 /kPa	射程 /m	流量 /(m³/h)	特点及应用范围
低压喷头 （近射程喷头）	<200	<15.5	<2.5	射程近，水滴打击强度小，主要用于苗圃、菜地、温室、草坪、园林、自压喷灌的低压区或行喷机组式喷灌机
中压喷头 （中射程喷头）	200～500	15.5～42	2.5～32	喷灌强度适中，适用范围广，应用于果园、草地、菜地、大田及各类经济作物
高压喷头 （远射程喷头）	>500	>42	>32	喷洒范围大，水滴打击强度也大，多用于喷洒质量要求不高的大田作物和草原牧草等

1. 旋转式喷头

旋转式喷头是目前使用最多的一种喷头形式，一般由喷嘴、喷管、粉碎机构、转动机构、扇形机构、弯头、空心轴、轴套等部分组成。压力水流通过喷管及喷嘴形成一股集中水舌射出，由于水舌内存在涡流又在空气阻力及粉碎机构（粉碎螺钉、粉碎针或叶轮）的作用下水舌被粉碎成细小的水滴，并且转动机构使喷管和喷嘴围绕竖轴缓慢旋转，这样水滴就会均匀地喷洒在喷头的四周，形成一个半径等于喷头射程的圆形或扇形湿润面积。

旋转式喷头由于水流集中，所以射得远（可以达 80m 以上），是中射程和远射程喷头的基本形式。目前我国在农业上应用的喷头基本上都是这种形式。转动机构和扇形机构是旋转式喷头的重要组成部分，因此常根据转动机构的特点对旋转式喷头进行分类，主要的形式有摇臂式、叶轮式、反作用式等。又可以根据是否装有扇形机构（亦即是否能作扇形喷灌）而分成全圆转动的喷头和可以进行扇形喷灌的喷头两大类，在平坦地区的固定式系统，一般用全圆转动的喷头就可以了；而在上坡地上和移动式系统及半固定系统以及有风时喷灌，则要求作扇形喷灌，以保证喷灌质量和留出干燥的退路。

摇臂式喷头的转动机构是一个装有弹簧的摇臂，在摇臂的前端有一个偏流板和一个勺形导水片，喷灌前偏流板和导水片是置于喷嘴的正前方。当开始喷灌时水舌通过偏流板或直接冲到导水片上，并从侧面喷出，由于水流的冲击使摇臂转动 60°～120°，并把摇臂弹簧扭紧，然后在弹簧力作用下摇臂又回位，使偏流板和导水片进入水舌，在摇臂惯性力和水舌对偏流板的切向附加力的作用下，敲击喷体（即喷管、喷嘴、弯头等组成一个可以转动的整体）使喷管转动 3°～5°，于是又进入第二个循环（每个循环周期为 0.2～2.0s 不等），如此周期往复就使其不断旋转，摇臂式喷头的结构形式可参见图 4-6 和图 4-7。

摇臂式喷头的缺点是：在有风与安装不水平（或竖管倾斜）的情况下旋转速度不均匀，喷管从斜面向下旋转时（或顺风）转得较快，从斜面向上旋转（或逆风）则转动得比较慢，这样两侧的喷灌强度就不一样，严重影响了喷灌的均匀性。但它结构简单，便于推广，在一般情况下，尤其是在固定式系统上使用的中射程喷头运转比较可靠。因此，现在这种喷头使用得最普遍。

2. 固定式喷头

固定式喷头也称为漫射式喷头或散水式喷头，它的特点是在喷灌过程中所有部件相对于竖管是固定不动的，而水流是在全圆周或部分圆周（扇形）同时向四周散开。和旋转式

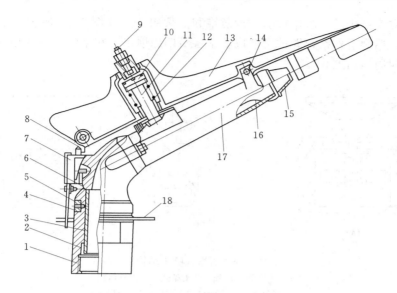

图 4-6 单嘴带换向机构的摇臂式喷头结构图

1—空心轴套；2—减磨密封圈；3—空心轴；4—防沙弹簧；5—弹簧罩；6—喷体；7—换向器；
8—反转钩；9—摇臂调位螺钉；10—弹簧座；11—摇臂轴；12—摇臂弹簧；13—摇臂；
14—打击块；15—喷嘴；16—稳流器；17—喷管；18—限位环

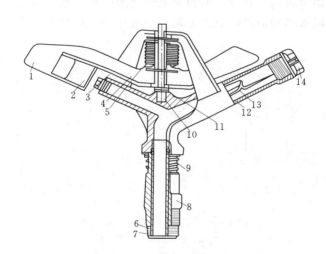

图 4-7 双喷嘴摇臂式结构图

1—导水板；2—挡水板；3—小喷嘴；4—摇臂；5—摇臂弹簧；6—三层垫圈；7—空心轴；8—轴套；
9—防沙弹簧；10—摇臂轴；11—摇臂垫圈；12—大喷管；13—整流器；14—大喷嘴

喷头比较，因其水流分散，喷得不远，所以这种喷头射程短（5～10m），喷灌强度大（15～20mm/h 以上），多数喷头的水量分布不均匀，近处喷灌强度比平均喷灌强度高得多，因此其使用范围受到很大的限制，但其结构简单，没有旋转部分，所以工作可靠，而且一般工作压力较低，被用于公园、菜地和自动行走的大型喷灌机上。按其结构形式可以分为折射式、缝隙式和离心式 3 种。

（1）折射式喷头。一般由喷嘴、折射锥和支架组成，如图4-8所示。水流由喷嘴垂直向上喷出，遇到折射锥，即被击散成薄水层沿四周射出，在空气阻力作用下即形成细小水滴散落在四周地面上。

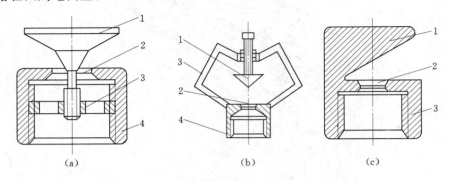

图4-8　折射式喷头结构图
(a) 内支架式；(b) 外支架式；(c) 整体式
1—折射锥；2—喷嘴；3—支架；4—管接头

（2）缝隙式喷头。其结构如图4-9所示，就是在管端开出一定形状的缝隙，使水流能均匀地散成细小的水滴，缝隙与水平面成30°角，使水舌喷得较远，其工作可靠性比折射式要差，因为缝隙易被污物堵塞，所以对水质要求较高，水在进入喷头之前要经过认真的过滤。但是这种喷头结构简单，制作方便。一般用于扇形喷灌。

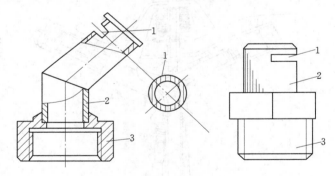

图4-9　两种缝隙式喷头结构图
1—缝隙；2—喷体；3—管接头

（3）离心式喷头。由喷管和带喷嘴的蜗形外壳构成。工作时水流沿切线方向进入蜗壳，使水流绕垂直轴旋转，这样经过喷嘴射出的水膜，同时具有离心速度和圆周速度，所以水流离开喷嘴后就向四周散开，在空气阻力作用下，水膜被粉碎成水滴散落在喷头的四周。

（二）管材、管件

管道是喷灌系统的关键设备之一，因为它用量大，投资高，技术要求严格。据统计，固定式喷灌系统的管道投资占总投资的比重为68%～87%，半固定式喷灌系统的比重为41%～72%。有些工程由于管材选择不当，管道质量不好，结构设计不合理或施工安装质量差，严重影响了系统正常运行，个别的导致整个喷灌工程失败。因此，在喷灌系统规划设计中，必须对管材、管径的选择、管件的配套以及管道上控制与保护装置的设置，给予充分的重视。

1. 对管道的技术要求

能承受设计工作压力，一般要求管壁有相应的厚度，并特别注意壁厚要均匀。对于不同的工作压力要选用不同的管材；能通过设计的流量，而不至造成过大的水头损失，以节约能量。除要求有一定的过水断面外，还要求管道内壁尽量光滑，以减少摩阻系数；价格低廉，使用寿命长。塑料管材要注意防老化，钢铁管材注意防锈蚀，混凝土管对埋设基础要求较高；便于运输，易于安装与施工，接头连接要方便，而且不漏水，并有一定的抗震和抗折能力；对于移动管道，则要求轻便、耐撞磨，并能经受风吹日晒。

2. 管材的种类

（1）钢筋混凝土管。有预应力钢筋混凝土和自应力钢筋混凝土管两种，都是在混凝土浇制过程中使钢筋受到一定的拉力，从而使管子在工作压力范围内不会产生裂缝。可承受内压 400～1600kPa，常用直径为 70～1200mm。其优点是其钢材用量仅为铸铁管的 10%～15%，而且不会因锈蚀使输水性能降低，使用寿命长，一般可使用 70 年以上或更长时间。但其质脆，较重，运输有一定困难。钢筋混凝土管一般为承插口，刚性接头用石棉水泥或膨胀性填料止水，柔性接头则用圆形橡胶圈止水。

（2）铸铁管。一般可承压 1.0MPa，优点是工作可靠，使用寿命长，一般可使用 60～70 年，但一般 30 年后就要开始陆续更换。缺点是材料较脆，不能承受较大的动荷载。接头多，施工量大。另外，长期输水，内壁会产生锈瘤，便过水能力大大降低。

按照加工方法、接头形式不同铸铁管可分为：承插直管、砂型离心泵、法兰直管。按照承受压力大小可分为低压管（工作压力 $H \leqslant 450kPa$）、普压管（$450kPa \leqslant H \leqslant 750kPa$）和高压管（$750kPa \leqslant H \leqslant 1000kPa$）。承插式铸铁管常用的接口有：石棉水泥接头、铅接头和膨胀性填料接头等。

（3）钢管。钢管可承压 1.5～6.0MPa，与铸铁管相比，它的优点是能经受较大的压力、韧性强、能承受动荷载、管壁较薄、用料省，并且管段长而接口少，铺设简便。缺点是易腐蚀，寿命仅为铸铁管的一半，因此铺设在土中时，表面应有良好的保护层。

常用的钢管有热轧无缝钢管、冷轧（冷拔）无缝钢管、水煤气输送钢管和电焊钢管等，一般用焊接、螺纹接头或法兰接头。

（4）塑料管。塑料管是由不同种类的树脂渗入稳定剂、添加剂和润滑剂等合配后，挤压成形的。采用不同的树脂就产生出不同的塑料管。它的品种很多，现在常用的有聚氯乙烯管（PVC）、聚乙烯管（PE）、聚丙烯管（PP）等。对于不同厚度的管子分别可承受内压力 400～1000kPa。其优点是容易施工，能适应一定的不均匀沉陷，内壁光滑，水头损失小。缺点是必须埋在地下。塑料管的规格一般以外径计，管径为 5～500mm，壁厚 0.5～8.0mm。

塑料管的连接形式有多种，有刚性接头、丝扣连接、法兰连接、黏结和焊接等连接方式。柔性接头多为铸铁套管配橡皮圈止水的承插式接头。

3. 管件

连接件是连接管道的部件，亦称管件。管道种类及连接方式不同，连接件也不同。常用的管件有接头、三通、弯头、堵头、旁通、插杆、密封紧固件等。

（三）控制、测量与保护装置

在喷灌系统中的主要控制和保护装置有：阀门（闸阀）、安全阀、逆止阀、进排气阀、流量调节阀、压力调节阀、自动阀（包括电动和水动）等，这些控制件及安全件主要起到控制流量和压力、保护管网和水泵安全运行等作用，其材料大多为金属制品。测量设备为水表，用来量测管道中水的流量。

三、喷灌灌水技术要素

衡量喷灌灌水质量的指标一般包括喷灌强度、喷灌均匀度和水滴打击强度（水滴直径）。

1. 喷灌强度

喷灌强度是单位时间内喷洒在单位面积上的水量，亦即单位时间内喷洒在灌溉土地上的水深。一般用 mm/min 或 mm/h 表示。由于喷洒时，水量分布常常是不均匀的，因此喷灌强度有点喷灌强度 ρ_i 和平均喷灌强度（面积和时间都平均）$\bar{\rho}$ 两种概念。

点喷灌强度 ρ_i 是指一定时间 Δt 内喷洒到某一点土壤表面的水深 Δh 与 Δt 的比值，即

$$\rho_i = \frac{\Delta h}{\Delta t} \tag{4-1}$$

平均喷灌强度 $\bar{\rho}$ 是指一定喷灌面积上各点在单位时间内喷灌水深的平均值，以平均喷灌水深 h 与相应时间 t 的比值表示：

$$\bar{\rho} = \frac{h}{t} \tag{4-2}$$

单喷头全圆喷洒时的平均喷灌强度 $\bar{\rho}_全$ 可用下式计算：

$$\bar{\rho}_全 = \frac{1000q\eta}{A}(\text{mm/h}) \tag{4-3}$$

式中　q——喷头的喷水量，m^3/h；

　　　A——在全圆转动时一个喷头的湿润面积，m^2；

　　　η——喷洒水的有效利用系数，即扣去喷灌水滴在空中的蒸发和漂移损失，一般为 0.8～0.950。

在喷灌系统中，各喷头的湿润面积有一定的重叠，实际的喷灌强度要比式（4-3）计算的高一些，为准确起见，可以用有效面积 $A_{有效}$ 代替上式中的 A 值：

$$A_{有效} = S_t S_m \tag{4-4}$$

式中　S_t——在支管上喷头的间距；

　　　S_m——支管的间距。

在一般情况下，平均喷灌强度应与土壤透水性相适应，应使喷灌强度不超过土壤的入渗率（即渗吸速度），这样喷洒到土壤表面的水才能及时渗入土中，而不会在地表中形成积水和径流。

各类土壤的允许喷灌强度值引自《喷灌工程技术规范》（GB/T 50085）见表 4-2，可在喷灌系统设计时参考使用。在斜坡地上，随着地面坡度的增大，土壤的吸水能力将降低，产生地面冲蚀的危险性增加，因此在坡地上喷灌需降低喷灌强度，可参考表 4-3。

表 4-2	各类土壤的允许喷灌强度值
土壤质地	允许喷灌强度/(mm/h)
砂土	20
砂壤土	15
壤土	12
壤黏土	10
黏土	8

表 4-3	坡地允许喷灌强度降低值
地面坡地/%	允许喷灌强度降低值/%
5~8	20
9~12	40
13~20	60
>20	75

测定喷灌强度一般是与喷灌均匀度试验结合进行。具体方法是在喷头的湿润面积内均匀布置一定数量的量雨筒，喷洒一定时间后，测量雨筒中的水深。量雨筒所在点喷灌强度用下式计算：

$$\rho_i = \frac{10W}{t\omega} \qquad (4-5)$$

式中　ρ_i——点喷灌强度，mm/h；

　　　W——量雨筒承接的水量，cm³；

　　　t——试验持续时间，h；

　　　ω——量雨筒上部开敞口面积，cm²。

而喷灌面积上的平均强度为

$$\bar{\rho} = \frac{\sum \rho_i}{n} \qquad (4-6)$$

式中　n——量雨筒的数目。

2. 喷灌均匀度

喷灌均匀度是指在喷灌面积上水量分布的均匀强度，它是衡量喷灌质量好坏的重要指标之一。影响均匀度的因素有喷头结构、工作压力、喷头布置形式、喷头间距、喷头转速的均匀性、竖管的倾斜度、地面坡度、风速和风向等。

表征喷灌均匀度的方法很多，这里只介绍两种常用的表示方法。

(1) 喷洒均匀系数。

$$C_u = 1.0 - \frac{\Delta h}{h} \qquad (4-7)$$

式中　C_u——喷灌均匀系数；

　　　h——喷洒水深的平均值，mm；

　　　Δh——喷洒水深的平均离差，mm。

如果在喷灌面积上的水量分布的越均匀，那么 Δh 值越小，亦即 C_u 值越大。C_u 值一般不应低于70%~80%。

喷洒均匀系数一般均指一个喷灌系统的喷洒均匀系数，单个喷头的喷洒均匀系数是没有意义的，这是因为单个喷头的控制面积是有限的，要进行大面积灌溉必然要由若干个喷头组合起来形成一个喷灌系统。单个喷头在正常压力下工作时，一般都是靠近喷头部分湿润较多，边缘部分不足，这样当几个喷头组合在一起时，湿润面积有一定重叠，就可以使土壤湿润得比较均匀。为了便于测定，常取 4 个或几个喷头布置成矩形、方形或三角形，测定它们之间所包围面积的喷洒均匀系数，这一数值基本上可以代表在平坦地区无风情况下喷灌系统的喷洒均匀系数。在工程设计中一般要求 C_u＝70％～90％。

（2）水量分布图。水量分布图即喷洒范围内喷灌强度等值线图。用这种图来衡量喷灌均匀度比较准确、直观，它和地形图一样表示出喷洒水量在整个喷洒面积内的分布情况，但是没有指标，不便于比较。一般常用此法表示单个喷头的水量分布情况。如图 4-10 所示，也可以绘制喷头组合的水量分布图或喷灌系统的水量分布图。

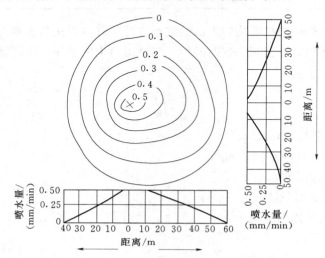

图 4-10　喷头水量分布图与径向水量分布曲线
×—喷头位置

3. 水滴打击强度

喷头喷洒出来的水滴对作物的影响，可用水滴打击强度来衡量。水滴打击强度也就是单位喷洒面积内水滴对作物和土壤的打击动能，它与水滴大小、降落速度及密集程度有关。但目前尚无合适的方法来测量水滴打击强度，因此一般采用水滴直径或雾化指标来衡量。

水滴直径指落在地面或作物叶面上的水滴球体的直径。水滴太大，容易破坏土壤表层的团粒结构并造成板结，甚至会打伤作物的幼苗，或把土溅到作物叶面上；水滴太小，在空中蒸发损失大，受风力的影响大。因此要根据灌溉作物、土壤性质选择适当的水滴直径。

测定水滴直径的方法很多，过去较多采用滤纸法，现在多采用面粉法。面粉法，就是用一个直径为 20cm、深 2cm 的装满新鲜干面粉的盘子代替滤纸来接收水滴，然后在 40℃温度下烘 24h，再进行筛分。由于形成水滴的面粉与水滴的直径有一定的关系，只要知道了面粉团直径的分布就可以知道水滴直径的分布情况。该方法克服了滤纸法量取色斑直径的工作量大的缺点。

从一个喷头喷出来的水滴大小不一，一般近处小水滴多些，远处大水滴多些，因此应在离喷头不同的距离 3～5m 处测量水滴直径，并求出平均值。一般要求平均直径不超过

1～3mm。

雾化指标，表征喷洒雾化程度的指标，可按式（4-8）计算：

$$W_h = \frac{h_p}{d} \tag{4-8}$$

式中 W_h——喷灌的雾化指标；

h_p——喷头工作压力水头，m；

d——喷头主喷嘴直径，m。

不同作物的适宜雾化指标见表4-4。

表4-4 不同作物的适宜雾化指标

作 物 种 类	$W_h = h_p/d$
蔬菜及花卉	4000～5000
粮食作物、经济作物及果树	3000～4000
饲草料作物、草坪	2000～3000

四、喷灌系统规划设计

喷灌系统规划设计的内容一般包括勘测调查、喷灌系统选型、田间规划、水力计算和结构设计等。

（一）喷灌灌区的调查

（1）地形资料。最好能获得全灌区1/500～1/2000的地形图，地形图上应标明行政区划、灌区范围以及现有水利设施等。

（2）气象资料。包括气温、降雨和风速风向等。气温和降雨主要作为确定作物需水量和制定灌溉制度依据，而风速风向则是确定支管布置方向和确定喷灌系统有效工作时间所必需的。

（3）土壤资料。一般应了解土壤的质地、土层厚度、土壤田间持水量和土壤渗吸速度等。土壤的持水能力和透水性是确定喷灌水量和喷灌强度的重要依据。

（4）水文资料。主要包括河流、渠塘、井泉的历年水量、水位以及水温和水质（含盐量、含沙量和污染情况）等。

（5）作物种植情况及群众高产灌水经验。必须了解灌区内各种作物的种植比例、轮作情况、种植密度、种植方向以及机耕水平等。并要重点了解各种作物现行的灌溉制度以及当地群众高产灌水经验，作为拟定喷灌制度的依据。

（6）动力和机械设备资料。要了解当地现有动力及机械设备的数量、规格及使用情况，以便在设计时考虑尽量利用现有设备。并要了解电力供应情况和可取得电源的最近地点。为了制定预算与进行经济比较，也应了解设备、材料的供应情况与价格、电费与柴油机价格等。

（二）喷灌系统规划

1.喷灌系统形式

根据当地地形情况、作物种类、经济及设备条件，考虑各种形式喷灌系统的特点，选定灌溉系统形式。在喷灌次数多、经济价值高的作物种植区（如蔬菜区），可多采用固定式喷灌系统；大田作物喷灌次数少，宜多采用移动式和半固定式喷灌系统，以提高设备利用率；在有自然水头的地方，尽量选用自压喷灌系统，以降低动力设备的投资和运行费用；在地形坡度太陡的丘陵山区，移动喷灌设备困难，可优先考虑采用固定式。

2. 喷头布置形式

喷头的布置形式亦称组合形式，一般用 4 个相邻喷头在平面位置上的组合图形表示。其基本布置形式有 6 种，如图 4-11 所示。在矩形布置时，应尽可能使支管间距 b 大于喷头间距 a，并使支管垂直风向布置。当风向多变时，应采用正方形布置，此时 $a=b$。正三角形布置时 $a>b$ 这对节省支管不利。不论采用哪种布置形式，其组合间距都必须满足规定的喷灌强度及喷灌均匀度的要求，并做到经济合理。我国规定满足喷灌均匀度要求的组合间距见表 4-5。

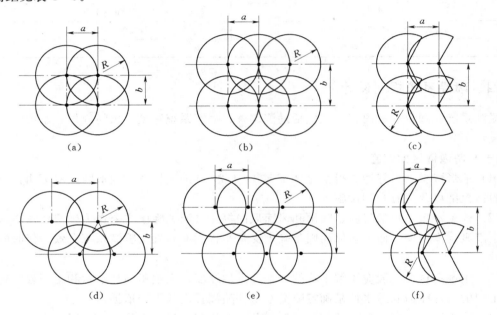

图 4-11　喷头组合形式示意图

(a) 圆形喷洒正方形组合；(b) 圆形喷洒矩形组合；(c) 扇形喷洒矩形组合；(d) 圆形喷洒正三角形组合；
(e) 圆形喷洒等腰三角形组合；(f) 扇形喷洒等腰三角形组合

表 4-5　　　　　　　　　　　　　　　喷 头 组 合 间 距

设计风速/(m/s)	组 合 间 距	
	支管间距 b	喷头间距 a
0.3～1.6	R	1.3 R
1.6～3.4	(1～0.8) R	(1.3～1.1) R
3.4～5.4	(0.8～0.6) R	(1.1～1) R

注　1. R 为喷头射程，单位为 m。

2. 在每一档风速中可按内插法取值。

3. 在风向多变，采用等间距组合时，应选用垂直风向栏内的数值。

4. 表中风速是指地面以上 10m 高处的风速。

喷头的喷洒方式有全圆喷洒和扇形喷洒两种（图4-11）。全圆喷洒喷点控制面积大，喷头间距大，移动次数少，喷灌效率和劳动生产率都较高，一般固定式喷灌系统采用这种形式。但全圆喷洒要在泥泞的田间行走、装卸、搬移喷头及喷水管，工作条件差，故半固定式与移动式喷灌系统中，一般采用单喷头或多喷头扇形喷洒方式。另外，在固定式喷灌系统的地边田角，要采用180°、90°或其他角度的扇形喷洒，以避免喷到界外和道路上，造成浪费。在坡度较陡的山丘喷灌时，不应向上而要向下作扇形喷洒，以免冲刷坡面土壤；当风力较大时，应作顺风向的扇形喷洒，以减少风的影响。

3. 管道系统的布置

固定式、半固定式喷灌系统，视灌溉面积大小对管道进行分级。面积大时管道可布置成总干管、干管、分干管和支管4级；或布置成干管、分干管、支管3级；面积较小时一般布置成干管和支管两级。支管是田间末级管道，支管上安装喷头。对管道的布置应考虑以下原则：

（1）干管应沿主坡方向布置，一般支管应垂直于干管。在平坦地区，支管布置应尽量与耕作方向一致，以减少竖管对机耕的影响。在山丘区，支管应顺等高线布置，干管垂直等高线布置。

（2）支管上各喷头的工作压力要接近一致，或在允许的误差范围内。一般要求喷头间的出流量差值不大于10%，即要求支管上各喷头间工作的压力差不大于20%。因此，支管不宜太长，以保证喷灌质量。如果支管能取得适当的坡度，使地形落差抵消支管的摩阻损失，则可增加支管长度，但需经水力计算确定。

（3）管道布置应考虑各用水单位的要求，方便管理，有利于组织轮灌和迅速分散水量。抽水站应尽量布置在喷灌系统的中心，以减少各级输水管道的水头损失。

（4）在经常有风的地区，支管布置应与主风向垂直，喷灌时可加密喷头间距，以补偿由于风而造成喷头横向射程的缩短。

（5）管道布置应充分考虑地块形状，力求使支管长度一致，规格统一。管线纵剖面应平顺，减少折点。避免产生负压。管道总长度应尽量减少，以使造价最低。各级管道应有利于水锤的防护。

4. 管材的选择

可用于喷灌的管道种类很多，应该根据喷灌区的具体情况，如地质、地形、气候、运输、供应以及使用环境和工作压力等条件，结合各种管材的特性及适用条件进行选择。对于地埋固定管道，可选用钢筋混凝土管、钢丝网水泥管、铸铁管和硬塑料管。用于喷灌地埋管道的塑料管，最好选用硬聚氯乙烯管（UPVC管）。对于口径150mm以上的地埋管道，硬聚氯乙烯管在性能价格比上的优势下降，应通过技术经济分析选择合适的管材。对于地面移动管道，则应优先采用带有快速接头的薄壁铝合金管。塑料管经常暴露在阳光下使用，易老化，缩短使用寿命，因此，地面移动管最好不采用塑料管。

（三）喷灌工作制度确定

1. 拟定喷灌制度

（1）最大灌水定额。最大灌水定额按下式计算：

$$m_{max} = 0.1H(\beta_1 - \beta_2) \tag{4-9}$$

或
$$m_{max} = 0.1H\gamma(\beta_1' - \beta_2') \tag{4-10}$$

式中　m_{max}——最大灌水定额，mm；

H——作物主要根系活动层的深度，对于大田作物，一般采用 $40\sim60cm$；

β_1——适宜土壤含水率上限（体积百分数）；

β_2——适宜土壤含水率下限（体积百分数）；

γ——土壤容重，g/cm^3；

β_1'——适宜土壤含水率上限（重量百分比）；

β_2'——适宜土壤含水率下限（重量百分比）。

（2）设计灌水定额。设计灌水定额 $m_设$ 应根据作物的实际需水要求和试验资料按下式选择：

$$m_设 \leqslant m_{max}$$

式中　$m_设$——设计灌水定额，mm。

（3）设计灌溉定额。设计灌溉定额喷灌应依据设计代表年的灌溉试验资料确定，或按水量平衡原理确定。灌溉定额应按下式计算：

$$M = \sum_{i=1}^{n} m_i \tag{4-11}$$

式中　M——作物全生育期的灌溉定额，mm；

m_i——第 i 次灌水定额，mm；

n——全生育期灌水次数。

（4）灌水周期。灌水周期应根据当地试验资料确定，也可按下式计算：

$$T_设 = \frac{m_设}{ET_d} \tag{4-12}$$

式中　$T_设$——设计灌水周期，计算值取整，d；

ET_d——作物日蒸发蒸腾量，取设计代表年灌水高峰期平均值，mm/d。

2. 工作参数

（1）一个工作位置的灌水时间。一个工作位置的灌水时间按下式计算：

$$t = \frac{m_设 \, ab}{1000q\eta_p} \tag{4-13}$$

式中　t——一个工作位置的灌水时间，h；

$m_设$——设计灌水定额，mm；

a——喷头布置间距，m；

b——支管布置间距，m；

q——喷头设计流量，m^3/h；

η_p——田间喷洒水利用系数。

（2）一天工作位置数。

$$n_d = \frac{t_d}{t} \tag{4-14}$$

式中　n_d——一天工作位置数；

t_d——设计日灌水时间，h，参照表 4-6 取值。

表 4-6　　　　　　　　　　　　　　　**设计日灌水时间**

喷灌系统类型	固定管道式			半固定管道式	移动管道式	定喷机组式	行喷机组式
	农作物	园林	运动场				
设计日灌水时间/h	12~20	6~12	1~4	12~18	12~16	12~18	14~21

（3）同时工作的喷头数。

$$N_p = \frac{A}{ba}\frac{t}{T_{设}}\frac{t}{t_d}\qquad\qquad(4-15)$$

式中　N_p——同时工作的喷头数；

　　　A——喷灌系统的灌溉面积，m^2。

（4）同时工作的支管数。

$$N_支 = \frac{N_p}{n_p}\qquad\qquad(4-16)$$

式中　n_p——一根支管上的喷头数，可以用一根支管的长度除以沿支管的喷头间距求得。

如果计算出的 $N_支$ 不是整数，则应考虑减少同时工作的喷头数或适当调整支管的长度。

（5）确定支管轮灌方式。支管轮灌方式，对于半固定系统也就是支管的移动方式。支管轮灌方式不同，干管中通过的流量也不同，适当选择轮灌方式，可以减小一部分干管的管径，降低投资。例如，有两根支管同时工作时，可以有三个方案：

1）两根支管从地块的一头齐头并进，如图 4-12（a）、（b）所示，干管从头到尾的，最大流量都等于整个系统的全部流量（两根支管流量之和）。

2）两根支管由地块两端向中间交叉前进，如图 4-12（c）所示。

3）两根支管由地块中间向两端交叉前进，如图 4-12（d）所示。

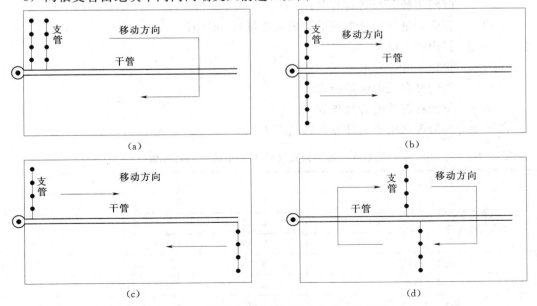

图 4-12　两根支管同时工作的支管移动方案

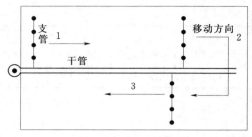

图 4-13 三根支管同时工作的支管移动方式

后两种方案，只有前半根干管通过的最大流量等于整个系统的全部流量，而后半根干管通过的最大流量只等于整个系统的一半（等于一根支管的流量），显然应当采用后两种方案。当三根支管同时工作时，每根支管分别负责 1/3 面积的方案较为有利，如图 4-13 所示，这样只有 1/3 的干管的最大流量等于全部流量，1/3 的干管（1～2 段）的最大流量等于两根支管的流量，最末的 1/3 干管（2～3 段）的最大流量只等于一根支管的流量。

（四）管道系统的水力计算

喷灌管道系统的水力计算主要是计算管道的沿程水头损失以及弯头、三通、闸阀等的局部水头损失，其目的是为了合理选定各级管道的管径和确定系统设计扬程。管径的确定见第三章低压管道输水灌溉系统式（3-1）。由于喷灌系统年工作小时数少，而所占投资比例又大，因此一般在喷灌所需压力能得到满足的情况下，选用尽可能小的管径是经济的，但管中流速应控制在 2.5～3m/s 以内。

1. 沿程水头损失计算

（1）不考虑多孔出流情况下的沿程水头损失计算。不考虑多孔出流情况下的喷灌管道的沿程水头损失可采用下式计算：

$$h_f = f\frac{LQ^m}{d^b} \tag{4-17}$$

式中　h_f——沿程水头损失，m；

　　　f——摩阻系数，与管材有关；

　　　Q——管中流量（指计算管道的最大流量），m³/h；

　　　d——管内径，mm；

　　　L——管长，m；

　　　m——与管材有关的流量指数；

　　　b——与管材有关的管径指数。

各种管材的沿程水头损失计算参数见表 4-7。

表 4-7　　　　　　　　沿程水头损失公式（4-17）中的 f、m、b 值

管材		f	m	b
混凝土管、钢筋混凝土管	$n=0.013$	1.312×10^6	2	5.33
	$n=0.014$	1.516×10^6	2	5.33
	$n=0.015$	1.749×10^6	2	5.33
钢管、铸铁管		6.25×10^5	1.9	5.1
硬塑料管		0.948×10^5	1.77	4.77
铝管、铝合金管		0.861×10^5	1.74	4.74

（2）等距等流量多喷头（孔）支管的沿程水头损失的计算。等距等流量多喷头（孔）支管的沿程水头损失可按下式计算：

$$h'_{f_x} = F h_{f_x} \qquad (4-18)$$

$$F = \frac{N\left(\dfrac{1}{m+1} + \dfrac{1}{2N} + \dfrac{\sqrt{m-1}}{6N^2}\right) - 1 + X}{N-1+X} \qquad (4-19)$$

式中　h'_{f_x}——多喷头（孔）支管沿程水头损失，m；

　　　F——多口系数；

　　　h_{f_x}——管道最大流量沿程不变时的沿程水头损失，m；

　　　N——喷头或孔口数；

　　　X——多孔支管首孔位置系数，即支管入口第一个喷头（或孔口）的距离与喷头（或孔口）间距之比。

2. 管道的局部水头损失计算

管道的局部水头损失发生在水流边界突然发生变化，即均匀流被破坏的流段，由于水流边界突然变形促使水流运动状态紊乱，从而引起水流内部摩擦而消耗机械能。管道的局部水头损失可以采用下面的公式计算，也可按沿程水头损失的 10%～15% 估算。

$$h_j = \xi \frac{v^2}{2g} \qquad (4-20)$$

式中　h_j——局部水头损失，m；

　　　ξ——局部水头损失系数（或局部阻力系数），一般由试验测定；

　　　v——流速，m/s，一般指局部阻力以后的管中流速，但在突然扩大、逐渐扩大、分流、出口等取局部阻力以前的管中流速；

　　　g——重力加速度。

（五）喷灌系统的流量和扬程

为了选择水泵和动力，首先就要确定喷灌系统的水泵设计流量和扬程。水泵的设计流量应为同时工作的喷头流量之和，即

$$Q = \sum_{i=1}^{N_p} q_p / \eta_G \qquad (4-21)$$

式中　Q——喷灌系统设计流量，m^3/h；

　　　q_p——设计工作压力下喷头的流量，m^3/h；

　　　N_p——同时工作的喷头数目；

　　　η_G——管道系统水利用系数，取 0.95～0.98。

而水泵的扬程为

$$H = Z_d - Z_s + h_s + h_p + \sum h_f + \sum h_j \qquad (4-22)$$

式中　H——喷灌系统设计水头，m；

　　　Z_d——典型喷点的地面高程，m；

Z_s——水源水面高程，m；

h_s——典型喷点的竖管高度，m；

h_p——典型喷点喷头的工作压力水头，m；

$\sum h_f$——由水泵进水管至典型喷点喷头进口处之间管路沿程水头损失之和，m；

$\sum h_j$——由水泵进水管至典型喷点喷头进口处之间管路局部水头损失之和，m。

（六）管道系统结构设计

喷灌系统的结构设计是确定联结管件的规格、型号、联结方式，必要时绘制结构图、局部大样图。各级管道的平面位置和立面位置确定后，即可进行管道系统的结构设计。设计时应注意以下几点。

（1）竖管的高度应以作物植株不阻碍喷头的正常喷洒为最低限。常用的竖管高度约 0.5～2.0m。当竖管高度超过 1.5m 或使用的喷头较大时，为使竖管稳定，应增设竖管支架。竖管的安装应铅直、稳定。

（2）管道的适当位置应留有安装压力表的测压孔，以监测管网压力是否达到设计要求。

（3）地埋管道的阀门处建阀门井，阀门井的尺寸以便于操作检修为度。

（4）对温度和不均匀沉陷比较敏感的固定管道应设柔性接头。柔性接头间隔距离应视管材、管径、地形、地基等情况确定。

（5）对于管径较大或管坡较陡的固定管道，为了稳定管道位置，不使管道发生任何方向上的位移，在管道的变坡、转弯的分界处应设置镇墩。在明设固定管道上，当管线较长时应设支墩。

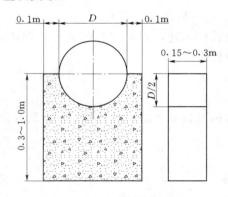

图 4-14　支墩结构示意图

支墩是用来支持管道并起传递所受垂直压力的作用，其间距可取管径的 3～5 倍。支墩的尺寸视管径大小及土质好坏而定。当采用混凝土预制块时，一般墩厚 0.15～0.30m，高 0.3～1.0m。支墩的墩基应设置在坚实的土质上，在支墩与管道的接触面上，应加滑动垫片或涂油，以允许管段沿轴向滑动。图 4-14 是支墩结构。

镇墩的作用时承受由管道传来的各种力。为了防止管道热胀冷缩对镇墩的损坏，应在两个镇墩之间架设柔性伸缩接头。镇墩多用块石混凝土或混凝土建造，较大的镇墩还应布置必要的配筋。镇墩的基础应坐落在冻土层以下的坚实土质上。图 4-15 是镇墩结构。

（6）地埋管道的连接应采用承插或黏接的形式，转向处用弯头，分水处用三通或四通，管径改变处采用异径接头，管道末端用堵头。

（7）为了按计划进行输水、配水，管道系统上应装置必要的控制阀。各级管道的首端应设进水阀或分水阀。

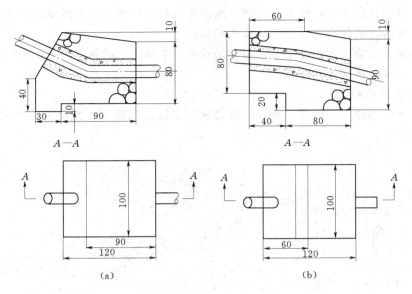

图 4-15　镇墩结构示意图
(a) 结构图 1；(b) 结构图 2

第二节　滴灌技术与规划设计

一、概述

1. 滴灌定义与特点

利用滴头、滴灌管（带）等设备，以滴水或细小水流的方式，湿润植物根区附近部分土壤的灌水方法称为滴灌。滴灌是目前节水程度较高的一种灌水方式。其优点如下。

（1）省水。由于滴灌系统全部由管道输水，可以严格控制灌水量，灌水流量很小，而且仅湿润作物根区附近土壤，所以能大量减少土壤蒸发和杂草对土壤水分的消耗，完全避免深层渗漏，也不致产生地表流失和被风吹失。因此，具有显著的节水效果，一般比地面灌可省水 50% 以上；与喷灌相比，不受风的影响，减少了飘移损失，可省水 15%～25%。

（2）节能。滴灌的工作压力低，一般工作压力仅 50～150kPa，比喷灌低得多；又比地面灌溉灌水量小，水的利用率高，故对井灌区和提水灌区可显著降低能耗。

（3）灌水均匀。滴管系统通过管道将水输送到每棵作物附近，保证每棵作物及时获得所需水分，因而灌水均匀性更好，均匀系数一般可达 0.8～0.9。

（4）增产。滴灌仅局部湿润土壤，不破坏土壤结构，不致使土壤表层板结，并可结合灌水施肥，使土壤内的水、肥、气、热状况得到有效的调节，为作物生长提供了良好的环境。因此，一般比其他灌水方法增产 30% 左右。

（5）对土壤和地形的适应性强。滴灌系统为压力管道输水，能适应各种复杂地形；可根据不同的土壤入渗速度来调整控制灌水流量的大小，所以能适应各种土质。

（6）可以结合灌水进行施肥、打药。滴灌系统通过各级管道将灌溉水灌到作物根区土壤的同时，可以将稀释后的化肥一同施入田间。

滴灌的缺点是滴头出水孔很小，很容易被水中杂质、土壤颗粒堵塞。因此，对水质的要求高，必须经过过滤才能使用。

2. 滴灌系统的组成

滴灌系统由水源工程、首部枢纽、各级输配水管道和滴头（滴灌带）等四部分组成，如图 4-16 所示。

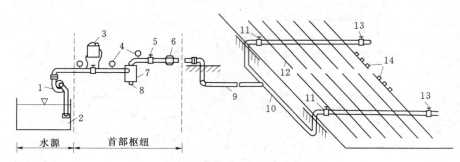

图 4-16 滴灌系统示意图

1—水泵；2—蓄水池；3—施肥罐；4—压力表；5—控制阀；6—水表；7—过滤器；
8—排沙阀；9—干管；10—支管；11—球阀；12—毛管；13—泄水阀；14—滴头

滴灌系统的水源可以是河流、渠道、湖泊、水库、井、泉等，但其水质需符合灌溉水质的要求。滴灌系统的水源工程一般是指：为从水源取水进行滴灌而修建的拦水、引水、蓄水、提水和沉淀工程，以及相应的输配电工程。

首部枢纽包括水泵、动力机、肥料和化学药品注入设备、过滤设备、控制阀、进排气阀、压力流量量测仪表等。其作用是从水源取水增压并将其处理成符合滴灌要求的水流送到系统中去，担负着整个系统驱动、测量和调控任务，是全系统的控制调配中心。

输配水管网的作用是将首部枢纽处理过的水按照要求输送分配到每个灌水单元和滴头，包括各级管道及所需的连接管件和控制、调节设备。由于滴灌系统的大小及管网布置不同，管网的等级划分也有所不同。一般划分为干管、支管、毛管等三级管道，毛管是微灌系统的最末一级管道，其上安装或连接灌水器。

滴头（滴灌带）是滴灌系统中最关键的部件，是直接向作物施水肥的设备。其作用时利用滴头的微小流道或孔眼效能减压，使水流变为水滴均匀地施入作物根区土壤中。

二、滴灌设备

滴灌系统的主要设备包括水泵和动力机、过滤设备、施肥装置、滴头（滴灌带）、管道系统及其附件等。滴灌常用的水泵有潜水泵、离心泵、深井泵、管道泵等，水泵的作用是将水流加压至系统所需压力并将其输送到输水管网。动力机可以是电动机、柴油机等。如果水源的自然水头（水塔、高位水池、压力给水管道）满足滴灌系统压力要求，则可省去水泵和动力。

过滤设备将水流过滤，防止各种污物进入滴灌系统堵塞滴头或在系统中形成沉淀。过滤设备有拦污栅、离心过滤器、砂石过滤器、筛网过滤器、叠片过滤器等。当水源为河流和水库等水质较差的水源时，需建沉淀池。各种过滤设备可以在首部枢纽中单独使用，也可以根据水源水质情况组合使用。

施肥装置的作用是使易溶于水并适于根施的肥料、农药、除草剂、化控药品等在施肥罐内充分溶解，然后再通过滴灌系统输送到作物根部。

流量、压力测量仪表用于管道中的流量及压力测量，一般有压力表、水表等。安全保护装置用来保证系统在规定压力范围内工作，消除管路中的气阻和真空灯，一般有控制器、传感器、电磁阀、水动阀、空气阀等。调节控制装置一般包括各种阀门，如闸阀、球阀、蝶阀等，其作用是控制和调节滴灌系统的流量和压力。

1. 滴头（滴灌带）

滴头（滴灌带）的作用是把末级管道中的压力水流均匀地灌到作物根区的土壤中或作物上，以满足作物对水分的需求。滴头（滴灌带）的质量直接关系到灌水质量和滴灌系统的工作可靠性，因此，对灌水器的制造或选择均要求较高。其主要要求：①出水流量小、均匀、稳定，对压力变化的敏感性小；②抗堵塞性能好；③结构简单，便于装卸；④价格低廉；⑤制造精度高等。

（1）滴头。滴头是滴灌系统最关键的部件，其作用是将到达滴头前毛管中的压力水流消能后，以稳定的小流量滴入土壤，通常均由塑料压制而成。按其结构特点的不同，分为以下几种类型：

1）管间式滴头，又称管式滴头，也称长流道式滴头（图4-17）。它串接在两段毛管之间，成为毛管的一部分。水流通过长流道消能，在出水口以水滴状流出。为提高其消能和抗堵性能，流道可改内螺纹结构为迷宫式结构。

2）孔口式滴头（图4-18），属短流道滴头。当毛管中压力水流经过孔口和离开孔口并碰到孔顶被折射时，其能量将大为消耗，而成为水滴状或细流状进入土壤。这种滴头结构简单，安装方便，工作可靠，价格便宜，适于推广。

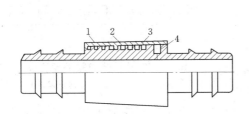

图4-17　管间式滴头
1—滴头套；2—滴头芯；3—螺纹流动槽；4—进水口

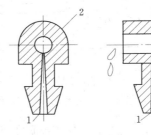

图4-18　孔口式滴头
1—进口；2—出口；3—横向出水道

3）微管滴头，属长流道涌（图4-19），是把直径为0.8～1.5mm的塑料管插入毛管，水在微管流动中消能，并以水滴状或细流状出流。微管可以缠绕在毛管上，也可散放，可根据工作水头调节微管的长度，以达到均匀灌水的目的。但安装微管质量不易保证，易脱落丢失，堵塞后不易被发现，维修更困难。

4）压力补偿式滴头。压力补偿式滴头（图4-20）是利用水流压力对滴头内的弹性片的作用，使滴头的出水孔口的过水断面的大小发生变化，当水的压力较大时，滴头内的弹性片使滴头的出水孔口变小，当水的压力较小时，滴头内的弹性片使滴头的出水孔口变大，从而使滴头的出水流量保持稳定。

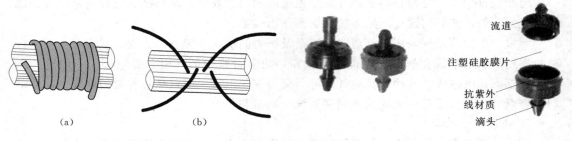

图 4-19　微管滴头
(a) 缠绕式；(b) 直线散放式

图 4-20　压力补偿式滴头

（2）滴灌管（带）。在生产毛管的过程中，将滴头和毛管做成一体，这种自带滴头的毛管称为滴灌管或滴灌带。按滴灌管的结构不同，分为以下类型。

1）双腔毛管。又称滴灌带，由内外两个腔组成，内腔起输水作用，外腔只有配水作用，见图 4-21。一般内腔壁上开直径为 $0.5 \sim 0.75 \text{mm}$、距离为 $0.5 \sim 3.5 \text{m}$ 的出水孔，外腔壁上的配水孔径一般与出水孔径相同。配水孔数目一般为出水孔数目的 $4 \sim 10$ 倍。近年来又有一种边缝式薄膜毛管滴头，如图 4-22 所示。压力水通过毛管，再经过其边缝上的微细通道滴入土壤。

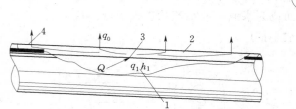

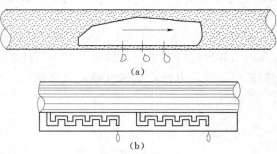

图 4-21　双腔毛管
1—内管腔；2—外管腔；3—出水孔；4—配水孔

图 4-22　边缝式薄膜毛管滴头
(a) 多孔透水毛管；(b) 薄壁滴灌带

2）内镶式滴灌管。内镶式滴灌管如图 4-23 所示，它是在滴灌毛管制造过程中，将预先做好的滴头直接镶嵌在毛管内。内镶式滴灌管中的滴头分片式和管式两种，内镶片式滴头如图 4-23 所示。

2. 管道与连接件

管道是滴灌系统的主要组成部分，各种管道与连接件按设计要求组合安装成一个滴灌输配水管网，按作物需水要求向田间和作物输水和配水。管道与连接件在滴灌工程中用量大、规格多、所占投资比重大，所用的管道与连接件型号规格和质量的好坏，不仅直接关系到滴灌工程费用大小，而且也关系到滴灌能否正常运行和寿命的长短。

图 4 - 23　内镶式滴灌管（带）

（1）对滴灌用管与连接件的基本要求。

1）能承受一定的内水压力。滴灌管网为压力管网，各级管道必须能承受设计工作压力，才能保证安全输水与配水。因此，在选择管道时一定要了解各种管材与连接件的承压能力。管道的承压能力与管材及连接件的材质、规格、型号及连接方式等有直接关系。因此，所选择管材与连接件时要了解其材质性质及性能，以免影响工程质量。

2）耐腐蚀抗老化性能强。滴灌系统中灌水器孔口很小，因此，滴灌管网要求所用的管道与连接件应具有较强的耐腐蚀性能，以免在输水和配水过程中因发生锈蚀、沉淀、微生物繁殖等堵塞灌水器。管道及管件还应具有较强的抗老化性能，对塑料管与连接件，则必须添加一定比例的炭黑，以提高抗老化性能。

3）规格尺寸与公差必须符合技术标准。管径偏差与壁厚及偏差应在技术标准允许范围内，管道内壁要光滑平整清洁以减少水头损失；管壁外观光滑、无凹陷、裂纹和气泡，连接件无飞边和毛刺。

4）价格低廉。滴灌管道及连接件在系统投资中所占比重大，应力求选择既满足滴灌工程要求又价格便宜的管道及连接件。

5）安装施工容易。各种连接件之间及连接件与管道之间的连接要简单、方便且不漏水。

（2）滴灌管道的种类。滴灌系统常用塑料管作为输配水管道，塑料管具有抗腐蚀、柔韧性较好、能适应较小的局部沉陷、内壁光滑、输水摩阻糙率小、比重小、重量轻和运输安装方便等优点，是理想的微灌用管。塑料管的主要缺点是受阳光照射时易老化。塑料管埋入地下时，塑料管的老化问题将会得到较大程度的克服，使用寿命可达 20 年以上。

1）聚乙烯管（PE 管）。聚乙烯管分为高压低密度聚乙烯管和低压高密度聚乙烯管两种。低压高密度聚乙烯管为硬管，管壁较薄。高压聚乙烯管为半软管，管壁较厚，对地形的适应性比低压高密度聚乙烯管要强。

高压聚乙烯管是由高压低密度聚乙烯树脂加稳定剂、润滑剂和一定比例的炭黑等制成的，它具有很高的抗冲击能力，重量轻、韧性好、耐低温性能强、抗老化性能比聚氯乙烯管好，但不耐摩，耐高温性能差，抗张强度低。

为了防止光线透过管壁进入管内，引起藻类等微生物在管道内繁殖，以及为了吸收紫外线，减缓老化的进程，增强抗老化性能，要求聚乙烯管为黑色。外管光滑平整、无气泡、无裂口、沟纹、凹陷和杂质等。

2）聚氯乙烯管（PVC管）。聚氯乙烯管是以聚氯乙烯树脂为主要原料，与稳定剂、润滑剂等配合后经挤压成型的。它具有良好的抗冲击和承压能力，刚性好。但耐高温性能差，在50℃以上时即会发生软化变形。聚氯乙烯管属硬质管，韧性强，对地形的适应性不如半软性高压聚乙烯管道。

微灌中常用的聚氯乙烯管一般为灰色。为保证质量，管道内外壁均应光滑平整、无气泡、裂口、波纹及凹陷，对直径为40~200mm的管道的挠曲度不得超过1%，管道同一截面的壁厚偏差不得超过14%，聚氯乙烯管按使用压力分为轻型和重型两类。微灌系统中多数使用轻型管，即在常温下承受的内水压力不超过600kPa。每节管的长度一般为4~6m。

（3）滴灌管道连接件的种类。连接件是连接管道的部件，亦称管件。管道种类及连接方式不同，连接件也不同。滴灌系统中常用的管件有接头、三通、弯头、堵头、旁通、插杆、密封紧固件等。

3. 控制、测量与保护装置

为了控制微灌系统或确保系统正常运行，系统中必须安装必要的控制、测量与保护装置，如阀门、流量和压力调节器，流量表或水表，压力表，安全阀，进排气阀等。其中大部分属于供水管网的通用部件，这里只对滴灌中使用的特殊装置作一介绍。

（1）进排气阀。进排气阀能够自动排气和进气，而且压力水来时又能自动关闭。在微灌系统中主要安装在管网系统中最高位置处和局部高地。微灌系统中经常使用的进、排气阀有塑料和铅合金材料两种。

当管道开始输水时，管中的空气受水的"排挤"向管道高处集中，当空气无法排出时，就会减少过水断面，还会造成高于工作压力数倍的压力冲击。在这些制高点处应装进排气阀以便将管内空气及时排出。停止供水时，由于管道中的水流向低处逐渐排出时，会在高处管内形成真空，进排气阀将能及时补气，使空气随水流的排出而及时进入管道。

（2）压力调节器。压力调节器是用来调节微灌管道中的水压力，使之保持稳定的装置。安全阀实际上即是一种特殊的压力调节器。用于微灌支管或毛管进口处的压力调节器的工作原理是利用弹簧受力变形，改变过水断面而调节管内压力，使压力调节器出口处的压力保持稳定。

4. 过滤设备

滴灌系统中对物理杂质的处理设备与设施主要有：拦污栅（筛、网）、沉淀池、过滤器（水砂分离器、砂石介质过滤器、筛网式过滤器）。选择净化设备和设施时，要考虑灌溉水源的水质、水中污物种类、杂质含量，同时还要考虑系统所选用灌水器种类规格、抗堵塞性能等。这里只介绍微灌常用过滤器的结构、工作原理。其他净化设施可参阅有关书籍。

（1）旋流式水砂分离器。旋流式水砂分离器又称离心式过滤器或涡流式水砂分离器，常见的形式有圆柱形和圆锥形两种，如图4-24所示。其原理是基于重力及离心力的工作原理，清除重于水的固体颗粒。水由进水管切向进入离心式过滤器体内，旋转产生离心力，推动泥沙及密度较高的固体颗粒沿管壁移动，形成旋流，使砂子和石块进入集砂罐，净水则顺流沿出水口流出，即完成水砂分离。过滤器需要定期进行排砂清理，时间按当地水质而定。

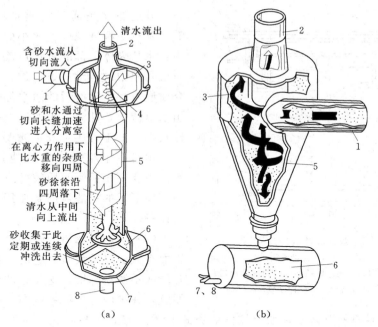

清水流出
含砂水流从
切向流入
砂和水通过
切向长缝加速
进入分离室
在离心力作用下
比水重的杂质
移向四周
砂徐徐沿
四周落下
清水从中间
向上流出
砂收集于此
定期或连续
冲洗出去

（a）　　　　　　　　　（b）

图 4-24　旋流式水砂分离器

（a）圆柱形；（b）圆锥形

1—进水管；2—出水管；3—旋流室；4—切向加速孔；5—分离室；6—储污室；7—排污口；8—排污管

旋流式水砂分离器主要用于含砂水流的初级过滤，可分离水中的砂子和小石块。在满足过滤要求的条件下，采用 50～150 目的离心式过滤器，分离砂石的效果为 92%～98%。

旋流式水砂分离器在开泵与停泵的工作瞬间，由于水流失稳，影响过滤效果。因此，常与网式过滤器同时使用效果更佳。在进水口前应安装一段与进水口等径的直通管，长度是进水口直径的 10～15 倍，以保证进水水流平稳。

（2）砂过滤器。砂过滤器又称砂介质过滤器。它是利用砂石作为过滤介质的一种过滤设备，主要由进、出水口、过滤罐体、砂床和排污孔等部分组成。分为单罐反冲洗砂过滤器和双罐反冲洗砂过滤器两种，如图 4-25、图 4-26 所示。

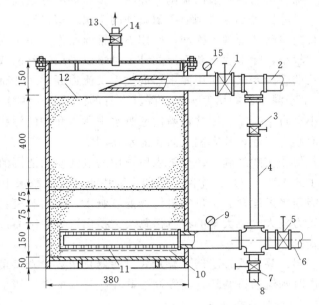

图 4-25　单罐反冲洗砂过滤器

1—进水阀；2—进水管；3—冲洗阀；4—冲洗管；5—输水阀；
6—输水管；7—排水阀；8—排水管；9、15—压力表；10—集水管；
11—150 滤网；12—过滤砂；13—排污阀；14—排污管

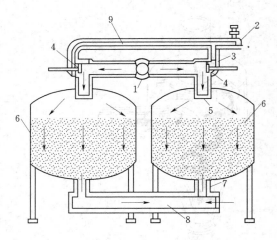

图 4-26 双罐反冲洗砂过滤器
1—进水管；2—排污管；3—反冲洗管；4—三向阀；
5—过滤罐进口；6—过滤罐体；7—过滤罐出口；
8—集水管；9—反冲洗管

砂过滤器是通过均质颗粒层进行过滤的，其过滤精度视砂粒大小而定。过滤过程为：水从壳体上部的进水口流入，通过在介质层孔隙中的运动向下渗透，杂质被隔离在介质层上部。过滤后的净水经过过滤网进入出水口流出，即完成水的过滤过程。砂过滤器根据灌溉工程用量及过滤要求，可单独使用，也可多个组合或与其他过滤器组合使用。主要用于灌溉水质较好或当水质较差时与其他形式的过滤器组合使用，作为末级过滤设备。

（3）筛网过滤器。筛网过滤器是一种简单而有效的过滤设备。它的过滤介质是尼龙筛网或不锈钢筛网。这种过滤器的造价较为便宜，在国内外微灌系统中使用最为广泛。

筛网过滤器的种类繁多，如果按安装方式分类，有立式与卧式两种；按制造材料分类，有塑料和金属两种；按清洗方式分类又有人工清洗和自动清洗两种类型；按封闭与否分类则有封闭式和开敞式（又称自流式）两种。

筛网过滤器一般由筛网、壳体、顶盖等部分组成。

过滤器各部分要用耐压耐腐蚀的金属或塑料制造，如果用一般金属材料制造，一定要进行防腐防锈处理。筛网一般用不锈钢丝制作，用于支管或毛管上的微型筛网过滤器，因压力较小，除采用不锈钢滤网外，也可以采用铜丝网或尼龙网制作。筛网的孔径大小即网目数的多少要根据所用灌水器的类型及流道断面大小而定。滤网规格与孔目尺寸见表 4-8。由于灌水器的堵塞与否，除其本身的原因外，主要与灌溉水中的污物颗粒形状及粒径大小有直接关系。因此微灌用灌溉水中所能允许的污物颗粒大小就比灌水器的孔口或流道断面小许多倍，才有利于防止灌水器堵塞。

根据实践经验，一般要求所选用的过滤器的滤网的孔径大小应为所使用的灌水器孔径大小的 1/7～1/10。滤网过滤器主要用于过滤灌溉水中的粉粒、砂和水垢等污物，尽管它也能用来过滤含有少量有机污物的灌溉水，但当有机物含量稍高时过滤效果很差，尤其是当压力较大时，大量的有机污物会"挤出"过滤网而进入管道，造成微灌系统与灌水器的堵塞。

（4）叠片式过滤器。叠片式过滤器是用数量众多的带沟槽薄塑料圆片作为过滤介质。工作时水流通过叠片，泥沙被拦截在叠片沟槽中，清水通过叠片的沟槽进入下游。

5．施肥施药装置

滴灌系统中向压力管道内注入可溶性肥料或农药溶液的设备及装置称为施肥（药）装置。常用的施肥装置有以下几种。

（1）压差式施肥罐。压差式施肥罐一般由储液罐（化肥罐）、进水管、供肥液管、调压阀等组成，如图 4-27 所示。其工作原理是在输水管上的两点形成压力差，并利用这个

表 4-8　　　　　　　　　　　　滤网规格与孔目尺寸表

滤网规格		孔目直径		相应土粒类别
目/英寸²	目/cm²	mm	μm	/mm
20	8	0.711	711	粗沙 0.50～0.75
40	16	0.420	420	中沙 0.25～0.40
80	32	0.180	180	细沙 0.15～0.20
100	40	0.152	152	细沙 0.15～0.20
120	48	0.125	125	细沙 0.10～0.15
150	60	0.105	105	极细沙 0.10～0.15
200	80	0.074	74	极细沙 <0.10
250	100	0.053	53	极细沙 <0.10
300	120	0.044	44	粉沙 <0.10

注　英寸为非法定计量单位，1英寸＝25.4mm。

压力差，将化学药剂注入系统。储液罐为承压容器。储液罐应选用耐腐蚀、抗压能力强的塑料或金属材料制造。对封闭式储液罐还要求具有良好的密封性能，罐内容积应根据微灌系统控制面积大小（或轮灌区面积大小）及单位面积施肥量，化肥溶液浓度等因素确定。

　　压差式施肥罐的优点是，加工制造简单，造价较低，不需外加动力设备。缺点是在注肥过程中罐内溶液浓度逐渐变淡。罐体容积有限，添加化肥次数频繁且较麻烦。输水管道因设有调压阀而调压造成一定的水头损失。

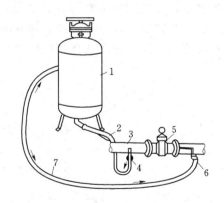

图 4-27　压差式施肥罐
1—储液罐；2—进水管；3—输水管；4—阀门；
5—调压阀门；6—供肥液管阀门；7—供肥液管

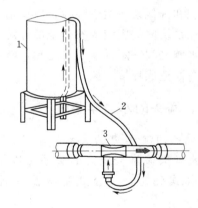

图 4-28　文丘里注入器
1—开敞式化肥罐；2—输液管；
3—文丘里注入器

　　（2）文丘里注入器。文丘里注入器构造简单，造价低廉，使用方便，主要适用于小型微灌系统（如温室微灌）向管道注入肥料和农药。文丘里注入器的缺点是如果直接装在骨干管道上注入肥料，则水头损失较大，这个缺点可以通过将文丘里注入器与管道并联安装克服，文丘里注入器的构造如图 4-28 所示。

　　（3）注射泵。根据驱动水泵的动力来源又可分为水驱动和机械驱动两种形式，图 4-

29 为机械驱动活塞施肥泵。使用该装置的优点是在整个注肥过程中肥液浓度稳定不变，施肥质量好，效率高。图 4-30 是水力驱动施肥装置组装图。

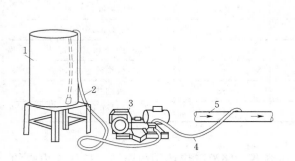

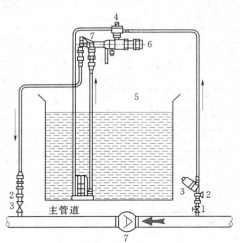

图 4-29　机械驱动活塞施肥泵
1—化肥桶；2—输液管；3—活塞泵；
4—输肥管；5—输水管

图 4-30　水力驱动施肥装置组装图
1—进水阀；2—接头；3—过滤器；4—进水管；
5—肥液；6—排水口；7—检查阀

为了确保微灌系统施肥时运行正常并防止水源污染，必须注意以下三点：①化肥或农药的注入一定要放在水源与过滤器之间，使肥液先经过过滤器之后再进入灌溉管道，使未溶解化肥和其他杂质被清除掉，以免堵塞管道及灌水器；②施肥和施农药后必须利用清水把残留在系统内的肥液或农药全部冲洗干净，防止设备被腐蚀；③在化肥或农药输液管出口处与水源之间一定要安装逆止阀，防止肥液或农药流进水源，更严禁直接把化肥和农药加进水源而造成环境污染。

三、滴头的水力学特性

1. 滴头的流量-压力关系

通常滴头流量与压力的关系可以用以下经验公式确定，这公式称为滴头流量函数。

$$q = K_c H^x \qquad (4-23)$$

式中　q——滴头流量，L/h；

　　　K_c——表征滴头尺度的比例系数；

　　　H——滴头的工作压力水头，m；

　　　x——表征滴头流态的流量指数。

此式的关系绘出曲线如图 4-31 所示，流态指数 x 是直线的斜率。从图上可以清楚地看出不同流态时滴头压力与流量的

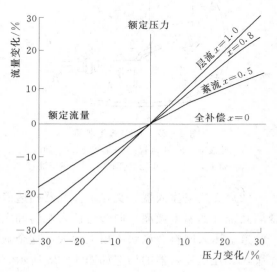

图 4-31　滴头流量随着压力而发生的变化

96

关系。

流态指数 x 反映了灌水器的流态特征及其流量对压力变化的敏感程度，是非常重要的水力学参数。当水流在灌水器内的流态为层流时，如微管、内螺纹管式滴头，流态指数等于 1，即流量与工作水头成正比，出水流量受水温影响；当水流在灌水器内的流态为紊流时，如孔口式滴头、迷宫式滴头等，流态指数 x 等于 0.5，出水流量不受水温变化影响；全压力补偿式灌水器流态指数 x 等于 0，即出水流量不受压力变化的影响，流量基本保持恒定。其他各种形式的灌水器的流态指数在 0～1.0 之间变化，见表 4-9。

表 4-9　　　　　　　　　　灌水器流态指数与流态

灌水器种类	流态指数	流态	灌水器种类	流态指数	流态
全压力补偿式	0	紊流	螺旋流道式	0.7	光滑紊流
涡流式	0.4	涡流	微孔管	0.8	层流
孔口式滴头、迷宫式滴头、微喷头	0.5	紊流	微管	0.9～1.0	层流
长流道式滴头	0.6	光滑			

2. 灌水均匀系数

滴灌是一种局部灌溉，所以不要求在整个灌水的面积上水量分布均匀，而要求每一棵作物灌到的水量是均匀的。影响灌水均匀性的因素：滴头的水力学特性、滴头的制造偏差、管网上水压分布的不均匀性、各滴头气温、水温的差异、受堵塞的滴头数量。

微灌均匀系数按下式计算：

$$C_u = 1 - \frac{\overline{\Delta q}}{\overline{q}} \qquad (4-24)$$

$$\overline{\Delta q} = \frac{1}{n} \sum_{i=1}^{n} | q_i - \overline{q} | \qquad (4-25)$$

式中　C_u——灌水均匀系数；

　　$\overline{\Delta q}$——灌水器流量的平均离差，L/h；

　　$\overline{q}$——灌水器平均流量，L/h；

　　q_i——田间实测的各灌水器流量，L/h；

　　n——所测的灌水器个数。

（1）只考虑水力影响因素时的灌水均匀系数。微灌的均匀系数 C_u 与灌水器的流量偏差率 q_v 存在着表 4-10 的关系。

表 4-10　　　　　　　　　　C_u 与 q_v 的关系

$C_u/\%$	98	95	92
$q_v/\%$	10	20	30

另外微灌灌水器的流量偏差率 q_v 与工作水头的偏差率 H_v 的关系为

$$H_v = \frac{q_v}{x} \left(1 + 0.15 \frac{1-x}{x} q_v \right) \qquad (4-26)$$

$$q_v = \frac{q_{\max} - q_{\min}}{q_d} \times 100\% \qquad (4-27)$$

$$H_v = \frac{h_{max} - h_{min}}{h_d} \times 100\% \tag{4-28}$$

式中　x——灌水器的流态指数；

　　q_v——灌水器流量偏差率，%；

　q_{max}——灌水器最大流量，L/h；

　q_{min}——灌水器最小流量，L/h；

　　q_d——灌水器设计流量，L/h；

　　H_v——灌水器水头偏差率，%；

　h_{max}——灌水器最大工作水头，m；

　h_{min}——灌水器最小工作水头，m；

　　h_d——灌水器设计工作水头，m。

如果选定了灌水器，已知流态指数，并确定了均匀系数 C_u 可由式（4-26）求出允许的压力偏差率 H_v，从而可以确定毛管的设计工作压力变化范围。

（2）考虑水力和制造两个影响因素后的均匀度计算。

$$E_u = \left(1 - 1.27 \frac{C_v}{\sqrt{n}}\right)\left(\frac{q_{min}}{q_d}\right) \tag{4-29}$$

或

$$E_u = \left(1 - 1.27 \frac{C_v}{\sqrt{n}}\right)\left(\frac{h_{min}}{h_d}\right)^x \tag{4-30}$$

$$h_{min} = 1 - H_v' \tag{4-31}$$

$$H_v' = 1 - \left[\frac{E_u}{1.27 \frac{C_v}{\sqrt{n}}}\right]^{\frac{1}{x}} \tag{4-32}$$

式中　E_u——考虑水力和制造偏差后的灌水均匀度；

　　C_v——灌水器的制造偏差系数；

　　n——一株作物下安装的灌水器数目；

　　H_v'——灌水器的最小工作水头与平均工作水头之间的偏差率；

其余符号意义同前。

其中灌水器的制造偏差系数 C_v 可通过下式计算：

$$C_v = \frac{S}{q} \tag{4-33}$$

$$S = \sqrt{\frac{1}{m-1}\sum_{i=1}^{m}(q_i - \bar{q})^2} \tag{4-34}$$

$$\bar{q} = \frac{1}{m}\sum_{i=1}^{m}q_i \tag{4-35}$$

式中　S——流量标准偏差；

　　q_i——所测每个滴头的流量，L/h；

　　$\bar{q}$——滴头平均流量，L/h；

　　m——所测灌水器个数。

　　一般认为，当 $C_v \leqslant 0.05$ 时，灌水器的制造质量为优等；当 $0.05 < C_v \leqslant 0.07$ 时，灌水器的制造质量为良好；当 $0.07 < C_v \leqslant 0.11$ 时，认为灌水器的制造质量还可以；当 $C_v > 0.11$ 时，认为灌水器的制造质量不合格。

四、滴灌毛管的布置形式与最大毛管长度计算

1. 布置形式

　　毛管是将水送到每一棵作物根部的最后一级管道，滴头一般是直接装在毛管上或通过微管（直径大约 5mm）接到毛管上。滴头布置在作物根系范围内，为了提高灌水均匀度，减少个别滴头堵塞所造成的危害，每棵作物至少布置 2 个或 2 个以上的滴头，其布置方式有以下几种：

　　（1）单行毛管直线布置。毛管顺作物行方向布置，一行作物布置一条毛管，滴头安装在毛管上，主要适用于窄行密植作物，如蔬菜和幼树等，见图 4-32（a）。

　　（2）单行毛管带环状管布置。成龄果树滴灌可沿一行树布置一条输水毛管，然后在围绕每棵果树布置一根环状灌水管，并在其上安装 4~6 个滴头。这种布置灌水均匀度高，但增加了环状管，使毛管总长度大大加长，见图 4-32（b）。

　　（3）双行毛管平行布置。当滴灌高大作物时，可采用这种布置形式。如滴灌果树可沿果树两侧布置两条毛管，每株树的两边各安装 2~4 个滴头，见图 4-32（c）。

　　（4）单行毛管带微管布置。当使用微管滴灌果树时，每一行树布置一条毛管，再用一段分水管与毛管连接，在分水管上安装 4~6 条微管，这种布置减少了毛管用量，微管价低，故可相应降低投资，见图 4-32（d）。

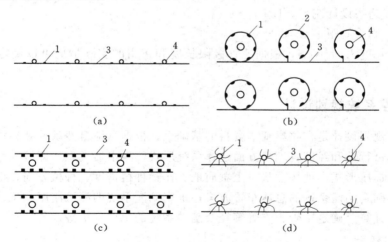

图 4-32　滴灌毛管和灌水器布置形式
（a）单行毛管直线布置；（b）单行毛管带环状管布置；（c）双行毛管平行布置；（d）单行毛管带微管布置
1—灌水器；2—绕树环状管；3—毛管；4—果树或作物

　　以上各种布置，毛管均沿作物行方向布置。在山区一般均采用等高线种植，故毛管应沿等高线布置。对于果树，滴头与树干的距离通常应为树冠半径的 2/3。

2. 毛管极限长度的确定

毛管的铺设长度直接关系到灌水的均匀度和工程投资，毛管允许的最大长度应满足设计灌水均匀度的要求，根据《微灌工程技术规范》（GB/T 50485）规定：微灌系统灌水小区灌水器设计允许流量偏差率应满足下式的要求：

$$[q_v] \leqslant 20\% \tag{4-36}$$

式中 $[q_v]$——灌水器设计允许流量偏差率，%。

灌水小区即具有独立稳流（或稳压）装置控制的灌溉单元。在系统无稳流（或稳压）装置时，将同时灌水的灌溉单元作为一个灌水小区。由流量偏差率 q_v 可以求出水头偏差率 H_v [式（4-26）]。根据水头偏差率 H_v 由下式求水头偏差 $[\Delta h]$。

$$[\Delta h] = [H_v] h_d \tag{4-37}$$

水头偏差 $[\Delta h]$ 是整个灌水小区允许出现的水头偏，需要在毛管和支管分配。应通过技术经济比较确定。一般情况下毛管与支管的分配比取：0.55：0.45。

根据允许毛管水头偏差，利用多孔公式求极限毛管孔数 N_m。

$$N_m = \mathrm{INT} \left(\frac{5.44 [\Delta h_2] d^{4.75}}{K S q_d^{1.75}} \right)^{0.364} \tag{4-38}$$

式中 N_m——毛管的极限分流孔数；

$\quad$ $[\Delta h_2]$——毛管的允许水头偏差，$[\Delta h_2] = \beta_2 [\Delta h]$，$\beta_2$ 经过经济技术比较确定，对于平地 β_2 可取 0.55，m；

$\quad$ d——毛管内径，mm；

$\quad$ K——水头损失扩大系数，一般取 1.1～1.2；

$\quad$ q_d——滴头设计流量，L/h；

$\quad$ S——滴头间距，m。

毛管极限长度 $L_m = N_m S$，根据毛管极限长度和条田的实际情况可以确定毛管的实际铺设长度。

五、滴灌系统规划设计

滴灌系统规划设计是在收集基本资料的基础上，根据当地自然条件和经济条件，因地制宜地从技术可行性和经济合理性方面选择系统形式、灌水器类型，即滴灌系统选型；在综合分析水源加压形式、地块性状、土壤质地、作物种植密度、种植方向、地面坡度等因素的基础上，确定滴灌系统的总体布置方案；确定滴灌系统的灌溉制度和工作制度；通过滴灌管网水力计算，确定干管、支管管径及滴灌系统的工作水头等。

1. 资料的收集

（1）地理位置与地形资料。该部分资料应包括系统所在地区经纬度、海拔高度、自然地理特征、总体灌区图、地形图，图（比例尺一般用 1/1000～1/2000）上应标明灌区内水源、电源、动力、道路等主要工程的地理位置。

（2）土地与工程地质资料。包括土壤类别及容重、土层厚度、土壤 pH 值、田间持水量、饱和含水量、永久凋萎系数、渗透系数、土壤结构、含盐量（总盐与成分）及肥力（有机质含量、肥分）等情况和氮、磷、钾含量、地下水埋深和矿化度。

（3）水文气象资料。包括年降水量及分配情况，多年平均蒸发量、月蒸发量、平均气温、最高气温、最低气温、湿度、风速、风向、无霜期，日照时间、平均积温、冻土层深度等。

（4）农作物资料。收集灌区种植作物的种类、种植比、株行距、种植方向、日最低耗水量、生长期、种植面积、原有的高产农业技术措施、产量及灌溉制度等。

（5）水源与动力情况。河流、水库、机井等均可作为滴灌水源，调查水源可供水量及年内分配、水资源的可开发程度，水源平、枯、丰不同水文年的水量及机井的动静水位。收集水质情况，了解水源的泥砂、污物、水生物、含盐量、悬浮物情况和 pH 值大小。收集现有动力、电力及水利机械设备等情况。

（6）社会经济状况及农业发展规划方面的基本资料。

2. 滴灌系统的布置

滴灌系统的管道一般分干管、支管和毛管等三级，布置时要求干、支、毛三级管道尽量相互垂直，以使管道长度最短，水头损失最小。在平原地区，毛管要与垄沟方向一致；在山区丘陵地区，干管多沿山脊或在较高位置平行于等高线布置，支管垂直于等高线布置，毛管平行于等高线并沿支管两侧对称布置，以防滴头出水不均匀。

滴灌系统的布置形式，特别是毛管布置是否合理，直接关系到工程造价的高低，材料用量的多少和管理运行是否方便等。在果园滴灌中，由于果树的株行距均较大，而且水果产值较高，有条件的地方可以采用固定式滴灌系统，也可以采用移动式滴灌系统。我国目前在发展大田作物滴灌时，为了降低工程造价和减少塑料管材用量，均采用了移动式滴灌系统。一条毛管总长 40～50m，其中有 2～5m 一段不装滴头，称为辅助毛管。这样，一条毛管就可以在支管两侧 60～80m 宽，上下 4～8m 的范围内移动，控制灌溉面积 0.5～1.0 亩，可降低每亩滴灌建设投资。

3. 滴灌灌溉制度与工作制度的确定

（1）灌水定额。滴灌灌水定额可由下式计算：

$$m = 1000Hp(\theta_{max} - \theta_{min}) \qquad (4-39)$$

式中　m——灌水定额，mm；

　　　H——土壤计划湿润层深度，m，蔬菜取 0.2～0.3m，大田作物取 0.3～0.6 m，果树取 0.8～1.2m；

　　θ_{max}——适宜土壤含水率上限，体积百分比；

　　θ_{min}——适宜土壤含水率下限，体积百分比；

　　　p——土壤湿润比，指滴灌计划湿润的土壤体积占灌溉计划湿润层总土壤体积的百分比，常以地面以下 20～30cm 处的湿润面积占总灌溉水面积的百分比表示，影响它的因素较多，如毛管的布置形式，灌水器的类型和布置及其流量、土壤和作物的种类等，计算时可参考表 4-11 中的数值。

表 4-11　　　　　　　　　　滴灌设计土壤湿润比

作物	果树、乔木	葡萄、瓜类	蔬菜	粮棉油等植物
土壤湿润比/%	25～40	30～50	60～90	60～90

（2）灌水周期。

$$T = \frac{m}{E_a}$$ (4-40)

式中　T——灌水周期，d；

　　　m——设计灌水定额，mm；

　　　E_a——设计耗水强度，mm/d，设计耗水强度应由当地的试验资料确定。无实测资料时，可通过计算或按表 4-12 选取。

表 4-12　　　　　　　　　设 计 耗 水 强 度

作　物	葡萄、树、瓜类	粮、棉、油等植物	蔬菜（保护地）	蔬菜（露地）
设计耗水强度/(mm/d)	3~7	4~7	2~4	4~7

（3）一次灌水延续时间。

$$t = \frac{m S_e S_l}{q_d \eta}$$ (4-41)

对于 n_s 个滴头绕植物布置时：

$$t = \frac{m S_r S_t}{n_s q_d \eta}$$ (4-42)

式中　t——一次灌水延续时间，h；

　　S_e、S_l——滴头间距和毛管间距，m；

　　S_r、S_t——植物的行距和株距，m；

　　　n_s——每株植物的滴头个数；

　　　q_d——滴头的设计流量，L/h；

　　　η——灌溉水利用系数，滴灌不应低于 0.9。

（4）轮灌区数目。对于固定式滴灌系统，轮灌区数目可按下式计算：

$$N \leqslant \frac{TC}{t}$$ (4-43)

对于移动式滴灌系统：

$$N \leqslant \frac{TC}{n_{移} t}$$ (4-44)

式中　N——轮灌区数目；

　　　C——一天中滴灌系统设计日工作小时数，h；

　　　$n_{移}$——一条毛管控制面积内毛管移动的次数，大田为 10~20 次；

其余符号意义同前。

（5）一条毛管控制面积。

$$f = 0.0015 S_{毛} L$$ (4-45)

式中　f——一条毛管的控制面积，亩；

　　　L——毛管控制田块长度，m；

　　　$S_{毛}$——毛管间距，m。

对于移动式滴灌系统，一条毛管控制的灌溉面积为

$$f = n_{移} \, S_{移} \, L \qquad\qquad (4-46)$$

式中 $S_{移}$——一条毛管每次移动的距离，m。

4. 滴灌系统控制面积

滴灌系统控制灌溉面积大小取决灌溉水源和管道的输水能力。在水源供水流量稳定且无调蓄时，灌溉面积可按下式确定：

$$A = \frac{\eta Q_s t_d}{10 I_a} \qquad\qquad (4-47)$$

无淋洗要求时：

$$I_a = E_a \qquad\qquad (4-48)$$

有淋洗要求时：

$$I_a = E_a + I_L \qquad\qquad (4-49)$$

式中 A——灌溉面积，hm^2；

　　Q_s——水源可供流量，m^3/h；

　　I_a——设计供水强度，mm/d；

　　E_a——设计耗水强度，mm/d；

　　I_L——设计淋洗强度，mm/d；

　　t_d——水泵日供水小时数，h/d；

　　η——灌溉水有效利用系数。

5. 滴灌管网流量计算与水力计算

滴灌水力计算的任务是，确定滴灌系统各级管道设计流量，根据设计流量初选管径，计算各级管水头损失，并在满足灌水器工作压力和设计灌水均匀度要求的前提下，合理确定各级管的直径和长度，以及各级管道进口处压力等。

（1）滴灌系统流量计算。

1）一条毛管的进口流量。

$$Q_{毛} = \sum_{i=1}^{n} q_i \qquad\qquad (4-50)$$

式中 $Q_{毛}$——毛管进口的流量，L/h；

　　q_i——第 i 个灌水器或出水口的流量，L/h；

　　n——毛管上灌水器或出水口的数目。

2）支管流量的确定。支管的流量等于该支管同时供水各毛管的流量之和。

$$Q_{支} = \sum_{i=1}^{n} Q_{毛i} \qquad\qquad (4-51)$$

式中 $Q_{支}$——支管首端的流量，L/h；

　　$Q_{毛i}$——第 i 条毛管首端的流量，L/h；

　　n——支管上安装毛管的数目。

3）干管各段的流量计算。干管流量需分段推算。续灌情况下，任一干管的流量应等于该干管段同时供水各支管的流量之和；轮灌情况下，同一干管段对不同轮灌组供水时，各轮灌组流量不可能相同，此时应选择各组流量的最大值作为干管段的设计流量。

（2）管径的确定。干管初选管径，可按下式计算：

$$D=\sqrt{\frac{4Q}{\pi v}} \tag{4-52}$$

式中　D——管径，mm；

　　　Q——流量，m^3/s；

　　　v——经济流速，m/s。

选定经济流速，利用式（4-52）计算管径，结合管道生产厂家提供的管道型号，确定管道直径。

支管、毛管等多孔出流管道的管径可通过下式计算：

$$D=\left(f\frac{Q^m}{h'_{f_x}}LF\right)^{\frac{1}{b}} \tag{4-53}$$

式中　各符号意义同前。

（3）水头损失计算。

1）沿程水头损失。管道沿程水头损失按下式计算：

$$h_f=f\frac{Q_g^m}{D^b}L \tag{4-54}$$

式中　h_f——沿程水头损失，m；

　　　f——摩阻系数；

　　　Q_g——管道流量，L/h；

　　　D——管道内径，mm；

　　　L——管道长度，m；

　　　m——流量指数；

　　　b——管径指数。

各种管材的摩阻系数、流量指数和管径指数可按表4-13选用。

表4-13　　　　　　　　各种管材的摩阻系数、流量指数和管径指数

管材			摩阻系数 f	流量指数 m	管径指数 b
硬塑料管			0.464	1.770	4.770
微灌用聚乙烯管	$D>8mm$		0.505	1.750	4.750
	$D\leqslant 8mm$	$Re>2320$	0.595	1.690	4.690
		$Re\leqslant 2320$	1.750	1.000	4.000

注　D为管道内径，Re为雷诺数；微灌用聚乙烯管的摩阻系数值相应水温10℃，其他温度时需修正。

滴灌支管、毛管为等距、等量分流多孔管时，其沿程水头损失可按式（4-17）计算。

2）局部水头损失。管道局部水头损失应按式（4-19）计算，当参数缺乏时，局部水头损失可按沿程水头损失的一定比例估算，支管宜取0.05～0.1，毛管宜取0.1～0.2。

（4）滴灌系统设计水头。滴灌系统设计水头，应在最不利轮灌组条件下按下式计算：

$$H=Z_p-Z_b+h_0+\sum h_f+\sum h_j \tag{4-55}$$

式中　H——滴灌系统设计水头，m；

Z_p——典型灌水小区管网进口的高程，m；

Z_b——水源的设计水位，m；

h_0——典型灌水小区进口设计水头，m；

$\sum h_f$——系统进口至典型灌水小区进口的管路沿程水头损失（含首部枢纽沿程水头损失），m；

$\sum h_j$——系统进口至典型灌水小区进口的管路局部水头损失（含首部枢纽局部水头损失），m。

六、滴灌系统堵塞及其处理方法

滴灌系统中灌水器出口孔径一般都很小，灌水器极易被水源中的污物和杂质堵塞。任何水源，如湖泊、库塘、河流和沟溪水中，都不同程度地含有各种污物和杂质，即使水质良好的井水，也会含有一定数量的砂粒和可能产生化学沉淀的物质。因此对灌溉水源进行严格的净化处理是滴灌工程中必不可少的首要步骤，是保证滴灌系统正常运行、延长灌水器使用寿命和保证灌水质量的关键措施。

1. 滴灌系统的堵塞原因

（1）悬浮固体物质堵塞如由河、湖、水池等水中含有泥沙及有机物引起的堵塞。

（2）化学沉淀堵塞水流由于温度、流速、pH值的变化，常引起一些不易溶于水的化学物质沉淀于管道或滴头上，按化学组分主要有铁化合物沉淀、碳酸钙沉淀和磷酸盐沉淀等。

（3）有机物堵塞胶体形态的有机质、微生物等一般不容易被过滤器排除所引起的堵塞。

2. 堵塞的处理方法

（1）酸液冲洗法对于碳酸钙沉淀，可用0.5%～2%的盐酸溶液，用1m水头压力输入滴灌系统，溶液滞留5～15min。当被钙质黏土堵塞时，可用硝酸冲洗液冲洗。

（2）压力疏通法用500～1000kPa的压缩空气或压力水冲洗滴灌系统，对疏通有机物堵塞效果好。此法对碳酸盐堵塞无效。

3. 滴灌系统管理

（1）水源水质预先处理。

（2）过滤器设备定期维护。

（3）水质定期监测。

（4）加炭黑的聚乙烯软管，不透光，或用氯气、高锰酸钾处理灌溉水。

（5）采用活动式滴头。

第三节 微喷灌技术

微喷灌溉是利用微喷头、微喷带等设备，以喷洒的方式实施灌溉的灌水方法。与喷灌相比，微喷灌具有工作压力低、节能、省水等优点；与滴灌相比，微喷灌具有出水口直径较大、抗堵性能好的优点。另外，微喷灌的湿润面积比滴灌大，采用微喷灌扩大了毛管间距，减少了灌水器和毛管用量，降低了工程投资。因此，微喷灌技术得到了迅速的发展和应用。

微喷系统由水源工程、首部枢纽、各级输配水管道和微喷头（微喷带）等四部分组成，如图4-33所示。

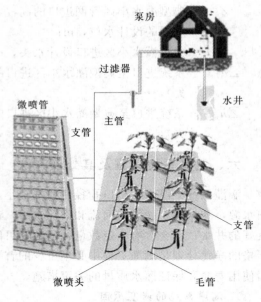

图 4-33 微喷灌系统示意图

一、微喷灌的主要灌水质量指标

微喷灌是介于喷灌与滴灌之间的一种灌水方法。因此，灌水质量指标与两者相似。微喷灌的灌水均匀系数和灌水效率与滴灌的指标相同。微喷灌的喷灌强度与喷灌的指标相似，所不同的在于微喷灌是局部灌溉，一般不考虑湿润面积的重叠，所以要求单喷头时平均喷灌强度不超过土壤的允许喷灌强度。另外微喷头的出口比普通喷头的出口一般都非常小，水滴对作物土壤的打击力不大，不会构成对作物和土壤团粒结构的威胁，所以水滴直径不作为微喷灌的灌水指标。综上分析，微喷灌主要灌水质量指标：灌水均匀系数、灌水效率和单喷头平均喷灌强度，指标含义与计算方法参照相关章节。

二、微喷灌的种类及其工作原理

微喷头也是喷头的一种，只是它具有体积小、压力低、射程短、雾化好等特点。小的微喷头外形尺寸只有0.5～1.0cm，大的也只10cm左右；其工作压力一般在50～300kPa左右。因此微喷头的结构一般要比喷头简单得多，多数是用塑料一次压注成形的，复杂一些的也只有五六个零件。也有用金属做的或采用一些金属部件。喷嘴直径一般小于2.5mm；单个微喷头的喷水量一般不大于300L/h。由于微喷头主要是作为一种局部灌水方法，所以不要求微喷头具有很大的射程，一般微喷头的射程从0.8～1.2m到6～7m不等。

微喷头的作用有两个方面：①将水舌粉碎成细小的水滴并喷洒到较大的面积上，以减少发生地面径流和局部积水的可能性；②用喷洒的方式，消散到达微喷头前的水头。只要能起到这两方面作用，而且工作参数在上述范围之内的构件都可以称为微喷头。微喷头结构形式和工作原理非常多样，各种形式、不同规格的微喷头现在已有数百种之多。按其喷洒的图形（或湿润面积的形状）可以分为全圆喷洒和扇形喷洒两种。

1. 全圆喷洒的微喷头

单个微喷头的湿润面积是圆形的，如图4-34左下角所示。这种喷头也可以用于全面灌溉。

2. 扇形喷洒的微喷头

单个微喷头的湿润面积是一个或多个扇形的，而且各扇形的中心角也不相同，如图4

-34 所示即为其中几种。这种微喷头一般只能用于局部灌溉，因为其组合后不容易得到均匀的水量分布，所以不适用于全面灌溉。由于一些果树树干不能经常处于湿润状态，因此常将扇形的缺口对着树干，这样可以避免打湿树干。一般喷头每个喷头只有一个扇形，而一个微喷头却可以有几个扇形湿润面积。

按其工作原理，常用的微喷头可以分为射流式、离心式、折射式和缝隙式四种。其工作原理均与喷头相似。后三种都没有运动部件，在喷洒时整个微喷头各部件都是固定不动的，因此统称为固定式微喷头。

图 4-34　几种不同形状喷洒图形的微喷头

（1）射流式微喷头。一般是利用反作用原理使之旋转。其特点是水流集中、射程远，因此平均喷灌强度也就比较低，特别适用于全面灌溉以及透水性较低的土壤上局部灌溉。

除了如图 4-35 所示之射流式微喷头之外，也还有一些其他形式的射流式微喷头。例如图 4-36 所示即为一种带有旋转悬臂的射流式微喷头。

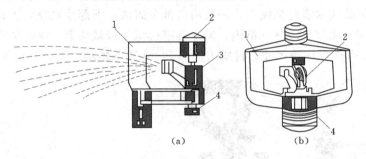

图 4-35　射流式微喷头

（a）LWP 两用微喷头；（b）W2 型微喷头

1—支架；2—散水锥；3—旋转臂；4—接头

（2）离心式微喷头。这是一种利用离心力来喷洒的微喷头，其外形如图 4-37 所示。其特点是工作压力低，雾化程度高，一般形成全圆的湿润面积。由于在离心室内能够消散大量能量，所以在同样流量的条件下，孔口可以比较大，从而大大减少了堵塞的可能性。

（3）折射式微喷头。该微喷头和一般折射式喷头不同，它的折射锥的折射角图不一定是 120°，可以是 180°甚至大于 180°。因此有时将射流式喷头的折射臂取去，换上一个平的折射锥，就成了折射式微喷头。这样增加了微喷头部件的通用性。一般折射锥表面是光滑的，但也有的折射锥沿圆周方向做成齿形。其作用在于使水流沿圆周方向能分布得比较均匀，也可以提高雾化程度。对于一些扇形喷洒的折射式微喷头则只有一个方向有支架，水流向另一个方向射出。

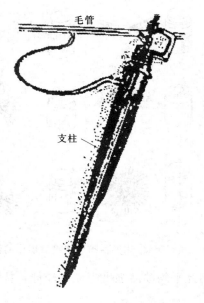

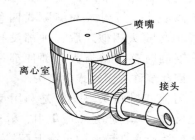

图 4 - 36 射流式微喷头及其支柱　　　　图 4 - 37 离心式微喷头外形图

（4）缝隙式微喷头。喷头如图 4 - 39 所示。缝隙式微喷头水流经过缝隙喷出，在空气阻力作用下，裂散成水滴的微喷头，一般由两部分组成，下部是底座，上部是带有缝隙的盖。可用于草坪、蔬菜、园林、苗圃、温室等窄行绿化带微喷灌。特点是雾化好，有多种扇形喷洒方式、有多种连接尺寸、材质为优质 POM 工程塑料、铜、不锈钢等。

图 4 - 38 折射式微喷头　　　　图 4 - 39 缝隙式微喷头示意图

三、微喷灌的选择与布置

1. 微喷头的选择

在选用微喷头时要考虑到农作物对灌溉的要求，还要注意对土壤环境造成的影响：①单喷头平均喷灌强度不超过土壤允许的喷灌强度，这与喷灌相似；②喷水量要适合于作物灌水量的要求，特别注意考虑灌水量随着生育阶段的变化；③制造误差小，不得超过11％；④喷水量对应力和温度变化的敏感性要差；⑤工作可靠，主要是不易堵塞，为此孔口适当大些好，流量大一些好，对于有旋转部件的微喷头，还要求旋转可靠；⑥经济耐用。

具体选用微喷头时，要根据作物的种类，植株的间距，土壤的质地与入渗能力以及作物的需水量大小而定。除应满足主要灌水质量指标的要求外，喷洒湿润图形还应满足作物根系发育的要求，在不同生育阶段都能使根系全面得到湿润。

2. 微喷头的布置

微喷头的布置包括在高度上的布置和在平面上的布置。在高度上的布置，一般是放在作物的冠盖下面，但是不能太靠近地面，以免暴雨时将泥沙溅到微喷头上而堵塞喷嘴或影响折射臂旋转，也不能太高以免打湿枝叶。安装高度一般为 20～50cm，对于专门要湿润作物叶面的系统则可安装在作物的冠盖之上。

在平面上布置，一般说来是每棵作物布置一个微喷头，要求 30％～75％以上的根系得到灌溉，以保持产量和足够的根系锚固力。根系湿润范围的大小，主要决定于土壤类型与土层深度、喷水量、喷洒覆盖范围与形状、灌水历时等。如果微喷灌是作物水分的唯一来源或主要来源（在非常干旱的地区），则作物根系发育形状与湿润土壤的形状一致，干的地方根系不发达。这时微喷头的布置是至关重要的，最好灌溉的湿润图形与作物枝干对称，应促使根系延伸到离作物枝干的距离等于作物高 1/4 处，以确保作物有足够的锚固力。对于微喷灌来说，土壤的湿润范围比地面湿润面积略大一些。可以根据以上原则合理布置，灵活地安排。

图 4-40 绘出了在果园微喷头的几种布置方式可供参考。图 4-40（a）为全圆喷洒的微喷头紧靠树干布置，一棵树一个微喷头。这样布置形式对称，能湿润整个根系，但是微喷头不能靠树干太近，否则使树干总是湿的，对一些树不利。而且由于树干的遮挡，会有较大面积喷不到水。所以有时干脆用扇形喷洒的微喷头，如图 4-40（b）所示。或用两个半圆喷洒的微喷头，如图 4-40（c）所示。一棵树一个微喷头的布置方式是每棵树只能从一个微喷头得到水，这样一旦这个微喷头堵塞了而又未被发现，就会严重影响这棵树的生长，以至干死。所以有时将微喷头布置在两棵树之间，如图 4-40（d）～（f）所示。这样可以相对提高灌水的系统均匀系数。而且一般不会打湿树干和树叶。但是如果果树的间距较大则会有大量无效的棵间蒸发。如果微喷头流量较大，可以供给两棵树，而且树的间距较小，那么也可以间隔布置，每个微喷头灌两棵树，以减少毛管的数量。

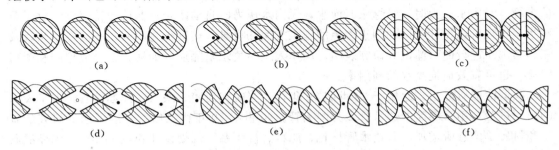

图 4-40　微喷头的几种布置方式

微喷头一经安置后，不要轻易移往他处，以免由于过去灌溉而建立起来的根系吸不到水，而新湿润的土壤内没有根系吸水，作物会因缺水而减产。另外，原来被水分冲向湿润球四周的盐分也会因改变湿润范围而进入根区造成盐害。如果微喷头只是作为降雨的补充，作物根系平时得到良好的全面的发育，这时微喷灌灌水图形的变化是不会严重影响作物根系的发育的。

第四节 渗 灌 技 术

一、概述

1. 渗灌定义及特点

渗灌即地下灌溉，它是利用地下管道将灌溉水输入埋设地田间地下一定深度的渗水管或鼠洞内，借助土壤毛管作用湿润土壤的灌溉方法。

渗灌的主要优点是：①灌水后田面土壤仍保持疏松状态，不破坏土壤结构，不产生土壤板结，为作物生长提供良好的水肥气热条件；②地表土壤含水量低，可减少田面土壤蒸发；③管道埋入地下，可少占耕地，便于交通和田间作业，可同时进行灌水和农事活动；④灌水定额小，灌水效率高；⑤能减少田间杂草生长和虫害发生；⑥渗灌系统流量小，压力低，故可减少能耗，节约能源。

渗灌存在的主要缺点是：①表层土壤湿度较差，不利于作物种子发芽和幼苗生长，也不利于浅根作物生长；②投资高、施工复杂，且管理维修困难，一旦管道堵塞或破坏，难以检查和修理；③易产生深层渗漏，特别对透水性较强的轻质土壤，更易产生渗漏损失；④渗水孔易堵塞。

2. 渗灌技术的发展

20世纪以来，许多国家开展了渗灌的试验研究工作，并在管材、滤料施工方法以及土壤水分运动等方面取得较大进展。苏联B.T考尔涅夫于1923年根据土壤吸水特性提出的吸力灌溉法，引起了灌溉工作者的极大兴趣，他建议采用黏土多孔管进行地下灌溉，管距1m，埋深0.3m，管中为无压流，靠土壤吸水作用使土壤达到湿润。在考尔涅夫吸力灌溉的基础上，发展了有压水的渗灌研究，提高了灌水效率。渗灌在意大利多用于果树灌溉，他们采用了较小直径（10～20mm）的塑料管作为透水管，管壁上开有5～10mm宽的纵缝，有内水压力时，纵缝张开灌水，无内水压力时自动闭合。西德尼德韦默针对干旱和半干旱地区，设计了一种用于渗灌的施工方法和机具。美国得克萨斯州、阿肯色州以及亚利桑那州进行的渗灌试验研究表明，应用人工不透水阻隔层（如沥青、合成橡胶和塑料膜等）也可有效地提高水的利用率。

我国渗灌研究工作起始于20世纪50年代，当时在河南、陕西、江苏等省开展了渗灌的田间试验，用于渗灌的透水管多为陶土管。20世纪70年代以后，开展了渗灌研究的省市和科研单位有所增加，对透水管材料、滤料、渗灌系统规划设计和施工方法、渗灌灌溉制度及土壤水分运动等进行了较系统的研究，并取得了一定的成果。

二、渗灌机理

均质土渗灌条件下土壤水分运移扩散和土壤湿润锋随灌水时间变化呈扁圆形。灌水初期由于土壤基质势对土壤水流起着主导作用，而重力势相对较小，所以，土壤水流在透水管四周各个方向的入渗速度接近相同，形成大致呈圆形的湿润面。但是，随着时间延长，重力势作用将逐渐增加，由透水管向上的水流因克服重力致使速率相对较小，向下的水流却因重力推动而有较大的速率，于是便形成了上短下长的扁圆形湿润锋，时间越长越显得扁。在湿润锋包围内的土壤，愈靠近透水管处含水率愈大，甚至会形成围绕透水管的饱和水带。这说明土壤湿润区内存在有含水率梯度。以上为均质土壤渗灌时的湿润情况。显然，由于均质土壤渗灌时不可避免出现上短下长的扁圆形湿润区，往往使表土层和透水管两侧较远处土壤得不到足够水分，而下层土壤的水分又超出要求，乃至产生深层渗漏损失。为此，可在透水管下侧设置人工隔水层（夯实土、黏土、塑料膜等），提高渗灌湿润土壤的效果。

三、渗灌技术要素

渗灌技术参数主要包括管道埋设深度、灌水定额、管道间距、管道长度与坡度等。在缺乏资料的情况下设计渗灌灌溉系统时，对上述各要素应进行必要的试验，或借用类似地区的资料。

1. 管道埋设深度

地下管道的埋设深度，决定于土壤性质、耕作情况及作物种类等条件。埋设深度首先应使灌溉水借毛细管作用能充分湿润土壤计划湿润层，特别是表层土壤能达到足够湿润，而深层渗漏最小。一般在黏质土壤中埋设深度大，砂质土壤中则较小，其次管道埋设深度应该深于一般深耕所要求的深度，同时还应考虑管道本身的抗压强度，不致因拖拉机或其他农业机械的行走而损坏。另外，还要考虑各种作物的根系深度而决定管道埋深。目前我国各地采用的管道埋深一般为 $40\sim60\mathrm{cm}$。

2. 灌水定额

灌水定额的确定应根据渗灌管的埋设深度、土壤保水能力以及作物耗水能力和下层土壤的透水性能等因素综合考虑。现有的灌溉制度大多是针对特定土壤条件下特定地区的特定作物而制定的，没有计算灌水量的统一标准。从作物生长需要来看渗灌条件下的适宜灌溉定额在 $(0.5\sim1.0)ET_c$，但从节水的角度看，其灌溉定额应在 $(0.5\sim0.75)ET_c$ 之间。

适宜的灌水频率有助于保证整个生育期作物根区的水分和养分供应。Bucks 等（1981）研究发现，对洋葱进行日灌水要好于周灌水；对于甜瓜，则是周灌水要好于日灌水。E. I. Gindy 等通过研究发现，高频次小流量的灌溉制度不仅能较大幅度地提高西红柿和黄瓜的产量，还可以很好地改善作物根区的土壤水分分布，提高土壤水分利用效率。Shuqin Wan 研究得出萝卜的适宜灌水频率应为 3d/次。Caldwell. D. S 等（1995）对玉米渗灌的研究表明，只要土壤含水量保持在允许范围内，渗灌灌水周期从 $1\sim7d$ 变化时，对玉米产量无明显影响。综上所述，对于蔬菜等浅根作物通常采用高频灌溉，果树和大田作物的灌水周期则应稍长一些。

3. 管道间距

渗灌管道的间距主要决定于土壤性质和供水水头的大小。土壤颗粒愈细，则土壤的吸水能力愈强，在进行渗灌时湿润范围也愈大，管道的间距就可增大。在决定管道间距时，应该使相邻两条管道的浸润曲线重合一部分，以保证土壤湿润均匀。一般砂质土壤中的管距较小，而黏重土壤中的管距较大；管道中的压力愈大，管距可达 5m，而无压渗灌的管距，一般为 2～3m。

4. 管道长度与坡度

管道长度与管道坡度、供水情况（有压或无压）、流量大小及管道渗水情况等有关。适宜的管道长度应使管道首尾两端土壤能湿润均匀，而渗漏损失较小。我国所采用的管道长度不大，一般为 20～50m 左右。国外的经验是无压的管道长度不大于 100m，有压的管长则可达 200～400m。至于管道坡度，则应根据管道长度的地面坡度等而定，一般取 0.001～0.005。

对于用塑料管输水、用专用渗头灌水的渗灌与滴灌非常相似，只是用渗头代替滴头，且埋在土壤中。其埋设深度依土壤质地而定，以湿润球切到地面为度，其他参数和设计方法均与滴灌相同。

复 习 思 考 题

1. 喷灌、滴灌有何优缺点及适用条件？
2. 喷灌、滴灌系统的组成与分类？
3. 喷灌主要技术参数以测定喷灌强度的方法？
4. 喷灌、滴灌的灌溉制度与工作制度？
5. 微喷灌的优缺点及适用条件？
6. 渗灌的技术要素及推广应用中有待进一步解决的问题？

第五章 集雨蓄水节水灌溉技术

第一节 概 述

一、雨水径流集蓄灌溉的意义

雨水径流集蓄灌溉工程是导引、收集雨水径流，并把它蓄存起来，作为一种有效水资源而予以灌溉利用的工程技术措施。在干旱地区、半干旱地区、半干旱半湿润地区以及半湿润偏旱地区，雨水径流集蓄应用较为广泛。

雨水径流集蓄利用已有悠久的历史。远古时期，人们为了在沙漠或其他干旱缺水地区生存和发展，就已开始集蓄利用雨水径流。如公元前4500年，中东一些地区已开始收集雨水用于人饮和农业生产。据今4000多年以前，以色列Negev沙漠的居民修建了石制的雨水收集工程用来灌溉农作物。墨西哥的考古遗迹表明，雨水集蓄系统早在公元300年就有了。据今700～900年以前，居住在美国西南部的印第安人也应用了类似的雨水利用系统。世界上有些地方，人们收集屋顶上的雨水径流专门作为家庭用水。如在威尼斯，屋顶雨水集流和储存是直到16世纪为止1300年间的主要水源。雨水径流集蓄利用技术目前已在世界许多地方得到不断发展，包括发达国家中的美国、瑞典、澳大利亚、加拿大、以色列以及发展中国家如印度、孟加拉、印度尼西亚、马来西亚、新几内亚、突尼斯、约旦等，集蓄的雨水用于人畜饮用，厕所、冷暖用水，草坪、果园、菜园以及大田作物灌溉。

我国尤其在西北、华北的许多地区，雨水一直被以多种形式广泛地利用着。我国干旱半干旱及半湿润偏旱山丘区的耕地总面积约占全国总耕地面积的1/3左右，区内人口约占全国人口的32％。这类地区，蒸发量大，降水量小，且多以暴雨形式集中发生在年内几个月份（6—9月）。水资源贫缺是该地区农业生产发展受阻的最主要原因，有些地方甚至人畜饮水都成问题。许多地区，如陕西北部、山西西北部及甘肃、宁夏的许多山丘地区，在中等干旱年情况下，由于干旱缺水其农作物产量仅能达到平原灌溉条件地区的1/4左右。面对大面积这类地区的农业生产，尤其是近几年果树等经济作物的迅速发展，只要有水源，即在需水关键期进行一两次限额灌水，也能大幅度提高产量，增加收入。

这类地区，还会经常遭受汛期暴雨径流的冲刷，致使水土流失严重，土层剧烈剥蚀，生态环境恶化。若能充分有效地利用当地雨水资源，不仅可在很大程度上解决缺水问题，而且还可有效减少暴雨径流灾害，防止水土流失。因此，当地雨水径流的集蓄利用有利于振兴该地区的社会经济，改善其生态环境，经济效益、社会效益和生态效益显著，对旱区建设具有重要意义。

二、雨水径流集蓄灌溉工程系统组成

从工程技术的角度分析，雨水径流集蓄灌溉工程基本上是由 4 大部分组成，即集水工程、输水工程、蓄水工程和灌溉工程。集水工程和输水工程是雨水集蓄灌溉工程的基础，蓄水工程是雨水集蓄灌溉工程的"心脏"（起调节作用，类似于调节水库），灌溉工程则是其目的。

1. 集雨区

集雨区是集雨灌溉工程的水源地，可分为非耕地与耕地两大类。

（1）非耕地集雨区。这是目前普遍的作法，即收集区院（含屋顶）、道路、荒山荒坡以及经过拍实、硬化的弃耕地的雨水，为了提高集流效率在条件允许时，需对集雨区的表面进行防渗处理，如硬化、铺膜、喷防渗材料等。非耕地集雨区的优点是技术比较简单，集雨季节长，其缺点是集雨区未硬化时会带来较多的泥沙。

（2）耕地集雨区。利用耕地作为集雨区的方法有两种：一种是把耕地既作为灌区又作为水源地，降雨高峰期通过作物垄间塑膜，收集部分雨水并妥善蓄存，在作物最干旱时进行灌溉；另一种方法是在人均耕地较多的地方，可采用土地轮休的办法，用塑膜覆盖耕地作为集流面，第二年该集流面转为耕地，可另选一块地作为集流面。耕地集雨区的优点是无泥沙淤积，且不受水源地条件的束缚，可以使所有旱地实施集雨灌溉。缺点是费用较高，直接用于大田尚需进一步研究试验方可推广。

集雨区面积的大小与当地降雨量的大小、集水的容积和集雨区的表面植被等因素有关，见表 5-1。表中列出几种下垫面条件下集 $1m^3$ 水所需集雨区的面积。

表 5-1　　　　　　　　集 $1m^3$ 水所需集雨区面积　　　　　　单位：m^2

水源地类型	降雨量/mm	400～450	451～500	501～550	551～600
非耕地集雨	土路面	≥12.0	11.0	10.0	9.0
	沥青路面	≥4.4	4.0	3.6	3.2
	塑料薄膜	≥4.1	3.8	3.4	3.0
耕地集雨	塑料薄膜	≥7.0	6.3	5.6	5.0

2. 截流输水工程

截流输水工程的作用是把集水区汇集的雨水输送到蓄水区，并尽可能地减少输水损失。可以采用暗渠或管道输水，以减少渗漏和蒸发。其基本类型有 3 种：

（1）屋面集流面的输水沟布置在屋槽落水下的地面上，庭院外的集流面可以用土渠或混凝土渠将水输入到蓄水工程。输水工程宜采用 20cm×20cm 的混凝土矩形渠、开口 20cm×30cm 的 U 形渠、砖砌、石砌、暗管（渠）和 UPVC 管。

（2）利用公路作为集流面且具有公路排水沟的截流输水工程，从公路排水沟出口处连接修建到蓄水工程，或者按计算所需的路面长度分段修筑与蓄水工程连接。

（3）利用荒山荒坡作集流面时，可在坡面上每 20～30m 沿等高线修截流沟，截流沟可采用土渠，坡度宜为 1/30～1/50，截流沟应连接到输水沟。输水沟宜垂直等高线布置并采用矩形或 U 形混凝土渠，尺寸按集雨流量确定。

3. 蓄水工程及其配套设施

蓄水工程可以是水（窖）窖、蓄水池、涝池或塘坝等类型。由于水窖具有基本不占用耕地，材料费少、可以基本做到无蒸发和渗漏以及技术易为群众掌握等优点，所以，是目前最主要的集雨蓄水工程形式。在水流进入蓄水工程之前，要设置沉淀、过滤设施，以防杂物进入水池。同时应在蓄水窖（池）的进水管（渠）上设置闸板并在适当位置布置排水道，在降雨开始时，先打开排水口，排掉脏水，然后再打开进水口，雨水经过过滤后再流入水窖（池）蓄存，窖蓄满时可打开排水口把余水排走。根据各地区开展集雨灌溉工程的经验，水窖形式以缸式和瓶式为主，容积一般为 40～60m³，若配以节水农业技术，每窖控制灌溉面积 0.13～0.2hm²。

4. 灌溉设施

由于受到蓄水工程水量的限制，不可能采用传统的地面灌水方法进行灌溉。必须采用节水灌溉的方法，如担水点浇、坐水种、地膜穴灌、地膜下沟灌、渗灌和滴灌等，这样才能提高单方集蓄雨水的利用效率。对于雨水集蓄灌溉工程，在地形条件允许时，应尽可能实行自流灌溉。

5. 旱作农业措施

集雨灌溉的目的在于提高旱地的农业生产能力，使农民群众得到更大的经济效益。因此，为了充分发挥集雨灌溉工程的效益，必须配套地膜覆盖、适水种植等旱作农业技术，这样才能真正提高旱地的农业生产能力。

第二节　雨水集蓄工程规划设计

一、用水量分析计算

用水量分析计算的任务是根据当地可供雨水资源量和农田灌溉及生活用水要求，进行分析和平衡计算，进而确定雨水储蓄工程的规模。

1. 年集水量的计算

全年单位集水面积上的可集水量按下式计算

$$W = EKP_P/1000 \tag{5-1}$$

式中　W——保证率等于 P 的年份单位集水面积全年可集水量，m^3/m^2；

E——某种材料集流面的全年集流效率，以小数点表示。由于集雨材料的类型，各地的降水量及其保证率的不同。全年的集流效率也不同，要选用当地的实测值，若资料缺乏，可参考类似地区选用，表 5-2 列出了甘肃和宁夏两省（自治区）推荐值，供参考；

P_P——保证率 P 的年降水量，mm，可从水文气象部门查得，对雨水集蓄来说，P一般取 50%（平水年）和 75%（中等干旱年）；

K——全年降雨量与降水量之比值，用小数表示，可根据气象资料确定。

表 5 - 2　　　　　　　不同材料集流场在不同降水量及保证率情况下的全年集流效率

多年平均降水量/mm	保证率/%	集 流 效 率/%								
		混凝土	塑膜覆砂	水泥土	水泥瓦	机瓦	青瓦	黄土夯实	沥青路面	自然土坡
400~500	50	80	46	53	75	50	40	25	68	8
	75	79	45	25	74	48	38	23	67	7
	95	76	36	41	69	39	31	19	65	6
300~400	50	80	46	52	75	49	40	26	68	8
	75	78	41	46	72	42	34	21	66	7
	95	75	34	40	67	37	29	17	64	5
200~300	50	78	41	47	71	41	34	20	66	6
	75	75	34	40	66	34	28	17	64	5
	95	73	28	33	62	30	24	13	62	4

2. 用水量的计算

用水量包括灌溉用水量和生活用水量。在庭院种植和近村地带的蓄雨设施，往往灌溉和生活用水要同时考虑。在远离村庄地带的蓄雨设施，一般只考虑灌溉用水。

(1) 灌溉用水量。农业灌溉应采用适宜的节水灌溉方法，在节水灌溉的前提下，按非充分灌溉（限额灌溉）的原理进行分析计算。计算所需的作物需水量或灌溉制度资料，要用当地的试验值，降雨量资料由当地气象站或雨量站搜集。若当地资料缺乏，可搜集类似地区的资料分析选用。单位面积年灌溉用水量可按下式计算

$$M_d = (W - 10P_e - W_T) \qquad (5-2)$$

式中　M_d——非充分灌溉条件下年灌溉定额，m^3/hm^2；

　　　W——灌溉作物的全年需水量，m^3/hm^2；

　　　P_e——作物生育期的有效降雨量，mm。可采用同期的降雨量值乘以有效系数而得。该系数对不同地区、不同作物则不同，如甘肃和宁夏两省（自治区）建议夏作物取 0.7~0.9，秋作物取 0.8~0.9；

　　　W_T——播种前与收获后土壤水量差值。

式（5-2）中的 W 值若是地面灌溉条件下的试验数值，应用在节水灌溉条件下，其值应乘以一个系数，根据所采用的灌溉方式不同来选用。若采用滴灌或膜下灌时，甘肃和宁夏两省（自治区）建议取 0.5~0.8。单位面积上的年灌溉用水量也可根据灌水定额和灌水次数进行估算，即用水量＝各次灌水定额×灌水次数。表 5-3 列出了甘肃和宁夏两省（自治区）集雨灌溉作物的灌水次数和灌水定额供参考。

(2) 生活用水量。生活用水主要指人及牲畜、家禽的饮用水量。规划时要考虑未来10年内可能达到的人口数及牲畜、家禽数，根据用水定额进行计算。人、畜用水定额见表 5-4 和表 5-5。

表 5 - 3　　　　　甘肃和宁夏两省（自治区）各种作物的灌水次数和灌水定额

项　　目		粮食作物		果树	蔬菜瓜果
		夏作物	秋作物		
灌水次数	年降雨量 300mm	3～4	3～4	4～5	8～9
	年降雨量 400mm	2～3	2～3	3～4	6～8
	年降雨量 500mm	2～3	1～2	2～3	5～6
灌水定额 /(m³/hm²)	滴灌、膜孔灌	150～225	150～225	120～225	150～225
	点浇、注水灌	75～150	75～150	75～120	75～150

表 5 - 4　　　　　　　　村镇最高日居民生活用水定额　　　　　　单位：L/(人·d)

主要用（供）水条件	一区	二区	三区	四区	五区
集中供水点取水，或水龙头入户且无洗涤和其他设施	30～40	30～45	30～50	40～55	40～70
水龙头入户，有洗涤池，其他卫生设施较少	40～60	45～65	50～70	50～75	60～100
全日供水，户内有洗涤池和部分其他卫生设施	60～80	65～85	70～90	75～95	90～140
全日供水，室内有给水排水设施且卫生设施较齐全	80～110	85～115	90～120	95～130	120～180

注　1. 本表所列用水量包括了居民散养禽畜、散用汽车和拖拉机用水量、家庭小作坊生产用水量。
　　2. 一区包括：新疆、西藏、青海、甘肃、宁夏、内蒙古西北部，陕西和山西两省黄土沟壑区、四川西部。二区包括：黑龙江、吉林、辽宁，内蒙古西北部以外的地区，河北北部。三区包括：北京、天津、山东、河南、河北北部的以外的地区，陕西和山西两省黄土沟壑以外的地区，安徽、江苏两省的北部。四区包括：重庆、贵州、云南、四川西部以外的地区，广西西北部，湖北、湖南两省的西部山区。五区包括：上海、浙江、福建、江西、广东、海南、台湾；安徽、江苏两省北部的以外地区，广西西北部，湖北、湖南两省西部山区的以外地区。

表 5 - 5　　　　　　　　　饲养畜禽最高日用水定额表

畜禽类别	用水定额/ [L/(头或只·d)]	畜禽类别	用水定额/ [L/(头或只·d)]	畜禽类别	用水定额/ [L/(头或只·d)]
马	40～50	育成牛	50～60	育肥猪	30～40
骡	40～50	奶牛	70～120	羊	5～10
驴	40～50	母猪	60～90	鸡	0.5～1.0

（3）来用水平衡计算。根据前已求得的集水量（来水）和灌溉用水量以及生活用水量，进行平衡计算，确定工程的规模。包括集雨面积、灌溉面积和蓄水容积。工程各类材料集流面应满足灌溉和生活用水要求，即符合式（5-3）。计算时应对典型保证率年份分别计算相应的集流面积选用其中最大值进行设计，即

$$W_P = S_{P1}F_{P1} + S_{P2}F_{P2} + \cdots + S_{Pn}F_{Pn} \tag{5-3}$$

式中　　　　　W_P——保证率等于 P 的年份需用水量，m³，即灌溉用水量与生活用水量之和；

S_{P1}、S_{P2}、$\cdots$、S_{Pn}——保证率等于 P 的年份不同集雨材料的集流面积，m²；

F_{P1}、F_{P2}、$\cdots$、F_{Pn}——保证率等于 P 的年份不同集雨材料单位集水面积上可集水量，m³/m²。

蓄水设施的总容积可按下式计算

$$V = \alpha W_{max} \qquad (5-4)$$

式中　V——蓄水设施总容积，m^3；

　　　α——容积系数，一般取 0.8；

　　W_{max}——不同保证率年份用水量中的最大值，m^3，其中生活用水量可按平水年考虑。

二、总体规划

在对基本资料进行分析、采用水平衡法计算的基础上，就可以进行雨水集蓄工程的集流场规划、蓄水系统规划、灌溉系统规划，以及投资预算、效益分析和实施措施等总体规划。

1. 集流场规划

广大农村都有公路或乡间道路通过，不少农村，特别是山区农村房前屋后一般都有场院或一些山坡地等，应充分利用这些现有的条件作为集流面，进行集雨场规划。若现有集雨场面积等条件不具备时，应规划修建人工防渗集流面。若规划结合小流域治理，利用荒山坡作为集流面时，要按一定的间距规划截流沟和输水沟，把水引入蓄水设施或就地修建塘坝拦蓄雨水。用于解决庭院种植灌溉和生活用水的集雨场，首先利用现有的瓦屋面作集雨场，若屋面为草泥时，考虑改建为瓦屋面（如混凝土瓦），若屋面面积不足时，则规划在院内修建集雨场作为补充。有条件的地方，尽量将集雨场规划于高处，以便能自压灌溉。

2. 蓄水系统规划

蓄水设施可分为蓄水窖、蓄水池和塘坝等类型，要根据当地的地形、土质、集流方式及用途进行规划布置。用于大田灌溉的蓄水设施要根据地形条件确定位置，一般应选择在比灌溉地块高 10m 左右的地方，以便实行自压灌溉。用于解决庭院经济和生活用水相结合的蓄水设施，一般应选择在庭院内地形较低的地方以方便取水。为安全起见，所有的蓄水设施位置必须避开填方或易滑坡的地段，设施的外壁距崖坎或根系发达的树木的距离不小于 5m，根据式（5-4）计算的总容积规划一个或数个蓄水设施，两个蓄水设施的距离应不少于 4m。公路两旁的蓄水设施应符合公路部门的排水、绿化、养护等有关规定。蓄水设施的主要附属设施如沉砂池、输水渠（管）等应统一规划考虑。

3. 灌溉系统规划

雨水集蓄系统规划的任务是确定灌溉地段具体范围，选择节水灌溉方法和类型、系统的首部枢纽和田间管网布置等。

（1）灌溉范围的确定。根据水量平衡计算结果规划的集雨场和蓄水设施，确定单个或整个系统控制的范围，并在平面图上标出界线，以便进行管网布置。

（2）灌溉方法的选定。雨水集蓄应采用适宜的节水灌溉方法，如滴灌、渗灌、注水灌和坐水种等。具体采用哪一种方法，要根据当地的灌溉水源、作物、地形和经济条件等来确定。

（3）灌溉类型的选定。集雨灌溉，水量非常有限，一般应采用节水灌溉技术。为了节省投资，有条件的地方，首先应考虑自压灌溉方式，没有自压条件的地方，才考虑人工手压泵或微型电泵提水。对于滴灌，根据所控制的面积和作物种类等选用固定式、半固定式和移动式的类型。

（4）首部枢纽布置。对于面积较大的雨水集蓄系统，其首部枢纽应包括提水设备、动力设备、过滤设备、控制盒量测设备等。一般集中布置在水源附近的管理室中，对于面积较小的系统，特别是移动式系统，可不建管理用房。在规划时应将机泵、施肥器、过滤器、闸阀、进排气阀等部件按运行要求布置好。

（5）田间管网布置。对于滴灌等节水灌溉方法，田间管网的布置影响到投资大小、施工难易和管理方便与否，因此较大的灌溉系统往往有2～3种管网布置方案进行技术经济比较后确定，并在平面图或地形图上绘出管网。对选用的灌水器类型及其布置方式都应加以说明。

4. 投资预算

集雨工程应分别列出集雨场、蓄水系统与附属设施、首部枢纽、管网系统（含灌水器）的材料费、施工费、运输费、勘测设计费和不可预见费等几项，算出工程的总投资和单位面积投资。若灌溉和生活用水结合的工程，应按用水量进行投资分摊。

5. 效益分析

对工程建成投入运行后所能产生的经济、社会和生态效益进行分析，进而证明工程建设的必要性，经济效益主要是对工程的投资、年费用及增产效益进行分析计算。规划阶段一般用静态分析法计算，对较大的系统可同时用静态法和动态法进行计算。社会效益是指工程建成后对当地脱贫致富和精神文明建设等方面的内容。生态效益是指对当地生态环境影响，如对缓解用水矛盾、减少水土流失、环境卫生条件改善等方面的内容。

6. 实施措施

对较大的工程，为了保证工程的顺利实施，要根据当地具体情况提出具体的实施措施。一般包括组织施工领导班子和施工技术力量，具体施工安排材料供应，安全和质量控制等内容。

第三节 雨水聚集技术

一、影响集流效率的重要因素

1. 降雨特性

全年降雨量的多少及雨强的大小影响到集流效率。随着降雨量和雨强的增加，集流效率也增加。在多年平均降雨量越小的地区，说明该地区越是干旱，小雨量、小雨强的降雨过程也就多，全年的集流效率也就越低。也就是说，愈是干旱的年份（保证率愈高），全年的集流效率也就愈低。

2. 集流面材料

雨水集流的防渗材料有很多种，各地试验结果表明以混凝土和水泥瓦的效率最高，可达70%～80%。这是因为这类材料吸水率低，在较小的雨量和雨强下即能产生径流。而土料防渗效率差，一般在30%以下。各种防渗材料集流效率大小依次为混凝土、水泥瓦、机瓦、塑膜覆砂（或覆土）、青瓦、三七灰土、原状土夯实、原状土。同一种防渗材料在不同地方全年集流效率亦有差别，这主要是各地施工质量差别所造成。

3. 集流面坡度

一般来讲，集流面坡度较大，其集流效率也较大。因为坡度较大时可增加流速，可减少降雨过程中坡面水流的厚度，降雨停止后坡面上的滞留水也减少，因而可提高集流效率。下垫面材料相同，不同坡度对集流效率的影响差别也较大。据甘肃省的试验，榆中集流场坡度为 1/50，混凝土面集流效率仅 40％～50％，西峰集流场坡度为 1/9，集流效率达 68％～80％。西峰试验原土夯实全年效率可达 19％～30％。而榆中试验，在一般雨量下不产生径流，在每次降雨达到 10mm 以上时才能产流，效率也仅为 10％～15％。因此，为了提高集流效率，集流场纵坡应不小于 1/10。

4. 集流面前期来水量

前次降雨造成集流面含水量高时，本次降雨集流效率就高。下垫面材料不同这种影响差别也较大，特别是土质集流面，前期含水量对集流效率的影响更明显。据甘肃西峰试验，原状土夯实地块在前期土壤饱和度达 95％时，集流效率达 80％以上，混凝土面集流面则影响较小。

二、集流场位置与集流面材料的选择

利用当地条件集蓄雨水进行作物灌溉时，首先应考虑现有的集流面，如沥青公路路面，乡村道路、场院和天然坡地等。现有的集流面面积小，不能满足集水量要求时，则需修建人工防渗集流面来补充。防渗材料有很多种，如混凝土、瓦（水泥瓦、机瓦、青瓦）、天然坡面夯实、塑料薄膜、片（块）石衬砌等。要本着因地制宜、就地取材、集流效率高和工程造价低的原则选用。

若当地砂石料丰富，运输距离较近时，可优先采用混凝土和水泥瓦集流面。因这类材料吸水率低，渗水速度慢，渗透系数小，在较小的雨量和雨强下即能产生径流，在全年不同降水量水平下，效率比较稳定，可达 70％～80％，而且寿命长，集水成本低、施工简单、干净卫生。混合土（三七灰土）因渗透速度和渗透系数都较大，受雨强和前期土壤含水率影响也较大，故集流面形成的径流相对较少。原状土夯实比混合土集流面形成的径流又少，这是因为土壤表面的抗蚀能力较弱，固结程度差，促使土壤下渗速度加快。下渗量增大，因而地表径流就相应减少，效率一般在 30％以下，所需集流面积较大，且随着年降雨水平的不同，年效率不稳定，差别较大。

若当地人均耕地较多，可采用土地轮休的办法，用塑膜覆盖部分耕地作为集流面，第二年该集流面转为耕地，再选另一块耕地作为集流面，这种材料集流效率较高，但塑膜寿命短。

在有条件的地方，可结合小流域治理，利用荒山坡地作为集流面，并按设计要求修建截流沟和输水沟，把水引入蓄水设施。

三、截流输水工程设计

由于地形条件和集雨场位置、防渗材料的不同，其规划布置也不相同。

对于因地形条件限制离蓄水设施较远的集雨场，考虑长期使用，应规划建成定型的土渠。若经济条件允许，可建成 U 形或矩形的素混凝土渠。

利用公路、道路作为集流场，且具有路边排水沟的截流输水沟渠，可从路边排水沟的出口处连接到蓄水设施。路边排水沟及输水沟渠应进行防渗处理，蓄水季节应注意经常清除杂物和浮土。

利用山坡地作为集流场时，可依地势每隔 20～30m 沿等高线布置截流沟，避免雨水在坡面上漫流距离过长而造成水量损失。截流沟可采用土渠，坡度宜为 1/30～1/50，截流沟应与输水沟连接，输水沟宜垂直等高线布置。并采用矩形或 U 形素混凝土渠或用砖（石）砌成。

利用已经进行混凝土硬化防渗处理的小面积庭院或坡面，可将集流面规划成一个坡向，使雨水集中流向沉砂池的入水口。若汇集的雨水较干净，可直接流入蓄水设施，也可不另设输水渠。

四、集流面的设计

1. 降雨资料的收集与计算

当地降雨量的多少关系到集流场面积大小的确定和工程造价等问题。由于各地自然地理和气象条件的不同，降雨量差别也较大，因此，需要从当地水文气象部门搜集降水资料，分析计算不同保证率 P（50％和 75％）的降雨量。

2. 灌溉用水量的确定

尽量搜集当地或类似地区不同作物的灌溉用水量资料。若资料缺乏可参考式（5-2）进行估算，用水保证率按 $P=75\%$ 设计。

3. 集流场面积的确定

由集水量推求集流面积公式为

$$S = 1000W / P_P E_P \tag{5-5}$$

式中 S——集流场面积，m^2；

    W——年集水量，m^3，可按式（5-1）计算，也可查表 5-6 选用；

    P_P——用水保证率 P 时的降水量，mm；

    E_P——用水保证率等于 P 时的集流效率，当地试验资料缺乏时可参考表 5-2 选用。

表 5-6   宁夏不同材料集水场在不同降水量及保证率情况下的全年集水量

多年平均降水量/mm	保证率/%	集流量/(m³/100m²)						
		混凝土	水泥土	机瓦	青瓦	黄土夯实	沥青路面	自然土坡
400～500	50	40	26.5	25	20	12.4	34	4
	75	39.5	22.5	24	19	11.5	33.5	3.5
	95	38	20.5	19.5	15.5	9.5	32.5	3.0
300～400	50	32	20.8	19.6	16	10.4	27.2	3.2
	75	31.2	18.4	16.8	13.6	8.4	26.4	2.8
	95	30	16	14.8	11.6	6.8	25.6	2.0
200～300	50	23.4	14.1	12.3	10.2	6	19.8	1.8
	75	22.5	12	10.2	8.4	5.1	19.2	1.5
	95	21.9	9.9	9	7.2	3.9	18.6	1.2

4．集雨面结构设计

集流面材料有很多种，设计要求也不同，主要有以下几种。

（1）混凝土集流面。施工前应对地基进行洒水翻夯处理，翻夯厚度以 30cm 为宜，夯实后的干容重不小于 $1.5t/m^3$。没有特殊荷载要求的可直接在地基上铺浇混凝土。若有特殊荷载要求，如碾压场、拖拉机或汽车行驶等，则应按特殊要求进行设计。砂石料丰富地区，可将河卵石、小块石砸入土层内，使其露出地面 2cm，然后再浇混凝土，集流面宜采用横向坡度为 1/10～1/50，纵向坡度 1/50～1/100。一般用 C14 混凝土分块现浇，并留有伸缩缝，厚度 3～6cm。砂石料含泥量大于 4%，并不得用矿化度大于 2g/L 的水拌和，分块尺寸以 1.5m×1.5m 或 2m×2m 为宜，缝宽 1～1.5cm。缝间填塞浸油沥青砂浆牛皮纸、3 毡 2 油沥青油毡、水泥砂浆、细石混凝土或红胶泥等。为人畜提供饮用水的集流面，其缝间不得用浸油沥青材料，伸缩缝深度应与混凝土深度一致。在混凝土面初凝后，要覆盖麦草、草袋等物洒水养护 7d 以上，炎热夏季施工时，每天洒水不得少于 4 次。

（2）瓦面集流。瓦有水泥瓦、机瓦、青瓦等种类。水泥瓦的集流效率要比机瓦、青瓦高出 1.5～2 倍，故应尽量采用水泥瓦做集流面。用于庭院灌溉和生活用水的要与建房结合起来，按建房要求进行设计施工。一般水泥瓦屋面坡度为 1/4，也可模拟屋面修建斜土坡。铺水泥瓦作为集流面，瓦与瓦间应搭接良好。

（3）片（块）石衬砌集流面。利用片（块）石衬砌坡面作为集流面时，应根据片（块）石的大小和形状采用不同的衬砌方法。片（块）石尺寸较大，形状较规则，可以水平铺垫，铺垫时要对地基进行翻夯处理，翻夯厚度以 30cm 为宜，夯实后干容重不小于 $1.5t/m^3$，若尺寸较小、形状不规则，可采用竖向按次序砸入地基的方法，厚度不小于 5cm。

（4）土质集流面。利用农村土质道路作为集流面要进行平整，一般纵向坡度沿地形走向，横向倾向于路边排水沟，利用荒山坡地作集流面，要求对原土进行洒水翻夯深 30cm，夯实后干容重不小于 $1.5t/m^3$。

（5）塑膜防渗集流面。该集流面可分为裸露式和埋藏式两种。裸露式是直接将塑料薄膜铺设在修整完好的地面上，在塑膜四周及接缝可搭接 10cm，用恒温熨斗焊接或搭接 30cm 后折叠止水。埋藏式可用草泥或细沙等覆盖于薄膜上，厚度以 4～5cm 为宜。草泥应抹匀压实拍光，细沙应摊铺均匀。塑膜集流面的土基要求铲除杂草、整平，适当拍实或夯实，其程度以人踩不落陷为准，表面适当部位用砖块、石块或木条等压实。

第四节　储水设施工程技术

一、水源工程类型及位置选择

1．窖（窑）

北方干旱地区，特别是西北黄土丘陵区地形复杂，梁、峁、塬、台、坡等地貌交错，草地、荒坡、沟谷、道路以及庭院等均有收集天然降水的地形条件。选择窖（窑）位置应按照因地制宜的原则，综合考虑窖址的集流、灌溉和建窖土质三方面条件，即：选择降水后能形成地表径流且有一定集水面积；水窖应选在灌溉农田附近；引水取水都比较方便的位置。山区要充分利用地形高差大的特点多建立自流灌溉窖，同时窖址应选择在土质条件好的地方，避免在山洪沟边、陡坡、陷穴等地点打窖。

2. 蓄水池

蓄水池因用途、结构不同有多种多样：按形状、结构可分为圆形池、方形池、矩形池等；按建筑材料、结构可分为土池、砖池、混凝土池和钢筋混凝土池等；按用途作用可分为涝池（涝坝、平塘）、普通蓄水池（农用蓄水池）、调压蓄水池等。

（1）涝池。在黄土丘陵区，群众利用地形条件在土质较好、有一定集流面积的低洼地修建的季节性简易蓄水设施。在干旱风沙区，一些地方由于降水入渗形成浅层地下水，群众开挖长几十米、宽数米的涝池，提取地下水发展农田灌溉。

（2）普通蓄水池。蓄水池一般是用人工材料修建的具有防渗作用，用于调节和蓄存径流的蓄水设施。根据其地形和土质条件可修建在地上或地下，其结构形式有圆形、矩形等。蓄水池水深一般为 $2\sim4m$，防渗措施也因其要求不同而异，最简易的是水泥砂浆面防渗。蓄水池的选址分以下几种情况。

1）有小股泉水出露地表。可在水源附近选择适宜地点修建蓄水池，起到长蓄短灌的作用，其容积大小视来水量和灌溉面积而定。

2）在一些地质条件较差、不宜打窖的地方，可采用蓄水池代替水窖，选址应考虑地形和施工条件。另外一些引水工程（包括人畜饮水工程和灌溉引调水工程），为了调剂用水，可在田间地头修建蓄水池，在用水紧缺时使用。

（3）调压蓄水池。在降雨量多的地方，为了满足低压管道输水灌溉、喷灌、微灌等所需要的水头而修建的蓄水池。选址应尽量利用地形高差的特点，设在较高的位置实现自压灌溉。

（4）土井。土井一般指简易人工井，包括土圆井、大口井等；它是开采利用浅层地下水，解决干旱地区人畜饮水和抗旱灌溉的小型水源工程。适宜打井的位置，一般在地下水埋藏较浅的山前洪积扇，河漫滩及一级阶地，干枯河床和古河道地段，山区基岩裂隙水、溶洞水及铁、锰和侵蚀性二氧化碳高含量的地区。

二、容积设计

（一）水窖容积的确定

按照技术、经济合理的原则确定水窖的容积是集水工程建设的一个重要方面。影响水窖容积的主要因素有地形和土质条件，按照不同用途要求、当地经济水平和技术能力来选择水窖容积。

1. 根据地形土质条件确定水窖容积

水窖作为农村的地下集水建筑物，其容积大小受当地地形和土质条件影响和制约。当地土质条件好，土壤质地密实，如红土、黄土区，开挖水窖容积可适当大一些。而土质较差的地区，如砂土、黄绵土等，如窖容积大，则容易产生塌方。一些地方因土质条件甚至不宜建窖。

2. 按照不同的用途要求选择的窖型结构和容积

如主要用于解决人畜饮水的窖大都采用传统土窖，有瓶式窖、坛式窖等，其容积一般为 20～40m³。这类窖要求窖口口径小（60cm 左右），窖脖长，如图 5-1 所示。用于农田灌溉的水窖一般要求容积较大，窖身和窖口通常采取加固措施，以防止土体坍塌，如改进型水泥薄壁窖、盖窖、钢筋混凝土窖，水窖容积一般为 50m³、60m³ 和 100m³ 左右。窑窖一般适用于土质条件好的自然崖面或可作人工剖理的崖面，先开挖窑洞，窑顶作防潮处理，然后在窑内开挖蓄水池。这种在窑内建蓄水池或窖的设施被群众俗称为窑窖，窑窖的容积根据土质情况和集流面的大小确定，容积一般为 60～100m³，个别容积可达 200m³。水窖容积的确定除考虑上述因素外，还受当地经济水平和投入能力的制约。修建水窖时要考虑适宜的窖型结构、容积大小和使用寿命的长短。根据土质条件和适宜的建窖类型，可参考表 5-7 确定建窖容积。

表 5-7　　　　　　　　不同土质适宜的建窖类型及容积

土　质　条　件	适宜建窖类型	建窖容积/m³
土质好，质地密实的红土、黄土区	传统土窖	30～40
	改进型水泥薄壁窖	40～50
	窑窖	60～80
土质条件一般的壤质土区	混凝土盖碗窖	50～60
	钢筋混凝土窖	50～60
土壤质地松散的砂质土区	不宜建窖，宜修建蓄水池	100

（二）蓄水池容积的确定

1. 确定蓄水池容积的原则

确定蓄水池容积时：第一，考虑的是可能收集、贮存水量的多少，是属于临时或季节性蓄水还是常年蓄水，蓄水池的主要用途和蓄水量要求；第二，要调查、掌握当地的地形、土质情况（收集 1/500～1/200 大比例尺地形图，地质剖面图）；第三，要结合当地经济水平和可能投入与技术要求参数全面衡量、综合分析；第四，选用多种形式进行对比、筛选，按投入产出比（或单方水投入）确定最佳容积。

2. 蓄水池容积的计算

（1）涝池。涝池形状多样。随地形条件而异，有矩形池、平底圆池、锅底圆池等。涝池的容积一般为 100～200m³，最小不小于 50m³，其容积计算如下：

矩形池容积为

$$V = (H+h)\frac{F+f}{2} \tag{5-6}$$

平底圆池容积为

$$V = \frac{\pi}{2}(R^2+r^2)(H+h) \tag{5-7}$$

式中　V——总容积，m³；

　　　H——水深，m；

h——超高，m；

F——池上口面积，m²；

f——池底面积，m²；

R——池上口半径，m；

r——池底半径，m。

锅底圆池，参照其形状近似计算其容积。

（2）普通蓄水池。主要用于小型农业灌溉或兼作人畜饮水用。蓄水池根据用途、结构等不同，其容积一般为 50～100m³，特殊情况蓄水量可达 200m³。按其结构、作用不同一般可分为两大类型，即开敞式和封闭式类型。开敞式蓄水池是季节性蓄水池，它不具备防冻、防蒸发功能。农用蓄水池只是在作物生长期内起补充调节作用，即在灌水前引入外来水蓄存，灌水时放水灌溉，或将井、泉水长蓄短灌。开敞式蓄水池一般根据来水量和用水量，选定蓄水容积，其变化幅度较大。就其结构形状可分为圆形和矩形两种，蓄水量一般50～100m³。对于开敞式圆形蓄水池，可根据当地建筑材料情况可选用砖砌池、浆砌石池、混凝土池等，池内采取防渗措施。主要规格尺寸：长 4～8m，宽 3～4m，深 3～3.5m，蓄水量 50～100m³。封闭式蓄水池的池顶增加了封闭设施，具有防冻、防蒸发功效，可常年蓄水。可用于农业节水灌溉，也可用于干旱地区的人畜饮水工程。结构形式，可分为以下两种形式。

1）梁板式圆形池。又可分为拱板式和梁板式两种，但其蓄水池结构尺寸是相同的。主要规格尺寸：直径 3～4m，深 3～4m，蓄水量 25～45m³。盖板式矩形池，顶部选用混凝土空心板，再加保温层防冻，冬季寒冷期较长的西北地区生活用水工程普遍采用。主要规格尺寸：池长 8～20m，池宽 3m，深 3～4m，蓄水量 80～200m³。

2）盖板式钢筋混凝土矩形池。主要用于特殊工程之用，其结构多为钢筋混凝土矩形、圆形池，蓄水量可根据需要确定，一般在 200m³ 左右。宁夏固原县西源自压喷灌压力池长 25m，宽 7.2m，深 3.7m 的钢筋混凝土结构，蓄水量可达 500m³，既可蓄水调压、又兼有沉砂作用，为自压喷灌提供可靠水源。

（3）调压蓄水池。调压蓄水池的结构形式和普通蓄水池一样，只要选好地势，形成自压水头，就可达到调压目的，其蓄水量根据用水需求选定。

三、结构设计

（一）窖（窑）

1. 窖（窑）常用的结构形式

水窖按其修建的结构不同可分为传统型土窖、改进型水泥薄壁窖、盖碗窖、窑窖、钢筋混凝土窖等。按采用的防渗材料不同又可分为胶泥窖、水泥砂浆抹面窖、混凝土和钢筋混凝土窖、土工膜防渗窖等。由于各地的土质条件、建筑材料及经济条件不同，可因地制宜选用不同结构的窖形。在建窖中，对用于农田灌溉水窖与人畜饮水窖在结构要求上有所不同。根据黄土高原群众多年的经验，人饮窖要求窖水温度尽可能不受地表和气温的影响，窖深一般要达到 6～8m，保持窖水不会变质，长期使用，而灌溉水窖则不受深度的限制。

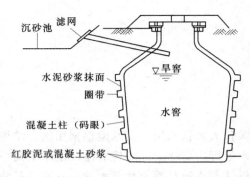

图 5-1　水泥砂浆薄壁窖

2. 适合当前农村生产的几种窖形结构

（1）水泥砂浆薄壁窖。水泥砂浆薄壁窖（图 5-1）窖型是由传统的人饮窖经多次改进，筛选成型。窖体结构包括水窖、旱窖、窖口窖盖 3 部分。水窖位于窖体下部，是主体部位，形似水缸。旱窖位于水窖上部，由窖口经窖脖子（窖筒）向下逐渐呈圆弧形扩展，至中部直径（缸口）后与水窖部分吻接。这种倒坡结构，受土壤力学结构的制约，其设计结构尺寸是否合理直接关系到水窖的稳定与安全，窖口和窖盖的作用是稳定上部结构，防止来水冲刷，并连接提水灌溉设施。

水泥砂浆薄壁窖近似"坛式酒瓶"缩短了旱窖部分长度，由传统人饮窖的 4～5m 缩减为 3m 左右，加大了水窖中部直径和蓄水深度，将窖口尺寸由传统土窖的 0.5～0.6m 扩大到 0.8～1.0m，减轻了上部土体重量，便于施工开挖取土。防渗处理分为窖壁防渗和窖底防渗两部分。为了使防渗层与窖体土层紧密结合并防止防渗砂浆整体脱落，沿中径以下的水窖部分每隔 1.0m，在窖壁上沿等高线挖一条宽 5cm、深 8cm 的圈带，在两圈带中间，每隔 30cm 打住混凝土柱（码眼），品字形布设，以增加防渗砂浆与窖壁的整体性。

窖底结构以反坡形式受力最好，即窖底呈圆弧形，中间低 0.2～0.3m，边角亦加固成圆弧形。在处理窖底时，首先要对窖底原状土轻轻夯实，增强土壤的密实程度，防止底部发生不均匀沉陷。窖底防渗可根据当地材料情况因地制宜选用，一般可分为两种：

1）胶泥防渗，可就地取材，是传统土窖的防渗形式。首先要将红胶泥打碎过筛、浸泡拌捣成面团状，然后分 2 层夯实，厚度 30～40cm，最后用水泥砂浆埂一层，作加固处理。

2）混凝土防渗，在处理好的窖底土体上浇筑 C20 混凝土，厚度 10～15cm。

此窖型适宜土质比较密实的红、黄土地区。对于土质疏松的砂壤土地区和土壤含水量过大地区不宜采用。其主要技术指标为窖深 7～7.8m，其中水窖深 4.5～4.8m，底径 3～3.4m，中径 3.8～4.2m。旱窖深（含窖脖子）2.5～3.0m，窖口径 0.8～1.1m，窖体由窖口以下 50～80cm 处圆弧形向下扩展至水窖中径部位，窖台高 30cm，蓄水量 40～50m³。附属设施包括进水渠，沉砂池（坑）、拦污栅、进水管（槽）、窖口和窖台等。有条件的地方还要设溢流口、排水渠等。

（2）混凝土盖碗窖。混凝土盖碗窖（图 5-2）形状类似盖碗茶具，故取名盖碗窖。此窖型避免了因传统窖型窖脖子过深，带来打窖取土、提水灌溉及清淤等困难。适宜于土质比较松散的黄土和砂壤土地区，适应性强。窖体包括水窖、窖盖与窖台三部分。混凝土帽盖为薄壳型钢筋混凝土拱盖，在修

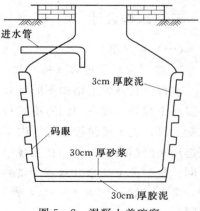

图 5-2　混凝土盖碗窖

整好的土模上现浇成型，施工简便。帽盖上布设圈梁、进水管、窑口和窑台。

（3）素混凝土肋拱盖碗窑。窑体包括水窑、窑盖和窑台3部分。水窑部分结构尺寸与混凝土盖碗窑完全一样。混凝土帽盖的结构尺寸也与混凝土盖碗窑相同，不同之处是将原来的钢筋混凝土帽盖改进为素混凝土肋拱帽盖，可节省30kg钢筋和20kg铅丝。适应性更强，便于普遍推广。其结构特点为帽盖为拱式薄壳型，混凝土厚度为6cm，在修整好的半球状土模表面上由窑口向圈梁辐射形均匀开挖8条宽10cm、深6～8cm的小槽。窑口外沿同样挖一条环形槽，帽盖混凝土浇筑后，拱肋与混凝土壳盖形成一整体，肋槽部分混凝土厚度由拱壳的6cm增加到12～14cm，即成为混凝土肋拱，起到替代钢筋的作用。适用范围、主要技术指标、附属设施与混凝土盖碗窑相同。

（4）混凝土拱底顶盖圆柱形水窑。该窑型是甘肃省常见的一种形式（图5-3），主要由混凝土现浇弧形顶盖、水泥砂浆抹面窑壁、三七灰、混凝土顶盖水泥砂浆抹面窑剖面、原土翻夯窑基、混凝土现浇弧形窑底、混凝土预制圆柱形窑颈和进水管等部分组成。

（5）混凝土球形窑。该窑型为甘肃省的一种形式（图5-4）。主要由现浇混凝土上半球壳、水泥砂浆抹面下半球壳、两半球接合部圈梁、窑颈和进水管等部分组成。

（6）砖拱窑。这种窑型是为了就地取材，减少工程造价而设计的一种窑型，适用当地烧砖的地区。窑体包括水窑、窑盖与窑口3部分，水窑部分结构尺寸与混凝土盖碗窑相同。窑盖属盖碗窑的一种形式，为砖砌拱盖，如图5-5所示。结构特点为：窑盖为砖砌拱盖，可

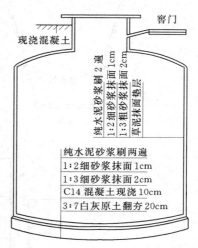

图5-3 混凝土拱底顶盖圆柱形水窑

就地取材，适应性较强，施工技术简易、灵活。一般泥瓦工即可进行施工，既可在土模表面自下而上分层砌筑，又可在大开挖窑体土方后再分层砌筑窑盖，适用范围和主要技术指标与混凝土盖碗窑基本相同。

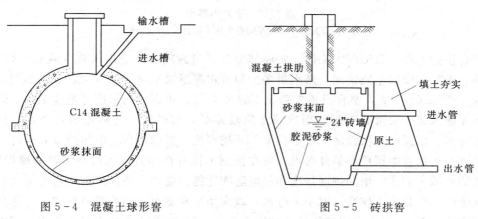

图5-4 混凝土球形窑　　　　图5-5 砖拱窑

（7）窑窑。窑窑按其所在的地形和位置可分为平窑窑和崖窑窑两类。平窑窑一般在地

势较高的平台上修建，其结构形式与封闭式蓄水池相同（参阅封闭式蓄水池）。将坡、面、路上的雨水引入窑窖内，再抽水（或自流）浇灌台下农田，崖窑窖是利用土质条件好的自然崖面或可作人工刮理的崖面，先挖窑然后在窑内建窖，俗称窑窖，如图5-6所示。

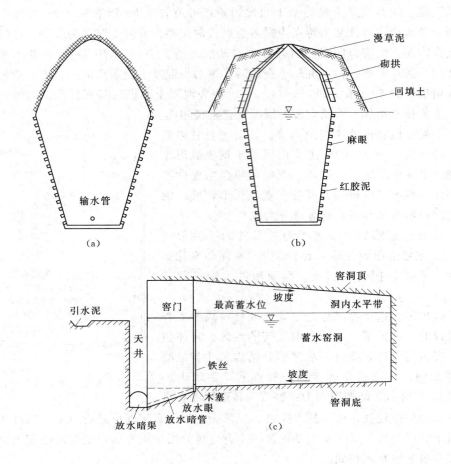

图5-6　宁夏崖窑窖
(a) 尖顶窑窖；(b) 半圆形尖顶水窑窖；(c) 结构图

窑窖包括土窑、窖池两大主体。附属部分有窑口封闭墙、进出水管（或取水管）、溢流管等。土窑是根据土质情况、来水量多少和蓄水灌溉要求确定尺寸大小。窑宽控制在4～4.5m，窑深6～10m，窑窖拱顶矢跨比不超过1:3。由窑口向里面开挖施工，整修窑顶后用草泥或水泥砂浆进行处理，当拱顶土质较差时，要设置一定数量的拱肋，且用C20混凝土浇筑，以提高土拱强度。在土窑下部开挖窖池，形似水窖，池体挖成后再进行防渗处理。进、出水管根据地形条件布设，可在窑顶上面开挖布置，也可在侧墙脚埋设安装，最后在墙外填土夯实，增加侧墙强度和保温防冻性能。受地形条件限制，这种形式只能因地制宜推广。它是由工作窑（取土、进水、取水用）和蓄水窑洞两部分组成。工作窑宽度及高度宜为1.5m，蓄水窑宽度和高度宜取为3m。工作窑及盛水窑为抛物线状，蓄水池深

2m 为宜，单位长度窑深蓄水量约 4.7m³，根据蓄水总量推求窑窑深度。

（8）土窑。传统式土窑因各地土质不同，窑型样式较多，归纳起来主要有瓶式窑和坛式窑两大类。其区别在于瓶式窑脖子小而长，窑深而蓄水量小；坛式窑脖子相对短而肚子大，蓄水量多。当前除个别山区群众还习惯修建瓶式窑用来解决生活用水外，现在主要多采用坛式土窑。传统土窑因防渗材料不同又分为红胶泥防渗和水泥砂浆防渗两种。窑体由水窖、旱窖、窖口与窖盖 4 部分组成。

土窑适宜于土质密实的红、黄土地区。黏土防渗土窑更适合干旱山区人畜饮用。土窑的口径 80～120cm，窑深 8.0m，其中水窖深 4.0m，旱窖（含窖脖子）深 4m，中径 4m，底径 3～3.2m，蓄水量 40m³。但大部分土窑结构尺寸均小于标准尺寸，口径只有 60cm左右，水窖深和缸口尺寸均较小，蓄水量也只有 15～25m³，个别窑容量达 40m³。

（二）蓄水池

1. 涝池

涝池包括矩形池、平底圆池、锅底圆池等，因其结构简单，技术要求不高，故予以省略。

2. 普通蓄水池

普通蓄水池按其结构作用不同分为开敞式和封闭式两大类，按其形状特点又可分为圆形和矩形两种。

（1）开敞式圆形蓄水池。因建筑材料不同有砖砌池、浆砌石池、混凝土池等。圆形蓄水池由池底、池墙两部分组成。附属设施有沉砂池、拦污栅、进水管、出水管等，池底用浆砌石和混凝土浇筑，底部原状土夯实后，用 75 号水泥砂浆砌石，并灌浆处理，厚40cm，再在其上浇筑 10cm 厚 C20 混凝土。池墙有浆砌石、砌砖和混凝土三种形式，可根据当地建筑材料选用：①浆砌石池墙，当整个蓄水池位于地面以上或地下埋深很小时采用，池墙高 4m，墙基扩大基础，池墙厚 30～60cm，用 75 号水泥砂浆砌石，池墙内壁用100 号水泥砂浆防渗，厚 3cm，并添加防渗剂（粉）；②砖砌池墙，当蓄水池位于地面以下或大部分池体位于地面以下时采用，用"24"砖砌墙，墙内壁同样用 100 号水泥砂浆防渗，技术措施同浆砌石墙；③混凝土池墙，混凝土池墙和砖砌池墙地形条件相同，混凝土墙厚度 10～15cm。池塘内墙用稀释水泥浆作防渗处理。

（2）开敞式矩形蓄水池。开敞式矩形蓄水池按建筑材料不同分砖砌式、浆砌石式和混凝土式 3 种。矩形蓄水池的池体组成、附属设施、墙体结构与圆形蓄水池基本相同，不同的只是根据地形条件将圆形变为矩形罢了。开敞式矩形蓄水池当蓄水量在 60m³ 以内时，其形状近似正方形布设，当蓄水量再增大时，因受山区地形条件的限制，蓄水池长宽比逐渐增大（平原地区除外）。矩形蓄水池结构不如圆形池受力条件好，拐角处是薄弱处，需采取防范加固措施。蓄水池长宽比超过 3 时，在中间需布设隔墙，以防侧压力过大边墙失去稳定性。

（3）封闭式圆形蓄水池。封闭式圆形蓄水池的结构特点如下：封闭式圆形蓄水池增设了顶盖结构部分，增加了防冻保温功效，封闭式圆形蓄水池剖面图工程结构较复杂，投资加大，所以蓄水容积受到限制，一般蓄水量为 25～45m³，池顶多采用薄壳型混凝土拱板或肋拱板，以减轻荷重和节省投资。池体大部分结构布设在地面以下，可减少工程量。因此要合理选定地势较高的有利地形。

(4) 封闭式矩形蓄水池：封闭式矩形蓄水池的结构特点如下：矩形蓄水池适应性强，可根据地形、蓄水量要求采用不同的规格尺寸和结构形式，蓄水量变化幅度大，可就地取材，选用当地最经济的墙体结构材料，并以此确定墙体类型（砖、浆砌石、混凝土等），池体顶盖多采用混凝土空心板或肋拱板。池宽以 3m 左右为宜，可降低工程费用，池体大部分结构要布设在地面以下，可减少工程量。保温防冻层厚度设计，要根据当地气候情况和最大冻土层深度确定，保证池水不发生结冰和冻胀破坏。蓄水池长宽比超过 3 时，要在中间布设隔墙，以防侧墙压力过大边墙失去稳定性，在隔墙上部留水口，可有效地沉淀泥沙。

3. 调压蓄水池

调压蓄水池是为了满足输水管灌（滴、渗灌）和微喷灌所需水头而特设的蓄水池。形成压力水头有不同途径，在地势较高处修建蓄水池。利用地面落差用管道输水即可达到设计所需水头，实现压力管道输水灌溉或微喷灌。修建高水位的水塔，抽水入塔，形成压力水头，利用抽水机泵加压，满足管道输水灌溉和微喷灌需要。后两种方法投资大，不宜普遍推广。第一种方法投资最省，山区可因地制宜推广应用，因此在山区只要选好地形修建普通蓄水池就可实现调压目的。

(三) 土井

1. 土井类型

土井一般分为土圆井和大口井两种形式。土圆井结构形式一般为开口直径在 1.0m 左右的圆筒形。大口井为开口较大的圆筒形、阶梯形和缩径形结构，上面开口大，下面底径小。大口井要根据水文地质和工程地质条件、施工方法、建筑材料等因素选型。

2. 土井结构设计

(1) 井径、井深的确定。井径要根据地质条件、便利施工的原则确定。土圆井多为人工加简易机械开挖施工，以便利人员上下施工为出发点，井径一般为 80~100cm，大口井井径在 200cm 以下。但井口开挖口径要根据地下水埋深、土质情况、施工机具等决定。井深要根据岩性、地下水埋深、蓄水层厚度、水位变化幅度及施工条件等因素确定。

(2) 进水结构设计。土圆井、大口井，其进水结构要设在动水位以下，顶端与最高水位齐平。进水方式有井底进水、井壁进水和井底井壁同时进水 3 种形式。

井底进水结构。井底设反滤层进水，（井底为卵石层不设反滤层）一般布设 2~5 层，总厚度 1.0m 左右。

井壁进水结构。进水结构要根据地质情况和含水层厚度，含水量等情况选定。当含水层颗粒适中（粗砂或含有砾石）厚度较大时，可采用水平孔进水方式。当含水层颗粒较小（细砂）时，必须采用斜孔进水方式，以防细沙堵塞水道，当含水层为卵石时，可采用 $\phi 5$~50mm 的不填滤料的水平圆形或锥形（里大外小）的进水孔。

进水结构形式有砖（片石）干砌、无砂混凝土管和混凝土多孔管等。土圆井多采用砖石干砌和无砂混凝土管，根据当地建筑材料情况选用。大口井多采用分片预制的混凝土管和钢筋混凝土多孔管。滤水管与井壁空隙之间要填充滤料，形成良好的进水条件，严防用黏土填塞。

（3）井台、顶盖。为便于机泵安装、维护、管理使用，土圆井要设井台、井盖。其规格标准按水窖形式设置，大口井可根据井口实际大小预制安装钢筋混凝土井盖。

第五节　雨水集蓄的配套技术

为了充分发挥雨水集蓄工程的效益，配套设施的建设是不可缺少的。如为集蓄干净的水，需要配套拦污及沉淀、过滤设施；为充分蓄纳雨水及保护水源，需要建设输水及排水设施，此外为了更好地利用水源，需要配套机泵等。

一、水源的净化设施

1. 沉砂池

沉砂池主要用于减少径流中的泥沙含量，一般建于离蓄水池或水窖 2～3m 处，其具体尺寸依径流量而定。沉砂池是根据水流从进入沉砂池开始，水流所挟带的设计标准粒径以上的泥沙，流到池出口时正好沉到池底设计。

此外，在泥沙含量较大时为充分发挥沉砂池的功能，在沉砂池内可用单砖垒砌斜墙。这样一方面可延长水在池内的流动时间，有利于泥沙下沉，另一方面可连接沉砂池和水窖或蓄水池取水口位置，使正面取水变成侧面取水，更有利于避免泥沙进入窖或蓄水池。沉砂池的池底需要有一口相对高程通常为进水口底高的坡度（下倾）并预留排沙孔。沉砂池的进水口、出水口、溢水口的相对高程通常为：进水口底高于池底 0.1～0.15m，出水口底高于进水口底 0.15m，溢水口底低于沉砂池顶 0.1～0.15m。

2. 过滤池

对水质要求高时，可建过滤池，过滤池尺寸及滤料可根据来水量及滤料的导水性能确定，过滤池施工时，其底部先预埋一根输水管，输水管与蓄水池或窖窖相连。滤料一般采用卵石及粗砂、中砂自下而上顺序铺垫，各层厚度应均匀，同时为便于定期更换滤料。各滤料层之间可采用聚乙烯塑料密网或金属网隔开。此外，为避免平时杂质进入过滤池，在非使用时期，过滤池顶应用预制混凝土板盖住。

图 5-7、图 5-8 分别为山东长岛路面集流和四川成都市龙泉驿区坡面集流两种形式的过滤池。

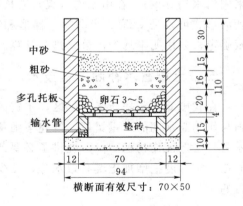

图 5-7　过滤池断面图（单位：cm）

3. 拦污栅

在沉砂池、过滤池的水流入口处均应设置拦污栅，以拦截汇流中的大体积杂物。拦污栅构造简单，可在铁板或薄钢板及其他板材上直接呈梅花状打孔（圆孔、方孔均可），亦可直接采用筛网制成。但无论采用何种形式，其孔径必须满足一定的要求，一般不大于10mm×10mm。

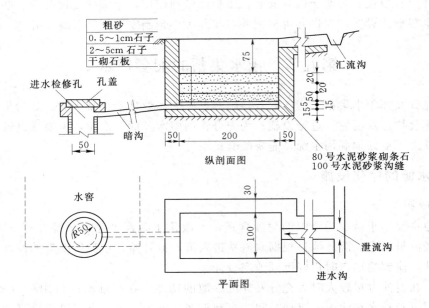

图 5-8　过滤池结构图（单位：cm）

二、水源的输水与排水系统

汇集的雨水通过输水系统进入沉砂池或过滤池，而后流入蓄水池或窑窖中。输水一般采用引水沟（渠）。在引水沟（渠）需长期固定使用时，应建成定型土渠并加以衬砌，其断面形式可以是 U 形、半圆形、梯形和矩形，断面尺寸根据集流量及沟（渠）底坡等因素确定，采用明渠均匀流公式进行计算。

三、土壤蓄水补灌工程技术

在我国北方干旱、半干旱区，水资源严重缺乏，年内降雨时空分配极不平衡，造成降雨与作物需水期的严重错位，修建集雨蓄水工程进行集雨补灌有效缓解了水分供需错位的矛盾且为保证作物稳产高产提供了必要条件。采用工程集水、覆膜坐水、滴灌等措施，均能在一定程度上增加土壤有效水分，减少田间土壤水分损失，增加产量，达到防旱抗旱的目的。

1. 提水设备

集雨工程蓄水量有限，布局分散，村庄附近有电源，而较远路旁的田间集雨工程处于无电地区。为此微型电潜泵用于村庄庭院附近有电区的水窖或旱井，可适时适量进行提水节水灌溉；手压泵提水用于田间无电地块作物坐水或点浇；虹吸式提水主要用在提取高处水窖的水进行低处灌溉以及自压式人畜饮水工程。风力提水和太阳能提水的成本较高，目前农民的经济状况还达不到自愿筹建的水平。

2. 集雨补灌技术适用性

通过实践和试验示范比较，在目前广大农村经济条件不发达的情况下，大面积推广应用集雨补灌技术：春季播种期采用坐水补灌技术，适用于各种农作物；生长关键期采用半固定膜下滴灌技术，适用于瓜果、蔬菜、玉米等宽行穴播地膜覆盖作物；移动微喷灌带适用于人工牧草等矮秆条播作物的前期补灌。

第六节　雨水集蓄工程的维护管理

一、水源工程的维护管理

1. 窖（窨）工程的维护

窖（窨）管护工作的主要内容如下。

（1）适时蓄水。下雨前要及时整修清理进入渠道、沉砂池，清除拦污栅前杂物，疏通进水管道，便不失时机地引水入窖。当窖水蓄至水窖上限时，即缸口处，要及时关闭进水口，防止超蓄造成窖体坍塌。引用山前沟壕来水的水窖，雨季要在沉砂池前布设拦洪墙，防止山洪从窖口漫入窖内，淤积泥沙。

（2）检查维修工程设施。要定期对水窖进行检查维修，经常保持水窖完好无损，蓄水期间要定期观测窖水位变化情况，并做好记录。发现水位非正常下降时，分析原因，以便采取维修加固措施。

（3）保持窖内湿润。水窖修成后，先用人工担水 3～5 担，灌入窖内，群众称为养窖。用黏土防渗的水窖，窖水用完后，窖底也必须留存一定的水，保持窖内湿润，防止干裂而造成防渗层脱落。

（4）做好清淤工作。每年蓄水前要检查窖内淤积情况，当淤积轻微（淤深小于 0.5m）当年可不必清淤，当淤深大于 1.0m 时，要及时清淤，不然影响蓄水容积。清淤方法因地制宜，可采用污水泵抽泥、窖底出水管排泥（加水冲排泥）及人工窖内掏泥等。

（5）建立窖权归户所有的管护制度，贯彻谁建、谁管、谁修、谁有的原则。

2. 蓄水池维护

蓄水池管护工作内容如下。

（1）适时蓄水。蓄水池除及时收集天然降水所产生的地表径流外，还可因地制宜引蓄外来水（如水库水、渠道水、泉水等）长蓄短灌，蓄灌结合，多次交替，充分发挥苦水与节水灌溉相结合的作用。

（2）检查维修工程设施。要定期检查维修工程设施，蓄水前要对池体进行全面检查，蓄水期要定期观测水位变化情况，做好记录。开敞式蓄水池没有保温防冻设施冬季不蓄水，秋灌后要及时排除池内积水，冬季要清扫池内积雪，防止池体冻胀破裂。封闭式蓄水池除进行正常的检查维修外，还要对池顶保温防冻铺盖和池外墙进行检查维护。

（3）及时清淤。开敞式蓄水池可结合灌溉排泥，池底滞留泥沙用人工清理。封闭式矩形池清淤难度较大，除利用出水管引水冲沙外，只能人工从检查口提吊。当淤积量不大时，可两年清淤一次。

二、配套设施的维护管理

水源工程是雨水集蓄工程的主体，配套设施也是其中不可缺少的组成部分。

1. 集水场维护管理

集水场主要指人工集水场。有混凝土集水场、塑膜覆砂、三七灰土、人工压实土场（麦场和简易人工集水场）及表土层添加防渗材料等多种形式。

（1）维护管理的内容。维护人工集水设备的完整，延长使用寿命，提高集水效率。

（2）维护管理的措施。

1）设置围墙。在人工集水场四周打 1.0m 高的土墙，可有效地防止牲畜践踏，保持人工集水场完整。

2）冬季降雨雪后及时清扫，可减轻冻胀破坏程度，对混凝土集水场和人工土场均有良好的效果。

2. 沉砂池维护管理

我国北方地区尤其是黄土高原地区水土流失严重，而雨水集蓄工程主要集蓄降雨径流，来水中含沙量大。因此合理布设沉砂池和加强对沉砂池的管护至关重要，沉砂池管护的主要内容如下：

（1）每次引蓄水前及时清除池内淤泥，以便再次发挥沉砂作用。

（2）冬季封冻前排除池内积水，使沉砂池免遭冻害。

（3）及时维修池体，保证沉砂池完好。

复习思考题

1. 雨水径流集蓄灌溉工程系统的组成和各部分的作用。

2. 储水设施的类型及容积的确定。

3. 雨水集蓄的配套技术有哪些？

第六章 水稻节水灌排技术

水稻是我国的最主要粮食作物，种植面积约 4.2 亿亩，占粮食作物播种面积的 26.4%，水稻产量占粮食总产量的 37.1%。水稻种植区几乎遍布全国，从东海之滨到青藏高原，从黑龙江到海南岛的广大地区均种植水稻。全国约 8% 的稻区分布在北方干旱半干旱地区。90% 以上分布在南方，该地区水稻灌溉用水占总灌溉用水的 90% 以上。虽然南方水资源和降雨较北方丰富，但水资源地区分布不均，降雨年际不均、年内变化较大与季节性缺水问题同样严重。无论是我国北方还是南方，缺水问题均很突出。同时，水稻耗水量较大，传统的水稻灌溉定额甚至高达 $1000m^3$/亩，灌溉用水存在较大浪费。目前的灌溉定额也仍 $600m^3$/亩，灌溉水的水分生产率约为 $1kg/m^3$，还不到发达国家水分生产率的一半。所以，水稻灌溉具有较大的节水增产潜力，水稻节水必然成为我国农业节水的重点。同时稻田的肥料投入最高、水量投入最大，肥料的利用效率低，农田面源污染问题也最为突出。实践证明，水稻推行节水灌溉既节水增产、又可减少排水、渗漏以及随之产生的肥料流失，减少对地表水和地下水的污染。

近几十年来，针对水稻节水灌溉理论技术，我国开展了多项研究，取得了一系列成果，提出了包括浅湿灌溉、控制灌溉、蓄水控灌技术、薄露灌溉以及叶龄灌溉模式和旱育稀植等水稻节水灌溉技术。实践表明，这些技术在节水、增产方面取得了良好的效果，为我国水稻节水增产做出了巨大的贡献。推广水稻节水灌溉技术，对于进一步提高水稻产量，改善稻米品质，节约灌溉用水量，降低农田面源污染物（氮磷）的输出，减少水体富营养化，缓解农业用水危机，推行可持续发展的节水型农业、保障粮食安全，减少对生态用水的挤占、维系区域生态环境等均具有重要的意义。

第一节 浅湿灌溉技术

水稻浅湿灌溉是间断灌水的灌溉技术，即插秧、返青阶段，保持 2 周浅水，分蘖前期浅湿灌，分蘖末期适当晒田，孕穗至开花浅水，灌浆成熟期则干干湿湿，适当晚断水，做到后水不见前水，是一种促控结合、适时供水调氮的水稻节水灌溉技术。

一、浅湿灌溉田间管理技术

水稻浅湿灌溉在各生育的技术要点如下。

（1）返青期浅水灌溉。插秧时田间操持 10~20mm 浅水层（抛秧要求 5~10mm）。返青期田间水层应保持要 40mm 以内，以不淹没秧苗心叶为准，以水护苗，以水增温，促进水稻早返青，低于 5mm 时应及时灌水。

（2）分蘖前期。分蘖前期是决定水稻穗数和有效分蘖率的关键时期，应实行浅湿交替间歇灌溉，以提高土温，调节土壤空气，达到以水调肥，以水促蘖的目的。每次灌水 30～50mm，结合中耕追肥、除草、等自然落干、田面呈湿润状态再行灌水，即前水不见后水。间歇天数根据土壤持水能力、肥力、苗情等决定，土壤持水能力强、地肥、稻苗生长旺盛，间歇时间可长一些，待土壤水分达到饱和含水量 90％时才灌水，反之，灌水间歇时间应短一些，田面呈饱和时即灌水。

（3）分蘖末期。分蘖末期是水稻对水分不敏感，也是水稻一生中最耐旱的时期，应落干晒田，以控制无效分蘖发生。对于分蘖率较强的品种，当有效分蘖率达到计划数的 80％～90％时，开始晒田；对于有效分蘖率较弱的品种，则在达到计划数才晒田。阴雨天、有肥、苗势旺的应重晒，一般晒 7～10d，使耕层土壤水分降至饱和含水量的 70％～80％；反之则轻晒，一般晒田 5～7d，使耕层土壤水分降至饱和含水量的 80％～90％。

（4）拔节孕期穗期。拔节孕期穗期是水稻需水强度最大的时期，建立浅水层，即每次灌水 30～50mm，保持浅水层，自然落干后即灌水。在地下水位较高的田块，也可能采用湿润灌溉方法。

（5）抽穗开花期灌溉。抽穗开花期水稻桄合作用强，新民代谢旺盛，也是水稻对水分反应较敏感的时期，耗水量仅次于拔节孕期穗期，这个时期应采用 5～15mm 浅水层灌溉方法。

（6）乳熟期。这一时期水稻需水下降，田间土壤应保持饱和状态，一般掌握 3～5d 灌一次 10mm 的水层即可满足作物的需要。

（7）黄熟期。这一时期水稻生理需水已急剧下降，土壤水分保持在接近饷状态就能满足植株生长的需要，一般干干湿湿的灌溉方法。为保证籽粒饱满，前期应保持田间湿润，后期自然落干，遇雨应排水。

江苏省基于多年试验结果，确定了水稻浅湿灌溉不同生育阶段的土壤水分调控指标，如表 6-1 所示。

表 6-1　　　　　　　　　水稻浅湿灌溉不同生育期田间水层控制指标

生育期	返青	分　蘖		拔节	孕穗	抽穗扬花	乳熟期	黄熟
		前中期	末期					
灌水上限/mm	30～40	20～30	烤田	20～30	30～40	20～30	20～30	干干湿湿
土壤含水量下限/%	100	80～90	70	70～80	100	90～100	80	75
最大蓄水深度/mm	60	80	—	120	120	120	80	0

注　资料来源于江苏省水利厅编写的《水稻高产节水灌溉新技术》，表中％为占饱和含水量的百分数。

二、浅湿灌溉的优点

浅湿灌溉的优点包括以下方面。

（1）促进水稻的生育和成熟。田面无水层湿润状态时，土壤昼夜温差变化大，土温日变幅增大可促进分蘖早生快发。在水稻生育后期，浅湿灌溉白天升温快，温度高，有利于稻株的光合作用，昼夜温差大也有利于干物重积累。水稻自移栽至成熟，浅湿灌溉可使田间水积温增加 120℃，这对水稻生育和加速后期成熟都有重要作用。

（2）防止黑根和早衰。实行浅湿灌溉创造了大气向土壤直接供氧的条件，起到了有效地增强根系活力的作用。发生黑根的水稻，吸收机能受到损害，养分不足，群体发育不良，不仅光合作用不能正常进行，还会发生赤枯病、胡麻斑病等生理病害，而导致减产。浅湿灌溉改善了土壤环境，增强了根系活力，可以防止黑根和早衰。

（3）改善水稻生长形态，促进生育适时转化。浅湿灌溉在水稻生育前期起到了经常放露晾田的作用，促进根系发达，蹲苗稳长。中期晾田控制无效分蘖，达到群体协调生长发育，植株呈丰产长相，顶三叶耸而直立，地面上第一、第二节间短，茎秆粗壮，增强抗倒伏和病虫害能力。在生育后期干干湿湿，收到以气养根，以根保叶的效果，使水稻活根活叶成熟，浅湿灌溉，促控结合，还具有促进生育转化和提高结实率的效果。

（4）浅湿灌溉可以避免和减少田间水分流失。浅湿交替中自然放露晾田，避免了不必要的明排水。大大减少了土壤渗漏和提高降雨的利用率。浅湿灌溉对水稻腾发量强度发生影响，也使水稻耗水量减少。

（5）防御低温冷害。水稻对低温最敏感的时期是花粉母细胞四分子形成的"小孢子初期"，小孢子进一步发育成花粉粒。这时外观为孕穗期，从剑叶初期到后期，即从出穗前 14 日到前 8 日的 7d 时间里，也就是剑叶叶耳处在下叶叶耳±5cm 时，此期为冷害危险期，遇 17℃ 以下低温持续数日，或短时间更低的温度，均会引起结实障碍，影响花粉发育和充实，花粉丧失受精能力，到抽穗期开花却不授粉，即或有少量散粉，因活力弱，不能受精结实。对此，必须靠水来防御。在幼穗形成期开始逐渐加深水层，到低温来临前把水层加深到 17~20cm。据调查灌水深度 15cm 时约有 50% 的花，水深 20cm 时约有 80% 的花埋在水层里免受低温危害。水层深度 15cm 以下时，难以躲过障碍型冷害。但是，在井灌区应以水温 18℃ 以上的水灌溉稻田，以免引起人为冷害。

三、浅湿灌溉的配套技术

（1）浅湿灌溉技术要有完整的排灌系统，条田不宜太宽，格田规模宜在 0.15~0.20hm² 。实行单灌单排。当土壤保持湿润状态或晒田时，地下水能迅速下降到地面下 10~30cm 以下。

（2）土地要求平整，田面高差不超过 50mm，土地不平整的田块不适宜采用浅湿灌溉。而采用浅灌，也有利于田地平整。

（3）在施肥上，本田底肥要求达到：优质农家肥 37 500kg/hm²，磷肥 450~600kg/hm²，尿素 150kg/hm²，蘖肥 450kg/hm²，穗肥 225~300kg/hm²，粒肥 75~90kg/hm² 。

（4）浅湿灌溉田因水层浅，且干湿交替，容易滋杂草，故应加强田间管理，及时除草。

第二节 控制灌溉技术

水稻控制灌溉是经河海大学等单位 20 余年潜心试验研究，逐步发展起来的水稻节水灌溉理论与技术，是基于水稻需水特征及其对水分调控适应性的灌溉模式。控制灌溉要求在秧苗本田移栽后的各生育期，田面基本不再长时间建立水层，也不再以灌溉水层作为是否灌溉的控制指标，而是以不同生育期的不同的根层土壤水分或土壤表象作为下限控制指标，确定灌水时间、灌溉次数和灌水定额的一种节水灌溉新技术。

一、控制灌溉田间水分管理技术

水稻控制灌溉田间水分管理技术要点如下。

1. 薄水促返青

水稻返青期大约经历 6～8d，控制灌水上限为水层 25～30mm。如遇晴天，尤其在阳光暴晒的中午，要求薄水层不过寸，不淹苗心，最好田不晒泥。如遇干旱缺水时，下限值也应控制在饱和含水量或微露田（饱和含水量的 90％）以上。

水稻秧苗移栽后，根系受伤未能恢复（还没扎住根），吸收养分的能力较弱，如果水分供应不足难以保持植物内的水分平衡。麦茬稻插秧时间一般在 6 月 20 日左右，正值干旱少雨季节，晴天多、日照长、光照强度大、气温高、水面蒸发量大，此时缺水，易导致叶片永久萎蔫，甚至枯死。所以，必须灌薄水满足水稻的生理生态需水，加速返青，提前分蘖。

稻田的底肥及返青肥量约占全生育期总施肥量的 60％左右，如渗漏量大，使肥料流失严重，特别是对尿素中所含的氮素流失更为明显。由于尿素施入稻田后，不能立即被水稻吸收利用，需要转化成硝态氮和铵态氮后，才能发挥肥效，其分解转化速度，与气温等条件有关。试验观测分解转化的大体历时是：平均气温 10℃时约 10d；20℃约 7d；30℃时约 2～3d。转化成碳铵后，易被土壤胶体颗粒吸附固定，才不易随水流失。而在转化之前灌深水容易造成氮素大量流失。据多年多点调查，深水施尿素，肥效利用率仅有百分之十几，而控灌的肥效利用率可超过 30％。所以，控灌具有显著减少肥料（尤其是速效化肥）流失的作用，大大提高肥效利用率，减少面污染。

2. 分蘖期

分蘖期控制灌溉的标准是：上限控制在土壤饱和含水量（即汪泥塌水），下限控制在饱和含水量 50％～60％。该生育期大体经历 30d 左右，此期的灌水方法与淹灌大不一样。淹水灌溉在分蘖末期才开始晒田；而控制灌溉在分蘖前期就进行干湿露田。主要做法概括为：前期轻控促苗发；中期中控促壮秧；后期重控促转换。

（1）前期轻控促苗发的具体控制灌水方法。每次每亩灌水量 10～15m³，以后自然干到田不开裂。当土壤含水量小于或等于下限值才进行下一次灌水。土壤含水量的测定方法，可用简易取土称重法或中子土壤水分仪测定，无条件时也可用表 6-2 目测法估计。在插秧后的 20d 左右，最迟不超过一个月，亩苗量能达到亩有效分蘖数的要求，才能形成一个较好的群体结构。所以，从插秧以后到分蘖前期的田间管理非常重要。应采取培育适龄带蘖壮秧、精整大田、增施底肥，以及按土壤肥力化验进行配方施肥、科学控制灌水等措施，促使秧苗早生长、早返青，争取较多的前期低位分蘖，培育足够数量的粗壮大蘖，构成合理的群体结构。

表 6-2　　　　　　　　　　　　　　田面土壤含水量目测表

稻田状况	土壤含水量/%	占饱和含水量/%
汪泥塌水陷脚脖	36.6	100
田泥粘脚稍沉实	30～31	81～84
不粘手、不陷脚	24～25	66～68
地板硬、轻开裂	19～20	52～55

注　土壤为中壤，比重 2.67，干容重 1.35g/cm³，空隙度 49.4%，田持 27%，有机质 1.5%，全氮 0.08%～0.09%，速效氮 100～150ppm，全磷 0.6%，速效磷 15～25ppm，速效钾 150ppm。

（2）中期中控促壮蘗。一般认为水稻壮蘗应是低位分蘗，叶片刚劲，株型整齐，角质层厚实，挺拔自立；叶色深绿，氮素代谢旺盛；能形成合理的群体结构，病虫害少。因此，在做好前期栽培管理措施的基础上，本期应控制好上、下限标准。上限为饱和含水量，下限控制在饱和含水量的 65%～70%，一般年份灌水次数不多，如雨水过多，还要注意适时排水。

（3）后期重控促转换。水稻分蘗后期，将由营养生长开始转向生殖生长期，稻株对养分的吸收也开始发生变化，对氮磷的吸收趋向减少，对钾的吸收趋向增大，大分蘗生长加快，小分蘗逐渐枯萎，叶面积指数也趋向增大。为了防止无效分蘗的滋生，根层土壤含水量下限值应按偏低控制，一般为饱和含水量的 60%。这时正逢汛期，降雨次多量大，地下水位高，应特别注意适时排水，及时晒田，使表土层呈干旱状态，减少水稻根系对氮素的吸收。使叶片变硬而色淡，抑制无效分蘗的滋生，有利于巩固和壮大有效分蘗，增强土层透气性能，使稻根扎得深，促进根系发展，叶的生长受到控制，叶色略黄。使水稻茎秆粗壮，抑制节间过量伸长，增大秸秆充实度，提高后期抗倒伏能力，减少各种病虫害的发生和蔓延。使土壤中氧气增加，地温升高，促进好气性细菌的繁殖，抑制嫌气性细菌的活动，限制了根层土壤中有毒有害物质的产生，加快有机质的分解，提高土壤肥力。

应根据稻苗生长状况和土质、肥料、气候条件等因素确定控制的适宜时间和程度。具体做法是：①看苗量，当达到亩穗数要求后进行重控；②看苗势，稻苗长势过旺，封垄过早，应早重控，反之则可迟些重控；③看叶色，叶色浓绿应早控，叶色轻浅可迟控或轻控；④看天气，天气阴雨连绵应早排水抢晴天露田；⑤看肥力，土质肥沃及地下水位高的田块要早控；反之，土质差，沙性重、保水能力弱、前期施肥又不多的稻田应轻控。

适时适度地控制土壤水分，是水稻发育过程中生理转折的需要，拔节后至穗分化前尤为重要，能促使根群迅速扩大下扎，调整稻作生理状态，由分蘗期氮代谢旺盛逐渐转向碳代谢，有利于有机物质在茎秆、叶鞘的积累和向幼穗转移，达到抑氮增糖、壮秆强根，为灌浆结实创造必要的条件，具体的控制标准见表 6-3。

表 6-3　　　　　　　　　　　　　　控制露田标准

类别	水稻田面状况	稻田含水量占饱和含水量/%
轻控	田面沉实，脚不沾泥	70
中控	踩踏无脚印，地硬稍裂纹	60
重控	田面遍裂纹，宽度 1～2cm	50

不同的控制标准，对生理转折的调控作用也不同。轻控可上、下并促；重控是控上促下。分蘖期末经合理控制后的稻苗，应具有"风吹稻叶响、叶尖刺手掌、叶片刚劲厚、叶色由深转淡、基部无枯叶、秸秆铁骨样"的长相。

3. 穗分化减数分裂期

水稻的穗分化减数分裂期是生育过程中的需水临界期，这个时期的稻株生长量迅速增大，根的生长量是一生中最大的时期，稻株叶片相继长出，群体叶面积指数将达最高峰值，水稻的生长也已经转移穗部。所以，水稻对气候条件和水肥的反映比较敏感，稻田不可缺水受旱，否则易造成颖花分化少而退化多、穗小、产量低。

按照本期水稻生长发育的特点，确定该期的主攻方向为：促进壮秆、大穗、促使颖花分化、减少颖花退化，为争取较理想的亩穗数、穗粒数、结实率、千粒重打下基础。具体做法是：

（1）适时确定灌溉日期：①根据抽穗日期定减数分裂时间，对当地粳稻而言，减数分裂开始的时间一般在抽穗前 15d 左右；②以水稻剑叶的出现定日期，当稻株最后一个叶刚长出以后的 7d 左右，正是稻穗迅速猛长时间，上部很快发育日增长量也逐渐增大；③剥稻穗、量穗长定时间，采用对角线五点取样法，选有代表性的稻株剥其穗、量长度，当穗伸长到 8～10cm 时为花粉母细胞减数分裂期。用上述 3 种方法确定时间，可做到适时灌水。

（2）在巧施穗肥的基础上，此阶段灌水上限为饱和，下限占饱和含水量的 70%～80%，灌一遍水，露几天田。应注意逢雨不灌，大雨排干，调气促根保叶。

4. 抽穗开花期

水稻抽穗开花期光合作用强，新陈代谢旺盛，是水稻一生中需水较多时期，稻株体内的生理代谢逐渐转移到以碳素代谢为主，增加叶鞘、茎秆内的淀粉积累，以保证营养转向谷粒生长，为抽穗后提高结实率创造条件。此时缺水将会降低光合能力，影响有机物的合成运输及枝梗和颖花的发育，增加颖花的退化和不孕。因此，要合理调控土壤中水、氧关系，尽力保护根系，延长根系生命，保持根系活力和旺盛的吸收功能，维持正常新陈代谢能力。以期养根保叶，迅速积累有机物，提高水稻结实率。

此阶段控制灌溉采取灌水至汪泥塌水（即饱和），露一次田 3～5d，土壤水分控制下限为饱和含水量的 70%～80%，照此方法灌水 10～15d。

对低洼易积水的黏土田，应注意适时排水，避免稻根生长速度陡然下降及根系活力迅速减弱。这种田抽穗开花期虽然表面没有水，土壤湿度大，仍然能满足水稻生理、生态需水。但如不注意排水露田，长期积水，稻田土壤呈还原状态，嫌气性微生物活动旺盛，使稻田土壤的有机质转化为腐殖质，产生一些有毒物质，且易形成冷浸、烂泥田、土壤通气不良，造成根黑腐臭，影响根系吸水吸肥，茎秆柔软、稻叶枯黄、谷粒空瘪、千粒重低而减产。

5. 灌浆期

水稻生育后期管理措施不可忽视，否则易造成大幅度减产。据测定，上部叶片（即剑叶、倒二叶、倒三叶）所形成的碳水化合物占稻谷碳水化合物总量的 60%～80%，积累的干物质重占水稻一生中总干物质量的 70% 左右。上部叶片（指倒三叶）制造的有机物基本上送给了稻穗，不再向下输送，下部的叶片所制造的养分向根部和下部节间输送。因此，要养稻根、保"三叶"（剑叶、倒二叶、倒三叶）、长大穗、攻大粒。

此阶段控制灌溉的具体做法是跑马水、窜地皮、田面干、土壤湿，3～4d灌一次水。控制灌溉有利于通气、养根、保三叶、促灌浆，提高粒重和产量，使水稻后期具有"根好叶健谷粒重，秆青籽实产量高"的长相。

二、控制灌溉田间肥料管理技术

水稻控制灌溉田间肥料管理技术要点如下。

（1）水稻全生育期可采用"两头"施肥法。所谓"两头"，就是两个关键施肥期。第一施肥期的基本做法是：重施基肥，早施追肥。泡田前每亩施有机肥2500～5000kg，磷肥25～50kg/亩，碳酸氢铵25～50kg/亩，有条件还可增施一定数量的饼肥。早施追肥也就是早施返青肥、分蘖肥（尤其注意底肥施用量不足的地块，更应早施、多施），可在插秧后的10d左右，两次亩施肥量计15～20kg尿素，返青肥可在插秧后3～5d，分蘖肥可在插秧后7～10d。另外，每一次施肥的时间和数量还要"看天、看地、看苗"而定。第二个关键施肥期，即结合减数分裂期浇水施穗肥。每亩尿素5～7.5kg（时间抽穗前15d左右）。两头施肥法较为符合水稻生长发育和生理转折的需要，是较为合理的施肥方法。

（2）巧施穗肥能增产。巧施穗肥是按照水稻生理转折的需求而采取的增产措施。实践证实，施穗肥并不会使节间伸长，叶面积指数也不会扩展过大，因为这时水稻的株型已经定型，施肥仅能促进剑叶生长，是比较安全的。施穗肥可减少颖花遇化，增加结实率和千粒重，是一项提高水稻产量较为理想的措施。但是，在水稻后期施肥，技术上要把握一个巧字，否则，会适得其反。具体做法是：穗肥一定要在中期稳长"落黄"的基础上，才能施用，如果到成熟仍不"落黄"，就不施。中期"落黄"施穗肥应掌握3点：①定时间，抽穗前15～18d（麦茬稻大约8月上旬）；②看叶色，以叶色为衡量长势，预测长相的信号，决定水稻各生育阶段应采取的栽培管理措施，叶色浓绿不施；③定肥量，一般以叶色"落黄"程度而定，大约控制在5～7.5kg/亩左右。

三、控制灌溉水分调控原理

实行控制灌溉，在非需水关键期适当减少水分供应，造成适度的水分亏缺，大幅度的减少深层渗漏和棵间蒸发，同时还可以有效控制叶面蒸腾，从而大幅度的节约用水，同时可以促进根系发育，使株型和群体结构更为合理，达到高产的目的；在需水关键期合理供水，改善根系中水、热、气、养分状况及田面附近小气候，使水稻对水分和养分的吸收更为合理有效，对水稻生长起到促控作用，有利于产量的形成。

其主要的调控原理体现在以下几个方面。

1. 调控水稻需水规律，降低无效耗水

水稻各个生育阶段对水分的需求各不相同，不必一直保留田面水层，也不必一直保证充分供水，应根据不同阶段水稻对水分需求的敏感度，适时、适量地供应水分，调整水稻生理生态状况，减少无效蒸腾、棵间蒸发和田间渗漏量，从而显著减少水稻耗水量。

合理的调控土壤水分，减少水稻无效分蘖、限制营养生长期过多的叶片数目和叶面

积，降低最高茎蘖量和叶面积指数，减少植株的蒸腾面积和无效的蒸腾耗水。同时无水层的田间水分状态改变了棵间蒸发的机制，使棵间蒸发大幅度降低，植株蒸腾占蒸发蒸腾的比例有所提高。控制灌溉全生育期水稻蒸发蒸腾量减少 15.3%～40.9%，平均减少 23.7%。以昆山开展的试验为例，水稻植株蒸腾降低 10.2%，棵间蒸发下降 18%，棵间蒸发所占比例为 50.14%，略低于常规灌溉稻田。大部分时间田间无水层的水分状态也改变了稻田深层渗漏的发生机制，改变稻田渗漏的水头，并使稻田在大部分时间处于非饱和状态，极大地改变了深层渗漏产生的条件，渗漏量减少 39.2%～61.4%，平均降低 49.4%。

控制灌溉在保障有效的植株生理生长活动的前提下，通过减少单叶蒸腾速率与植株蒸腾、棵间蒸发、深层渗漏降低了田间的无效耗水，耗水量减少 27.2%～36.9%，平均降低 31.1%。

2. 调控水稻特有的水分适应性，促控群体质量

由于水稻属于"半水生性"植物，其耐旱性介于旱生性植物与水生性植物之间，同时水稻在长期进化和人类驯化的过程中也形成了对水旱的双重适应性。正是基于水稻特有的水分适应性和作物抗旱、避旱的特性，通过不同阶段的主动的阶段性水分盈亏调控，形成多样化的水分条件，发挥其对水分的适应性，提高水分利用效率。

在耗水强烈的非关键阶段形成一定程度的亏缺，锻炼并发挥叶片气孔调节作用，较大幅度的限制叶片蒸腾，而保持较高或更高的光合作用速率，并发挥叶片形态与功能方面的非气孔适应，提高非气孔因素（叶绿素含量、光能吸收利用）的效率，提高叶片尺度的水分利用效率。控制灌溉在不同阶段通过合理的促控发挥其生理补偿作用，形成更为合理的光合干物质生产与累积规律。

通过不同阶段的合理促控使水稻生长形态发生变化，使根冠关系、群体茎蘖动态、冠层结构等趋于合理化，通过根系与冠层结构的适应性调整，弥补群体数量降低的影响，保证了冠层的光能截获与利用，并通过根系活力的提高保障后期生殖生长阶段具有较高的绿色叶面积，提高干物质生产，保障籽粒灌浆，实现优质高产。

通过不同的灌溉补水量，对农作物进行有促、有控的生理生态调整，充分利用根层土壤水分与稻作之间的相互反馈作用和作物对水分的自我适应与调节能力，促使水稻向"最佳群体结构"和"理想丰产株型"两者的优化组合方向发展，以达到节水、高产、优质、高效的目的。

3. 调控"土壤-作物-大气"系统中灌溉供水的作用，协调光热资源的高效利用

作物蒸腾过程是农田能量平衡中的重要过程，一方面是以潜热形式消耗辐射能，另一方面是水分从土壤经根、茎、叶的过程也要消耗植株的体能能量，因此控制灌溉减少植株蒸腾的同时也减少了辐射的潜热消耗和植株输送水分的消耗。以昆山地区试验结果为例，控制灌溉水稻全生育期植株蒸腾为 307.12mm、棵间蒸发为 308.83mm，与常规灌溉相比分别减少了 34.81mm 和 68.8mm。控制灌溉每亩稻田植株蒸腾和棵间蒸发的减少也减少了植株无效蒸腾和棵间蒸发的能量消耗，能更有效地利用生育期内的光热资源，有利于水稻的增产、优质。

4. 调控水稻抗逆能力，优化稻株与环境的协调状态

控制灌溉水稻无效分蘖减少，形成了更多低位分蘖，植株高度降低，茎秆厚度增加，在生育后期抗茎秆倒伏的能力增加，与此同时土壤密实度增加，根系扎根深度增加，抗击根倒伏的能力也得到了增加，整体抗倒伏能力增加。模拟风力试验显示常规灌溉水稻在5级风时不会出现倒伏，8级风时出现不可恢复性倒伏（茎秆破坏），控制灌溉水稻6级风不会产生倒伏，8级风时产生可恢复性倒伏（茎秆弯曲但未破坏）。田间实际倒伏状况的调查表明，控灌区水稻倒伏面积仅有4.8%，远低于常灌区水稻平均倒伏面积23.1%。

田间无水层状态使冠层内部湿度降低，同时群体生长的适应使冠层内的空气流通增加，水稻发生稻瘟病等的几率降低。以宁夏地区的试验结果为例，控制灌溉稻田稻瘟病的病株率降低了14%，病叶率降低10.5%，病情指数下降6%。

科学的水分调控，在改变水稻本身的生长的同时，使根层土壤环境发生变化，打破了厌氧条件，改善了根系生长环境，提高了稻田肥料的利用效率。群体方面减少无效分蘖、改变叶片分布，改善了中下层叶片的受光状态，形成合理冠层结构。同时田间温度升高、湿度降低，提高了光温资源的利用效率，并减少了潮湿环境中容易爆发的稻瘟病、稻飞虱等的发病率。使水稻植株与根区土壤环境、田间微气候环境之间形成了更为协调的状态。

5. 调控稻田土壤生境，实现控污减排功效

控制灌溉改变了田表的氨氮动态，将氮素带入根层土壤，改变了稻田氨挥发损失的源特征，降低了稻田氨挥发的损失，较常规灌溉对比下降14.0%～18.6%。控制灌溉改变了稻田水分的转化，降低了深层渗漏量及渗漏水中的氮磷浓度，降低了氮磷淋溶损失的风险，减少了对地下水的污染。与淹水灌溉稻田相比渗漏量降低39.2%～61.4%，氮素和磷素的渗漏损失量减小40.06%和54.79%。同时通过容蓄降雨，减少了稻田地表排水的可能，降低了排水量，改变稻田排水过程，避开施肥后的关键阶段，大幅度降低了氮磷随径流损失的风险，实现了稻田氮磷面源污染物的源头减排。全生育期控制灌溉稻田排水量下降7.1%～60.4%，其中稻田水体氮磷高浓度阶段排水量减少63.3%，氮素和磷素流失量分别减少53.5%和44%。

控制灌溉在为水稻根系提供良好生长环境的同时，彻底破坏了稻田产甲烷微生物产生大量甲烷的环境，稻田甲烷排放大幅度降低，降低幅度高达72.2%～89.9%。与此同时氧气的进入促进了土壤中的硝化作用，稻田氧化亚氮排放有所增加，并主要表现在首次脱水期的短期内激增，全生育期氧化亚氮排放增加10.6%～62.1%。考虑两种温室气体的增温功效不同，节水控制灌稻田两种温室气体综合增温潜势与淹水灌溉相比下降59.0%～69.8%。因此控制灌溉的土壤水分调控实现了稻田温室气体效应的降低。

经过多年的试验研究和示范推广，已经证明水稻节水高产控制灌溉技术，证明该技术具有节水、高产、优质、低耗、环保、抗倒伏和抗病虫害等优点，可广泛应用于各类水稻灌区，经济效益、社会效益显著。

第三节 蓄 水 控 灌 技 术

水稻蓄水控灌技术，充分利用了水稻对旱、涝两种胁迫，尤其是对涝胁迫的生物学耐性和农艺学耐性，在保持较低灌溉上、下限的同时适当提高雨后蓄水深度和（或）滞留时间，以充分利用降雨，减少灌排定额、灌排次数和氮磷负荷，在不降低作物产量和品质的前提下，达到节水、减排的目的。

一、水稻旱涝交替胁迫叠加效应研究进展

水稻遭受旱涝交替胁迫在我国南方地区是一种常见现象。其原因：一是由于传统的水稻淹水灌溉模式已逐渐被节水灌溉模式所代替，灌水下限一般低于饱和含水率甚至田间持水率，会产生一定程度的干旱胁迫以减少作物腾发量和渗漏量。二是水稻生长期与雨季重合，期间暴雨较多，为提高雨水利用效率，减少灌排成本，农民往往在雨后保留较大水深，使水稻从干旱胁迫状态快速转向涝（淹水）胁迫，再由淹水逐渐转向干旱胁迫，即水稻受到旱—涝交替胁迫影响。由于担心干旱胁迫可能降低水稻后期耐淹能力，现有大部分节水灌溉模式，如控制灌溉、干湿交替灌溉等模式，在采用较低灌水下限的同时，限制雨后蓄水深度，以避免产生淹水胁迫。这种模式，虽然降低了减产风险，但也造成排水次数和定额偏大，雨水利用率相应降低。如湖北某些地区，由于雨后蓄水深度较浅，现有节水模式下本田期排水量高达 360～490mm，而同期灌水量也达到 290～640mm，增加了水资源浪费和农田面源污染。因此，研究水稻对旱涝交替胁迫的响应规律，提出不同生育阶段适宜的旱涝控制指标，对提高雨水利用效率、减小灌排定额和农田氮磷负荷具有重要的理论和现实意义。

1. 干旱胁迫研究进展

水稻属半水生植物，理论上讲，对旱和涝均具一定适应能力。国内外目前对水稻单一干旱或涝胁迫的研究成果较多，国内尤其对干旱胁迫研究较多。现有成果表明，适度旱胁迫可减少田间渗漏和无效腾发量，水稻灌溉定额减少，雨水利用效率提高。若旱胁迫程度控制合理，一般可获得高产，甚至高于传统淹灌处理，且能保持较高品质，如垩白度、整精米率等。旱胁迫所诱导的某些特征，如根系吸收能力提高、叶片生理活性的提高、抗倒伏能力增加等，有助于干旱胁迫结束后的补偿生长；适宜的干旱胁迫能够调控作物生长冗余，改变同化物在营养器官和籽粒之间的分配比例等。上述因素是现有水稻节水模式能够保持高产的主要原因。总体而言，国内目前水稻节水灌溉理论与技术研究，似乎更着重于通过控制灌溉供水，利用干旱胁迫减少农田耗水量以达到"节流"的目的，而对"开源"，即对提高雨水利用率的研究相对较少。所以目前所提出的水稻各类节水技术，也多称之为"节水灌溉技术"而非"节水灌排技术"，某种程度上反映出对稻田排水管理，尤其是雨后蓄水深度的影响研究重视不足。其主要表现为现有灌排管理中，所采用的雨后蓄水深度取值一般远小于耐淹水深以及洪涝试验的高产阈值，基本属于单旱模式。

2. 淹水胁迫研究进展

国内外有关水稻淹水胁迫研究，主要针对洪、涝引起的没顶或深度淹水条件而设计，或生产中洪、涝灾害后的田间调查。一般认为，深度淹水条件下，由于水中 O_2 和 CO_2 扩散率下降、光强不足、泥沙堵塞气孔等原因，使浸水叶片光合速率降低，体内同化物减少，进而抑制营养和生殖生长（如导致颖花退化、有效穗数和每穗实粒数减少等）、加重后期倒伏等，最终导致产量降低。但正常节水灌排模式下，由于灌水定额小，加上天气预

报准确率不断提高，我国大部分稻作区 10 年一遇暴雨后稻田淹水深度一般不超过 250mm，很少出现花药浸水情况。且由于稻田渗漏和腾发消耗，雨后水深逐渐降低，持续深淹亦不多见。因此，现有大部分没顶或长历时深度淹水胁迫的研究成果，其影响机理和程度，与节水灌排模式下的适度淹水胁迫差异很大，难以指导节水灌排实践。不仅如此，目前洪、涝胁迫研究中，水稻前期多为淹灌处理，即水稻经历了前期的淹水适应过程，对后期涝和旱胁迫的反应，可能与前期受到干旱胁迫的处理有所不同。

3. 交替胁迫的叠加效应及可能机制

某些情况下，水稻对旱、涝两种不同胁迫，可能表现出类似的响应特征。即一种胁迫诱导出的生理、农艺等性状的变化，可能弱化另外一种胁迫所产生的不利影响，其叠加效应表现出"相克"的特征，若能合理调控，可减少旱、涝胁迫的不利影响。例如，旱胁迫处理下，水稻根量增加，活力提高，可减轻淹水胁迫的不利影响。干旱胁迫导致茎秆延伸生长减缓，基部粗壮，叶片开张角度变小，这些都是耐淹水稻所具有的特征。干旱胁迫首先抑制细胞延伸生长，其次是光合作用，而生长抑制会导致植株体内可溶性糖浓度增加和同化物堆积，可为淹水期间水稻代谢提供更多的能源物质，理论上有助于提高水稻的耐淹能力。淹水胁迫的水稻，由于体内高浓度乙烯的促进所用，茎秆伸展速度加快，机械强度降低，容易引起后期的倒伏而减产，而旱胁迫能够抑制节间延伸生长，增加茎秆强度和抗倒伏能力，对淹水胁迫的不利影响具有一定的拮抗效应。旱后淹水可以增加土壤铵态氮的供应能力，改变铵态氮与硝态氮的比例，可能对水稻生长有利；淹水后适度旱胁迫也可以改善土壤还原状况，减轻还原物质对根系的毒害，提高根系吸收能力。淹水胁迫还可以抑制部分节水灌溉模式下旱生杂草数量，对水稻生长产生积极作用。因此，旱涝交替胁迫，在某些方面具有拮抗作用，可以降低彼此的不利影响。

干旱胁迫与淹水胁迫毕竟属于不同胁迫，旱（涝）胁迫而诱导产生的生理和生化特征，可能加剧后期涝（旱）胁迫对水稻的抑制和破坏作用。如淹水条件下水稻根系的厌氧环境会促进乙烯的生成和积累，促进通气组织的形成，而干旱会抑制根尖细胞伸长，延迟水稻根系通气组织分化，叶片气腔减小。因此，前期干旱可能降低水稻地上部分向根系输送氧气的能力，导致后继耐涝能力下降；旱涝均导致细胞膜的损伤，其叠加效应可能加剧细胞生理活性的降低等。这些不利性状的叠加可能会表现为联合效应，加剧单一胁迫的危害性。郭相平等人的研究还表明，干旱胁迫所诱导的某些超越补偿效应，如根系活力的增加、叶片光合速率的提高等，并非表现在胁迫期间而是胁迫结束后，且仅发生于胁迫期间或胁迫后的新生根系、叶片上。直接遭受胁迫的器官，在胁迫解除后，生理活性鲜有超越补偿效应出现。

国内有关旱涝交替胁迫的补偿效应研究不多。郭相平等人提出了水稻"蓄水控灌"的概念，对水稻旱涝交替胁迫进行了探讨。其小区试验发现，在保持现有节水模式较低的灌水下限，适当增加雨后蓄水深度，一定程度的旱涝交替胁迫，能增加雨水利用率，减少灌排次数，在水稻无显著减产的前提下，灌排水量和次数则显著减少，节水、省工、减排效果显著。但若旱、涝胁迫程度组合不当，则出现减产。作物尺度上的研究发现，交替胁迫模式下，旱胁迫对水稻叶片生理活性的抑制作用大于涝胁迫，表现为复水后淹水深度较浅处理的水稻，叶片光合速率、根系活力等指标较干旱胁迫时有所提高，但深度淹水处理则继续下降。这说明，水稻对淹水具有更好的适应性，目前节水灌溉模式所采用的雨后蓄水深度可以再适当提高。但旱涝交替胁迫处理增加了减产风险，只有将旱、涝胁迫控制在一定范围内，才能获得较高的效果。

二、旱涝交替胁迫水稻生长发育和产量品质指标变化规律

1. 旱涝交替胁迫水稻生长指标变化规律

（1）郭相平盆栽试验表明，水稻在分蘖和拔节期间土壤水分状况能直观的影响水稻的生长发育特征。旱涝交替胁迫抑制了水稻的生长发育，具体表现为株高的增长受到了抑制，旱涝交替胁迫的时期、程度的不同，导致水稻株高生长所受到的抑制程度也不同。旱涝交替胁迫的程度越重，作物受到的抑制作用越大，表现出一定拮抗效应。但在恢复正常灌水后，株高的增长的速度加快，随着时间的延长，缩小了与对照（浅水勤灌 0～50mm）之间的差距，表现出一定的补偿作用，尤其是分蘖期重旱重涝重旱表现得尤为突出。

（2）分蘖期旱涝交替胁迫对水稻的茎蘖数会产生一定的影响。旱涝交替胁迫的第一阶段，旱胁迫发生在分蘖前期，此时，旱胁迫抑制水稻的分蘖，会对水稻生长产生较为不利影响，但是，旱涝交替胁迫结束时发生在分蘖末期，此时，第二阶段的旱胁迫可以促进生理转化，有效地抑制无效分蘖，防止水稻倒伏，减少病虫害，减少生长冗余和降低有效资源的消耗，对水稻的增产有显著作用，也就是水稻栽培中常用的"烤田"，尤其是分蘖期轻旱轻涝轻旱表现得尤为明显。

（3）倒伏是水稻产量和品质的主要限制因子之一。在中国南方地区，水稻倒伏以茎秆倒伏为主，其主要原因是由于茎秆基部较细、机械组织不发达所致。除受品种、肥力等影响外，水分状况是影响水稻抗倒伏能力的主要因素。现有成果表明，淹水深度过大会刺激植株乙烯合成，促进茎秆延伸生长，以减轻淹水胁迫的影响。但这种对淹水的适应性，会导致茎秆节间长度增加，茎粗减小，机械强度降低，容易引起后期倒伏。而干旱胁迫抑制节间延伸生长，增加基部茎粗、茎秆强度和壁厚，能提高水稻抗倒伏能力。目前有关水分状况对水稻抗倒伏能力的研究虽多，但集中于单一干旱或淹水胁迫的影响。虽有学者提及干湿交替对水稻抗倒伏能力的影响，但其最大田面水深仅为 30～50mm，属于水稻生长的适宜水深范围，尚未达到淹水胁迫的程度，实际上仍属单一干旱模式。现有水稻节水模式中，主要通过干旱胁迫减少需水量和灌排水量，通常避免雨后蓄水过深，因此较少出现旱涝交替胁迫的现象。而在蓄水控灌模式下，水稻可能受到旱-涝-旱的交替胁迫。

郭相平试验表明，干旱胁迫具有提高水稻抗倒伏能力的作用，利用其拮抗效应，能够补偿淹水胁迫导致的抗倒伏能力下降。因此，在保持雨后较高蓄水深度条件下，利用干旱胁迫增加抗倒伏性能具有可行性。干旱胁迫导致的株高下降、茎粗增加以及茎秆细观结构的变化，是水稻抗倒伏能力提高的主要原因。干旱胁迫通过抑制茎秆的延伸生长和地上部分鲜重降低，使得弯曲力矩减少。茎粗和横截面面积增加，提高了茎秆抗弯截面模量，有助于降低秸秆壁厚组织承受的应力。而干旱胁迫增加了维管束数量和面积，改变其细胞的致密程度等，使壁厚组织的机械强度提高。上述因素综合使得水稻抗倒伏能力提高。

2. 旱涝交替胁迫水稻产量和品质指标变化规律

（1）分蘖期旱涝交替胁迫均可以提高水稻的收获指数，分蘖期是水稻营养生长的

关键时期，对土壤水分的变化比较敏感。这时短历时旱胁迫使水稻株型紧凑，有利于水稻通风透气，根系分布较深，抑制水稻营养生长，减少生长冗余和有效资源的消耗；旱涝急转可以促使根系吸收更多的水分和营养物质，提高了根和冠干物质累积，光合同化物也随之增加，更多的养分向茎鞘运移和分配，促进后期穗和籽粒的形成和生长，从而最终实现在收获指数和产量上的补偿。所以可以认为分蘖后期重度短期水分胁迫，即土壤含水量为田间持水量的60%、受旱持续5d，为水稻正常生长发育的土壤水分和胁迫历时的下限指标。

（2）拔节期旱涝交替胁迫水稻的收获指数均接近对照（浅水勤灌0～50mm），产量均低于对照，拔节期水稻产量的增加，主要是通过收获指数的提高来实现。拔节期旱涝交替胁迫促进碳水化合物和氮素化合物由叶片和叶鞘向籽粒转移，加速了叶片和叶鞘的衰老，导致有效叶面积减少，减少了光能利用，缩短了灌浆结实时间，降低了收获指数，造成水稻减产。

（3）不同生育期遭受旱涝交替胁迫受损害与恢复机能的不同，除与内部生理机制密切相关外，与同化物在器官间的分配也有密切关系。拔节期经历轻旱-重涝-轻旱，严重降低产量，与轻旱-重涝-轻旱中轻旱使根系受到损伤，恢复灌水后根系有所恢复，冠层的生长受到影响，干物质累积减少有关。

（4）郭相平盆栽试验条件下，旱涝交替胁迫均导致水稻产量和品质的下降。干旱胁迫对产量的影响大于淹水胁迫；拔节期胁迫影响大于分蘖期。大田条件下，分蘖期的旱涝交替对产量影响较小，但应避免重旱和重涝的重合。与淹灌相比，轻旱低蓄在灌溉水量减少21.33%的情况下，水稻产量高于淹灌，随着雨后蓄水深度的增加，轻旱高蓄产量略有下降，减产幅度2.3%，幅度不大，这表明蓄水控灌仍然具有高产优势。在产量稳定的前提下，水稻灌溉用水量、需水量和耗水量减少，提高了水分利用效率。与淹灌相比，轻旱低蓄和轻旱高蓄灌溉水生产效率分别提高了89%和48%，稻田耗水生产效率提高22%和14%。

三、蓄水控灌的技术优势

1. 节水省工，降低成本

蓄水控灌技术通过扩大稻田水分调控空间，增加雨后蓄水量，水稻全生育期间，蓄水控灌的田间排水量显著减少，在一般降雨情况下，田间基本能够拦蓄绝大部分的雨量，无需排水或排水较少。郭相平在南京和涟水的4年试验研究结果显示：与常规淹灌比，排水量减少19.8～229.6mm，减排比例达13.1%～83.9%；与浅水勤灌比，排水量减少88.4～20.0mm，减排比例达22.6%～100.0%。

排水量减少和降雨利用率的提高，使得灌水次数、灌水定额和灌水总量均得到减少。郭相平试验结果显示：与常规淹灌比，灌溉用水减少149.9～400.9mm，节水比例达21.3%～47.0%；与浅水勤灌比，灌溉用水减少19.8～229.6mm，节水比例达6.7%～22.9%。灌水量的减少，也减少了田间渠道工程输水过程中水量损失，使得灌溉水利用系数提高，节约了宝贵的水资源，水稻的生产成本显著下降。与此同时，还可抬高地下水位，使得作物在干旱年可以被利用一部分地下水，避免水分的无谓流失。

郭相平试验结果显示：与常规灌溉相比，蓄水控灌处理的灌水次数减少 2～9 次，排水次数减少 2～3 次，随雨后蓄水深度的增加，灌排水次数呈减少趋势，差异达到显著水平。灌水次数的减少有利于田间用水管理，也在一定程度上减少田间工作量及相应的劳动力投入量和工作时间，降低了生产成本。根据江苏的降雨特征，在水稻生长的返青期、拔节孕穗期和抽穗开花期，20 年一遇日雨量小于 200mm，蓄水控灌处理的稻田基本可以实现田面水零排放，只有在分蘖期和乳熟期连续降雨或暴雨情况下，才出现排水情况。因此，水稻蓄水控灌技术尤其适于劳动力成本较高的南方地区。

2. 减少排水量和氮磷污染物负荷，改善农村水环境

稻田氮磷流失的主要途径是地表径流流失和淋溶损失。蓄水控灌模式通过协调旱、涝程度，进一步提高雨后蓄水深度，减少稻田排水量，降低排水中的氮磷浓度，从而减少了氮、磷向环境水体的排放负荷，降低了水体富营养化发生的可能性，具有良好的环境效应。郭相平试验结果显示水稻蓄水控灌下氮磷负荷可减少 17％～32％。

3. 大幅提高雨水利用率

南方地区水稻种植面积占我国稻区面积的 90％以上，雨水资源相对比较丰富，降雨多集中于 6—9 月份，雨季与水稻的全生育期重合，降雨频繁且强度大。蓄水控灌通过降低稻田控水下限和合理提高雨后蓄水上限，增加雨后蓄水深度，有利于拦蓄更多的雨水，从而大幅提高雨水利用率（郭相平试验表明，与常规淹灌相比，低蓄处理雨水利用率提高 11.8％，高蓄处理提高 25.2％）、提高雨水资源化水平，在南方多雨地区有良好的应用前景。

4. 减轻下游防洪和排涝压力

雨后蓄水深度较大，可以充分发挥稻田的滞涝作用，结合气象预报，基本可以做到一般暴雨不排水，大暴雨和特大暴雨少排水。另外稻田土壤控水下限指标的降低，使得地表积水减少，田间水库的实际蓄水能力增加，能起到类似降低水库汛前水位的功效。我国南方地区洪涝灾害较为严重，通过蓄水控灌水于田，将稻田变成临时水库，可以有效削减洪峰流量，减轻产水区排涝及其下游的防洪和排涝压力；滞留于稻田的雨水通过入渗补给江河，速度远较地表径流为慢，可以加大降雨与径流的时间差，降低两者之间的同步性，为更大尺度上利用雨水资源提供了有利条件。扩大田间的储水空间，将稻田变为临时水库，还具有保持水土、净化水质、控制杂草的效果。

四、蓄水控灌田间水分管理

蓄水控灌技术是通过对不同生育期水分的调节来达到高产节水的目的，其水分指标是根据水稻高产节水生理需水和生态需水的特点、需水规律及蓄水控灌技术的要求制定的。由于各地域的自然条件、气象条件及水利农业技术有所差异，因此田间水分指标的制定也随着环境主导因素的变化而变化。它是一个立体的、动态的指标。

当前推广水稻蓄水控灌技术，可以观测并能直接应用的水分指标主要有根层土壤水分、田间水层深度等，与水分指标相关的有降雨、大气温度、作物生长情况等。根据近年来试验论证中取得明显效果的水分指标，各个阶段的具体要求见表 6-4，供推广中参考。

表6-4　　　　　　　　　　　　　　　　水稻蓄水控灌水分指标

生育期 控制指标	返青期	分蘖期			拔节孕穗期		抽穗开花期	乳熟期	黄熟期
		前期	中期	后期	前期	后期			
灌水下限/%	100	90	70	70	80	100	90	80	75
灌水上限/mm	30	30	30	晒田	40	40	30	20	0
蓄水上限/mm	70	80	100	晒田	150	150	150	80	—

注　土壤水分下限为根层土壤含水量占土壤饱和含水率的百分数。

该技术要求水稻中后期为无水层灌溉，水分的下限指标为占饱和含水量的某一百分数，上限为田面0水层。实际操作时，下限可根据经验判断，如根据地下水埋深来判断土壤含水量；根据田间土壤颜色来判断土壤含水量；根据田间土壤的软硬来判断土壤含水量。

为了充分利用雨水，除分蘖后期和黄熟期不允许拦蓄雨水外，其他生育期都可适当拦蓄雨水，拦蓄雨水的深度可达70～150mm，随生育期不同而不同，前期小，后期大。但中后期田面保持深水层的天数不能超过5d。雨后遇到高温天气，应适当降低水层深度。

第四节　沟田协同控制排水技术

一、控制排水对农田氮磷损失的影响

对于稻田而言，由于水稻主要生育期与雨季同步，由于灌溉和降雨引起的排水，包括地下排水和地表排水较旱作物更为频繁。通过地表径流和地下排水（淋溶）流失进入环境水体是稻田氮磷污染的主要途径。张瑜芳、李荣刚、Hideo等人的研究表明，由于土壤的吸附和过滤作用，稻田通过淋溶作用而损失的氮，主要是可溶性的硝态氮和氨态氮，占总施肥量的比例很低，节水灌溉条件下，只有3%左右，常规淹灌下为7%左右，而通过淋洗作用产生的磷损失几乎可以忽略。因此，稻田氮磷流失主要是通过地表径流流失。

控制排水研究始于20世纪90年代中后期，集中在欧美一些国家，主要研究旱作物种植区的暗管控制排水，较少涉及稻田。研究表明，控制排水减少农田氮磷损失的途径主要有两条：一是减少农田排水量，二是降低排水中氮磷浓度。

Ingrid等人2年的试验研究表明，在透水性较强的砂壤土（种植作物为土豆和秋大麦）控制田间排水，暗管排水量可减少79%～94%，氮磷损失减少60%～70%和58%～85%，环境效益十分显著。Tan等人在质地黏重的玉米和大豆田试验也得到了的类似的结果。Ng等人在砂壤土的试验发现，暗管控制排水虽然没有减少排水量，但排水中氮的浓度却显著降低，单位面积氮负荷可减少36%以上。

控制排水条件下排水中氮磷浓度降低的主要途径是作物吸收以及硝化、反硝化作用和泥沙沉淀。对于暗管排水而言，反硝化作用是氮损失减少的最主要因素。因为控制排水条件下，地下水位抬高，土壤湿度增加，土壤的厌氧条件加强，更利于微生物的反硝化作用。作物对氮磷吸收也是排水中氮磷浓度降低的重要原因之一。通过控制排水可对土壤湿度进行合理调控，旱作物能更有效地利用地下水，起到类似地下灌溉的作用，使得作物生长和产量显著提高，相应提高了氮磷的吸收利用率。但对于排水沟而言，作物吸收的比例可能较小。

另外，控制排水抬高了出水口的水位，降低了径流的水力梯度，排水流速减小，氮磷对流运移和水动力弥散作用减弱，水流携带氮磷的能力降低。Ingrid等人的试验表明，暗管排水中氮的最大浓度与排水流量最大出现的时间同步。张瑜芳等人研究表明，通过控制排水沟水位与田面水层间的水位差，稻田渗漏量和氮肥流失量减少。

在节水灌溉条件，尤其是干、湿交替灌溉和控制灌溉时，稻田有相当一部分时间处于无水层状态，具有与旱田类似的特征，因此国外上述旱地研究成果对于稻田控制排水仍具有指导意义。

受经济条件限制，我国稻田主要采用地面排水系统，暗排所占比例很小，随地表径流损失的氮磷是农业面源污染的主要途径，对于我国南方多雨地区尤其如此。研究表明，由于降雨击溅侵蚀和土壤颗粒对氮磷的富集作用，即使在坡度很缓，甚至是零坡度条件下，田间地表水中氮磷损失的主要形式是颗粒态的氮磷，溶解态的氮磷比例很小，而且地面排水中氮磷的浓度也远高于地下排水。

水稻格田向田间排水沟（通常为墒沟、腰沟、毛沟等三级，下同）排水时，由于田间排水沟的长度较短，尽管地势平坦，但径流的水力坡度和流速仍然很高，由于水力侵蚀和化学侵蚀（淋洗）造成的氮磷损失也远较地下排水为大。段国玺等人在覆盖良好、坡度为零的油菜田进行试验，发现在田间墒沟（沟深10cm，上口宽15cm）水平上控制地表排水，通过延长雨后涝水在墒沟和农田的滞留时间，氮损失可减少53.2%，效果十分明显。

地表径流中氮浓度与排水时间具有良好的相关关系。随排水历时的延长，无论溶解态还是颗粒态的氮，其浓度均迅速降低。因此控制降雨初期的排水时间，降低径流中土壤颗粒含量，对于减少氮磷损失最为有利。这主要是初期田面含水量较低或水深较浅，雨滴击溅侵蚀强烈所致。当地表水深达到一定深度，雨滴击溅引起的水流紊动减弱，水流中土壤颗粒的浓度和颗粒氮磷浓度均减小。上述结果也表明，即使在地势平坦的农田，土壤侵蚀量虽很小，但由此引起的氮磷损失仍是农田面源污染的主要来源。

农田氮、磷主要通过农沟向环境水体排放，因此稻田对氮磷的贡献包括了格田（最末一级固定沟渠之间的田块）、田间排水沟系统和农沟。田间排水沟，在很多地区属于临时工程，甚至是雨后临时开挖的排水沟，规模小而密度大。由于表土疏松，沟坡和沟底容易受到水流侵蚀，造成土壤颗粒和氮磷的损失；农沟虽属于固定排水沟，但由于边坡较陡（一般在1：1~1：3之间），即使在有自然植被覆盖的条件下，仍然容易产生水力和重力侵蚀，造成表土流失，从而加剧了氮、磷损失。据郭相平调查，在江苏省洪泽县、海门等地势坡度平缓的地区，毛沟深度一般在30~40cm之间，农沟每年的淤积深度一般在10~20cm之间。考虑到表层土壤的氮磷富集作用，可以推断排水沟系也是氮磷损失的重要来源之一。

二、减少稻田氮磷污染的控制排水措施

1. 控制排水措施

根据控制排水减少氮磷污染的影响因素和机理分析，降低稻田的氮磷损失的控制排水

措施主要包括以下几个方面。

（1）控制降雨期间和雨后格田向排水沟的排水时间。包括格田向田间最末一级排水沟（通常是墒沟）的排水时间和田间排水沟向上级沟道的排水时间。对于次降雨量较大，且持续时间较长的暴雨，通过控制格田排水口，推迟降雨期间格田向墒沟的排水时间，可增加田面水深，减轻由于雨滴击溅引起的水流紊动，降低由于降雨击溅侵蚀和化学侵蚀进入地表水中颗粒和可溶性氮磷的数量，这对于施肥不久的农田尤为重要。同时，增加涝水在格田的停留时间，也可以沉淀涝水中的部分土壤颗粒，减少颗粒氮磷的损失。延长排水时间还可增加入渗水量，利用土壤的过滤和吸附作用（主要是对 NH_4^+ 的吸附），减少排水中氮磷浓度。殷国玺试验表明，试验田地表控制排水总量是非控制排水总量的 86.5％，非控制排水各时段平均氮排放质量浓度为 10.55mg/L，而控制排水最终氮排放质量浓度为 5.1mg/L。对于次降雨量不大的情况，可在降雨期间不排明水，利用土壤入渗排水，并增加作物对氮磷的吸收。但必须使农田涝水的滞留时间和深度，控制在作物允许耐淹深度和耐淹历时范围内。因为在节水灌溉条件下，水稻根系的吸收性能会发生改变，对干旱的适应性提高，而其耐淹深度和耐淹历时与常规淹水灌溉相比可能有所降低。

（2）控制雨后涝水在排水沟中的滞留时间。增加雨水在田间沟系和农沟中的滞留时间，有利于充分发挥排水沟的湿地功能，减少氮磷排放。其主要途径是土壤颗粒沉淀、土壤吸附、植物吸收和反硝化作用。田间涝水进入沟系中，在滞留期间流速接近零，水中悬移质和颗粒态的氮磷得以部分沉淀，可大大降低氮磷的排放浓度。试验表明，在产流后墒沟排水延迟 2h，氮浓度显著降低，氮损失量可减少 50％以上。张荣社等人的结果也表明，当面源污水中在自由表面人工湿地系统中水力停留时间分别为 0.5d、1d、2d 和 3d时，由于硝化和反硝化反应，总氮去除率分别为 18.3％、38.9％、84.9％和 85.6％，效果十分明显。对于水网地区，农沟具有储蓄降雨的功能，并可作为灌溉水源重新进入农田，使得进入农沟的氮磷得到循环利用，减少进入环境的氮磷负荷。

2. 田间地表控制排水措施设计

为使田间控制排水既减少氮的流失又能够排涝、除渍，殷国玺设计了以下 3 种田间排水控制设施。自动开启闸门可以按照预定开闸水深自动打开闸门，使用方便；土工布沙袋和秸秆控制排水的投入低，具有一定的推广价值。

（1）自动开启闸门控制排水。技术解决方案：其结构是在闸门和闸门右门框的顶部前沿分别安装旋转轴承，两旋转轴承之间连接有拉力弹簧和花篮螺丝，花篮螺丝用于调节拉力弹簧的拉力，当开启闸门的推力大于弹簧拉力时，闸门开启。闸门左端安装圆弧形止水门缘，防止闸门在完全开启之前漏水。降雨前闸门处于关闭状态，当田间地表积水达到一定深度，排水中氮的浓度有了显著下降，水质满足排放要求，水位不超过作物的耐淹水深，这时利用静水压力的作用自动打开闸门排水（图 6-1）。降雨初期雨滴击溅侵蚀强烈，地表水中含有颗粒态氮的泥沙浓度较高，自动开启闸门拦蓄降雨初期地表水，使排水中含有氮的泥沙尽可能沉淀在农田中，从而减少了农田氮的流失。通过花篮螺丝调节弹簧拉力，调节不同的开闸水深。一方面根据排水量确定开闸水位，另一方面依据氮排放浓度确定开闸水位。在闸门前挖一定深度和宽度的沉淀槽，使排水中悬移质和推移质沉淀。在闸门后的排水沟种植草皮，防止闸门开启后水流的冲刷。

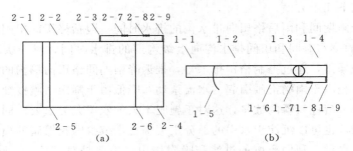

图 6-1 农田排水自动开启闸门

（a）农田控制排水自动开启闸门主视图；（b）农田控制排水自动开启闸门俯视图

1-1、2-1—闸门左门框；1-2、2-2—闸门；1-3、2-3—用于闸门转动的旋转轴承；1-4、2-4—闸门右门框；1-5、2-5—半径与闸门宽度相等的圆弧形止水门缘；1-6、2-6—安装在闸门顶部连接弹簧的旋转轴承；1-7、2-7—拉力弹簧；1-8、2-8—花篮螺丝；1-9、2-9—安装在闸门右门框顶部连接花篮螺丝的旋转轴承

（2）土工布沙袋过滤控制排水。根据排水沟截面的宽度和深度，用土工布缝制成厚3cm 左右的沙袋，筛滤掉其中的粉沙。为减少沙袋的重量，有利于沙袋侧立，沙袋中的沙子掺入部分锯木粉。把土工布沙袋侧立于排水沟出口处，使排水沟中的水全部从沙袋渗出。为了有利于排水中悬移质、推移质的沉淀，在土工布沙袋前挖一定深度和宽度的沉淀槽。由于土工布沙袋过滤并减缓了排水流速，为满足排涝除渍对田间排水流速和流量的需要，适当挖宽和挖深排水沟出口。在土工布沙袋后的排水沟种植草皮，防止沙袋前后水位落差对排水沟的冲刷。降雨产生的地表水经过沙袋过滤，一方面阻止了排水中土壤颗粒流出，另一方面减缓了排水的流速，有利于排水中悬移质和推移质的沉淀（图 6-2）。可以通过改变排水沟出口截面的大小、沙袋厚薄调整排水速度、田间入渗量和排水中氮浓度。根据田间试验，若排水沟出口截面积大、沙袋薄，田间排水快、入渗量小、排水中氮浓度相对较高；反之亦然。

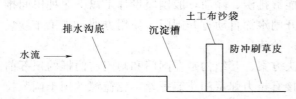

图 6-2 土工布沙袋过滤排水剖面示意图

（3）捆扎秸秆控制排水。根据排水沟截面的宽度和深度，把水稻秸秆捆扎成与排水沟相似的形状，根部秸秆在排水上游，用水稻秸秆编制的草绳捆扎秸秆的上部，草绳的直径不小于3cm，捆扎松紧适中，既做到降低排水流速，有利于排水中的悬移质和推移质沉淀，又使田间积水及时排除。为了实现排涝、除渍并有利于排水中悬移质、推移质的沉淀，在捆扎秸秆前挖一定深度和宽度的沉淀槽，根据田间排水的流速和流量要求，适当挖宽和挖深排水沟出口，把捆扎秸秆置于排水沟出口处，为避免水流从捆扎秸秆周围流出，将捆扎草绳嵌入排水沟中。在捆扎秸秆后的排水沟种植草皮，防止捆扎秸秆前后水位落差的冲刷。降雨产生的地表水经过出口处捆扎秸秆过滤，一方面阻止了排水中土壤颗粒流出，另一方面减缓了排水的流速，有利于排水中悬移质和推移质的沉淀（图 6-3）。通过改变秸秆捆扎的松紧或改变排水沟出口截面的大小，可以调整排水速度和田间入渗量。若秸秆捆扎的

松、排水沟出口截面积大，则积水排除快、田间入渗量小，反之亦然。

三、沟田协同控制排水技术

蓄水控灌模式下，土壤含水量下限较低，而江苏雨季集中于水稻生长前期，由于表层土壤对氮磷的富集作用和雨滴击溅侵蚀等作用，降雨初期沟、田水中氮磷浓度较高。另一方面，沟渠是

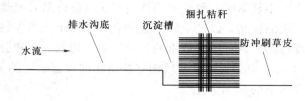

图 6-3　水稻秸秆控制排水剖面示意图

污染物的最初汇聚地，又是河道和湖泊营养盐的输入源。污染物在沟渠中滞留的时间越长，越能被有效滞留和去除。

沟渠和农田协同控制排水是在实施田间蓄水控灌的同时，在排水沟口（农沟、斗沟）设置控制排水设施，拦截格田进入农沟的地表径流。通过增加雨水在排水沟中的滞蓄时间和滞留深度，增加入渗，拉长排水历时，农田和农沟尺度上径流系数降低，可以消减排水洪峰流量，减轻下游的防洪和除涝压力，并能大幅增加对氮磷的截留，有效减少排水中污染物负荷，具有良好的磷素减排效果。

以往国内外控制排水技术主要集中在控制地下水以及沟道排水等方面，对节水灌溉基础上的农田地面控制排水研究较少。沟田协同控制排水提出了利用农田和农沟系统，逐次拦截雨水、回归水及其中氮磷的思路，在高产前提下，具有良好的节水、减排、省工效果，尤其适于劳动力成本较高的南方地区。

沟田协同控制排水，首先将雨水拦蓄于农田，通过泥沙沉淀、土壤吸附、植物吸收以及硝化-反硝化反应等湿地效应，大幅降低氮磷浓度，并增加雨水的利用率。由农田进入农沟、斗沟的涝水，通过沟道二次拦蓄，可再次利用沟道的湿地功能，降低氮磷浓度，增加土壤入渗，这样的节水、减排效果会更好。对于水网地区，沟渠具有储蓄降雨的功能，沟渠蓄积水份可作为灌溉水源重新进入农田，使得进入农沟的氮磷得到循环利用，减少进入环境的氮磷负荷。

四、沟田协同控制排水技术的操作要点

沟田协同控制灌排技术的操作要点如下：

（1）平整土地。蓄水控灌技术对土地平整有着较高的要求，要在平整土地上狠下工夫。只有提高平地标准，才能提高土壤含水量的均匀度及灌溉水的有效利用率。

（2）加高田埂。蓄水控灌技术提高了稻田的雨后蓄水深度，要求稻田具有较大的蓄水能力，主要通过加高田埂实现。

（3）合理掌握田（沟）排水时机。地表径流中氮磷浓度随排水历时的延长迅速降低。因此选择降雨初期作为控制排水时间尤为重要。延长涝水在沟田的滞蓄时间对削减氮磷负荷具有重要影响。施肥 7～10d 内应尽量控制排水；雨后农田蓄水时间不低于 3d；沟道滞蓄时间，以 3～5d 为适宜。

（4）土壤含水量下限不宜过低。蓄水控灌的田间水分综合调控在一定程度上优化了水稻的生理需水，使生育前期的叶面蒸腾受到抑制，并在乳熟灌浆期出现补偿效应，保证了

稳产高产。同时田间水分状况的适当降低减少了渗漏量。但过度降低控水下限对水稻生长产生不利影响，致使水稻株高增长速度降低，植株发育受限。郭相平研究发现，水稻灌水下限的控制，以产生轻旱为适宜，中度干旱虽在较低的蓄水深度下获得高产，但若蓄水深度过高，则可引起严重的产量下降。因此，水稻分蘖期，土壤含水量不宜低于饱和含水量的 70%～80%；拔节后期宜控制在饱和含水率的 80% 左右，抽穗期至乳熟期控制在饱和含水率的 90% 左右。

（5）雨后蓄水深度不宜过高。生育前期适当增加田面蓄水深度，在一定程度上抑制了植株的冗余生长和无效分蘖，并可以有效地控制杂草生长，维护稻田生态的良性循环。但雨后蓄水深度过高，会使水稻全生育期的蒸腾均受抑制，对水稻生长产生严重的抑制，影响作物产量，渗漏量也大幅增加。农沟蓄水过深，亦可能导致水稻涝、渍连害。试验证明，雨后蓄水深度，在轻度干旱胁迫存在的情况下，分蘖期以前 100mm、分蘖期后 150mm 的蓄水深度均增产；分蘖期以前 100～150mm、分蘖期后 200mm 的蓄水深度不减产或减产幅度较小，但若前期干旱胁迫较重，蓄水深度增加会大幅减产。

（6）干旱胁迫对水稻产量的影响大于淹水胁迫。降低灌水下限虽可节约用水，但容易导致产量的降低，过度干旱胁迫后，在旱涝交替模式下，水稻产量下降幅度更大。同时为减轻下游的洪涝压力，尽量避免中度和重度干旱胁迫而采用较高的灌水上限，这样，在遇到特大暴雨时，可将雨后蓄水深度提高到 200mm 以上，蓄水于田而不至于造成太大的产量损失，即控制田间水分应以产生轻度干旱和中低蓄水深度交替为适宜。

（7）建议采用顶部溢流排水方式，并适当控制溢流口高度。水稻格田和各级排水沟中的径流中，土壤颗粒主要以悬移质形式运动，土壤颗粒中不可溶的氮磷是氮磷损失的主要形式。泥沙在水中具有明显的垂直分布规律，即下部泥沙粒径大、含量高，上层水流中相反。郭相平研究发现，排水农沟、格田水中氮磷浓度及其衰减具有明显的垂向分布差异，雨后初期排水农沟、格田水氮磷浓度较高，表层浓度明显低于底层，且衰减速度较快。现有农田排水通常采用闸门控制，开闸后底层氮磷含量较高的涝水被排除，氮磷流失负荷较大。因而采用溢流堰顶部溢流排水方式，更能有效减少氮磷流失，达到较好的控排效果。控制田间排水沟出口的流速和溢流口高度尤为重要，若抬高格田向排水沟、下级排水沟向上级排水沟的溢流口高度，可阻止底部泥沙进入沟道，同时可减小沟道水力坡度，降低水流流速和挟沙能力，减少进入农沟和斗沟的泥沙数量，使水流中颗粒氮磷的浓度降低。这已为晏维金等人的试验所证明，说明控制排水口溢流堰高度具有良好的氮磷控制效果。

复 习 思 考 题

1. 水稻需水关键期有哪几个？
2. 水稻浅湿灌溉技术的田间管理技术有哪些？
3. 控制灌溉的优点有哪些？
4. 应在水稻的哪个生育期保持浅水层、促进分蘖？为什么？
5. 水稻蓄水控灌的技术要点有哪些？
6. 沟田协同控制灌排技术为什么能减少面源污染？
7. 沟田协同控制灌排模式中农沟排水宜采用哪种形式？

下篇 非工程节水技术

第一章 节水灌溉理论

农业生产中，水和作物的关系最为密切，农田水分状况不仅直接影响作物的生理活动，而且会通过对土壤水、气、热、肥等因素的影响而影响作物。在作物生长发育的任一阶段产生水分逆境，就会使作物出现水分胁迫，对作物产生影响。

因此，要使作物生长发育良好而获得高产，必须了解水与作物的关系及在不同生育过程中的作用，针对不同作物的需水规律和有关因素，研究并掌握作物在水分胁迫条件下的正负面效应，充分发挥水对作物的有利作用，避免水分不足的不良影响，采用先进的灌水技术与科学的灌溉制度，达到节水高产的良好效果。

第一节 作物需水量

我国是一个农业大国，水资源的 70% 用于农业灌溉，而作物需水量是农业灌溉中的主要组成部分，在国民经济消耗中也占有相当大的比例。因此，它是确定作物灌溉制度以及地区灌溉用水量的基础，也是水资源合理开发、利用所必需的重要资料，更是制定流域计划、地区水利规划以及灌排工程规划、设计、管理和农田灌排实施的基本依据。随着全球用水量的不断增长，水资源不足日益突出，作物需水量的研究和估算已成为农田水利基础理论研究的主要内容之一，也是生产中迫切需要解决的实际问题。

一、概述

1. 作物与水

任何生长着的作物都含有大量的水分，其含水量的多少随作物种类、器官以及环境因素的不同而异。一般禾谷类作物的含水量约为鲜重的 60%～80%，而块茎作物与蔬菜的含水量多达 90% 左右。对同一种作物来说，通常生命活动愈旺盛的器官或部位，其含水量也愈高。随着这些器官的衰老，含水量逐渐降低，如成熟种子的含水量约占粒重 10%～15%。作物体内的水分主要以束缚水和自由水两种形态存在，束缚水靠近胶粒，不易移动，无法参与代谢活动。自由水离胶粒较远，可自由移动，参与各种代谢活动。因此，作物自由水和束缚水的含量及其比率是反映水分生理状况的一项重要指标。水分含量的变化密切影响着作物的生命活动，缺水时作物的生长发育就会受到严重影响，甚至造成死亡。水分对作物的生理生态具有至关重要的作用，主要体现在：

（1）水分是原生质的重要成分。原生质含水量一般在 $70\%\sim90\%$，使原生质呈溶胶状态，保证旺盛代谢作用正常的进行。若含水量减少，原生质便由溶胶变成凝胶状态，生命活动就大大减弱，如果细胞失水过多，可引起代谢紊乱而造成死亡。因此，细胞只有在吸水充足后，维持细胞的膨压，使作物保持其固有形态，植株挺立，叶片伸展，以便旺盛地进行各种生理活动。

（2）水分是作物制造养分的重要原料。作物的生长发育过程就是左右有机体不断合成和累积有机物质的过程。这些有机物质主要是碳水化合物、脂肪和蛋白质等。它们都是绿色植物进行光合作用直接或间接合成的。光合作用是植物的叶绿素利用太阳光能，同化二氧化碳和水，制造碳水化合物，并释放出氧气的过程。水是光合作用的原料，当叶片接近水分饱和时，光合作用进行得最为顺利。当叶片缺水达作物体正常含水量的 $10\%\sim12\%$ 时，就使光合作用开始降低；当缺水达到 20% 时，光合作用将显著地受到抑制。

（3）水分是作物对物质吸收和运输的溶剂。一般说来，作物不能直接吸收固态的无机物质和有机物质，这些物质只能溶解在水中成水溶液才能被植物吸收并运输到其他部位。作物光合作用原料之一的二氧化碳，也必须先溶解在水中成为碳酸再渗入叶肉细胞内。作物叶片制造的有机物质，要以水溶液状态，借助体内输导系统，才能输送到消费和贮藏器官里去。种子发芽，也需要将种子里贮藏的营养物质水解，输送到幼芽中去。如果作物体内缺水，就会阻碍营养物质的运输，影响作物的正常生长。

（4）水分是作物维持蒸腾的必备条件。作物一生需要消耗大量的水分，其中，99% 以上的水分是从叶面气孔以水汽的形态扩散到大气中去，这称为蒸腾作用。蒸腾作用是作物对水分吸收和运输的一个主要动力，只有通过蒸腾的原动力作用，才能保证作物吸收水分运送到较高部位，并将作物所需的各种养分，输送分配到作物的各部位。同时，蒸腾还能降低作物的体温，防止在强烈阳光下被灼烧。因此，较为充足的作物水分供应，将能保证作物蒸腾正常进行，促进光合作用，生产出更多的干物质。

（5）水分可以调节作物生活的环境。由于水有很大的热容量，灌溉后突然热容量也随之增大，使得白天土温不容易很快升高，而夜间土温下降也较慢。因为水的良好导热性，白天在灌溉土壤上，太阳辐射热能能很快传递到土壤深处，夜间当地面散热冷却时，土壤深层热量可源源不断地补给地面。因此，灌溉土壤比非灌溉土壤白天温度低，而夜间温度高，昼夜温差变化小。水分的这一特性被广泛地应用于北方麦田冬灌防冻、南方早稻田灌水增温和晚稻田灌水降温等方面，对改善作物生活环境有重要作用。

（6）水分直接影响根系和茎叶的生长发育。旱作物在潮湿的土壤中，根系生长缓慢，多在表土下较薄的土层中平行横走，分布范围窄，根冠比率（根/茎、叶）小。当土壤含水量降低到田间持水量以下，根系生长速度显著增快，根冠比率增大。水稻在长期淹水、氧气缺乏的土壤中，一般多长出生命力弱的黄根、黑根，而在水汽较协调的环境中，则长出生命力强的白根。水分对茎叶的生长亦有影响，在土壤水分缺乏时，茎叶生长缓慢，水分过多时，作物茎秆细长柔弱，容易倒伏。因此，水分对作物生长存在一个最高、最适和最低的基点。低于最低点，作物停止生长，甚至枯死。高于最高点，根系缺氧、窒息、烂根，植株生长困难，甚至死亡。只有处于最适宜范围内，才能维持作物的水分平衡，保证作物生长发育良好。

2. 作物需水量的概念

农田水分消耗的途径主要有作物蒸腾、株间蒸发、深层渗漏和地表径流及组成植株体的一部分,此外还有杂草对水分的消耗。作物蒸腾是指作物将根系从土壤中吸收的水分,通过叶片的气孔蒸散到大气中的现象。作物根系吸收的水分有99%以上消耗于蒸腾,仅有不到1%的水分留在植物体内,成为植物体的组成部分。株间蒸发是指植株间土壤或田面的水分蒸发。株间蒸发和作物蒸腾常互为消长。一般在作物生育初期阶段,由于植株较小,株间地面裸露较大,田间以株间蒸发为主。随着植株长大和叶面积系数的增加,裸露面积缩小,作物蒸腾逐渐大于株间蒸发。到作物生育后期阶段,由于生理活动减弱,蒸腾耗水又会有所减少,而株间蒸发又相应有所增加。株间蒸发的水分,大部分是属于无益的消耗。因此必须采取一些措施,如中耕松土、耙、耱和合理的灌溉等,以减少株间蒸发,节省灌溉用水。深层渗漏是指旱地中由于降雨量或灌溉水量太多,使土壤水分超过了田间持水量,向根系吸水层以下土层渗漏的现象。旱地的深层渗漏一般是无益的,而且会造成水分和养分的流失浪费,故灌水时不能大水漫灌,以防止深层渗漏。而水稻田则应有适当的深层渗漏,以促进稻田通气,改善土壤氧化还原状况,消除有毒物质,促进根系健壮生长。地表流失是指灌溉或降雨未被土壤和作物吸收拦截而从地表流失。这完全是无益的消耗,而且常冲刷土壤和带走养分,应设法避免或尽量减少。

作物需水包括生理需水和生态需水两个方面,作物生理需水是指作物生命过程中各种生理活动(如蒸腾作用、光合作用等)所需要的水分。植株蒸腾实际上是作物生理需水的一部分。作物生态需水是指生育过程中,为给作物正常生长发育创造良好的生长环境所需要的水分。株间蒸发即属于作物的生态需水。故作物需水量可表达为生长在大面积农田上的无病虫害作物群体,当土壤水分和肥力适宜时,在给定环境中正常生长发育,并能达到高产潜力值的条件下,植株蒸腾、株间蒸发、组成植株体与消耗于光合作用等生理过程所需水分之和。由于组成植株体与消耗于光合作用等生理过程所需水分一般仅占到作物总需水量中的很微小的一部分,而且其影响因素复杂,不易测定,故常忽略不计。因此,在生产实践中,人们就近似认为作物的需水量等于作物生长发育正常条件下的作物蒸发蒸腾量。气象学、水文学和地理学中称为"蒸散量"或"农田总蒸发量",国内也有人称之为"腾发量"。对水稻田来说,适宜的田间渗漏是有益的,通常将蒸发蒸腾量与稻田渗漏量分别进行计算,并将二者之和称之为"田间耗水量",以便与需水量的概念相区别。即

$$W_d = ET + f \qquad\qquad (1-1)$$

式中　W_d——水稻田间耗水量,mm;

　　　ET——水稻蒸发蒸腾量,即作物需水量,mm;

　　　f——稻田渗漏量,mm。

二、作物需水量的影响因素及规律

作物需水规律是指作物需水量大小和需水情况变化的一般规律。它是合理灌排、适时适量地满足作物需要,确保高产稳产的重要依据。根据大量灌溉试验资料分析,作物需水量大小及其变化规律取决于作物生长发育和对水分需求的内部因子和外部因子,内部因子是指对作物需水规律有影响的一些生物学特性(作物种类、品种、作物发育期、生长状况

等），气象条件（太阳辐射、气温、日照、风速、空气湿度等）和土壤条件（土壤含水量、土壤质地、结构、地下水位等）属于外部因子。作物在内部和外部因素影响下，其需水量存在一定差异，但又有其大致的范围和一般规律。主要体现在以下方面。

1. 作物因素

（1）作物种类不同对水分的需求不同。需水量因作物种类有很大差异，如生长期长，叶面积大，生长速度快，根系发达的作物，需水量均较大；反之，需水量则较小。体内含蛋白质或油质多的作物（如油料作物）比体内含淀粉多的作物（如甘薯等）需水量多。通常情况下，水稻、麻类、豆类需水量较大；麦类、玉米、棉花等需水量中等；高粱、谷子、甘薯等需水量较少。同一作物不同类型之间，需水量因地理起源不同，形态、结构、生理、生化特性以及由此所决定的光合效率不同而不尽相同。

（2）同一作物不同生育期对水分的需求不同。作物不同生育期的需水量是不同的，如作物生长初期需水强度和需水量较小，然后逐渐增大，生育盛期达到高峰，至生育后期，植株衰老枯黄，生理活动减弱，需水量又有所减少。因此，呈现出中间多，两头少，开花结实期需水量最大的特点。另外同一作物的需水量，还常因其他条件变化而异，如在土壤缺乏氮、磷、钾等无机营养时，水分利用效率降低。各种作物的水分利用效率不同。

作物整个生育过程均需从外界吸收水分，一般认为各生育阶段缺水均会对作物产生重要影响，但影响的敏感程度却不相同，通常把对缺水最敏感、缺水对产量影响最大的时期称为作物需水临界期或需水关键期。各种作物需水临界期不完全相同，但大多数出现在从营养生长向生殖生长的过渡阶段，例如小麦在拔节至抽穗期，棉花在开花至结铃期，玉米在抽雄至乳熟期，水稻为孕穗至扬花期等。不同作物的需水临界期详见表1-1。

表1-1　　　　　　　　　　　部分作物的需水临界期

作物	需水临界期
苜蓿	紧接刈割以后（生产种子在开花期）
替蕉	整个营养生长期，特别是营养生长前期、开花期和产品形成期
柠檬	开花和结果时期大于果实长大时期，正好在开花前停止灌水可引起过量开花
橙子	开花结果时期大于果实长大时期
棉花	开花和棉蕾形成时期
葡萄	营养生长期，特别是嫩枝伸长和开花时期大于果实充实时期
花生	开花和产品形成时期，尤其是荚果形成时期
玉米	开花期大于籽粒充实期，如开花以前不缺水，则开花时对缺水特别敏感
橄榄	正好在开花前和产品形成时期，尤其在果核硬化期间
洋葱	葱头长大时期，特别是葱头快速生长期间大于营养生长期（生产种子在开花期）
辣椒	整个营养生长期，尤其是在开花前和开花初期
马铃薯	葡萄茎形成和块茎形成期，产品形成期大于营养生长初期和成熟期
水稻	在抽穗和开花期间大于营养生长期和成熟期
高粱	开花期，产品形成期大于营养生长期
大豆	产品形成和开花期，尤其在豆荚生长期间
甜菜	尤其在出苗后的第一个月
甘蔗	营养生长期，尤其在分蘖期和蔗茎长高期大于产品形成期

作物	需 水 临 界 期
向日葵	开花期大于产品形成期和营养生长后期,特别是幼芽生长期
烟草	快速生长期大于产品形成和成熟期
番茄	开花期大于产品形成期和营养生长期,特别在移植期间和紧接移植以后
西瓜	开花期大于果实充实期和营养生长期,特别在藤苗生长期间
小麦	开花期大于产品形成期和营养生长期,冬小麦不如春小麦敏感

注 此表引自联合国粮农组织灌溉及排水丛书《产量与水的关系》,1979,罗马。

在作物需水临界期缺水,会对产量产生很大影响。因此,应依据作物的需水临界期,合理安排作物构成,使得用水不至于过分集中。在水源不足的情况下,首先满足处在需水临界期的作物灌水。

作物各生育阶段的需水占全生育期总需水量的百分数,叫阶段需水模数,作物每日所需水量称为日需水量。作物的日需水量和阶段需水模数,是制定灌溉制度和合理用水的重要依据。

2. 气候因素

气象因素是影响作物需水量的主要因素,它不仅影响蒸腾速率,也直接影响作物的生长发育。太阳辐射、气温、日照、风速、空气湿度等气象因子都对需水量有较大影响。当日照时数多、气温高、辐射强、相对湿度小、风速大时,作物需水量增大,反之则减小。就地区而言,湿度较大,温度较低地区,其需水量小,而气温高,相对湿度小的地区需水量则大。就年份而言,湿润年作物需水量小,干旱年作物需水量则相对较大。气象因素对作物需水量的影响,往往是几个因素同时作用,很难将各个因素的影响一一分开。研究表明,作物需水量与某一气象因子存在一定的相关性。因此,在建立作物需水量计算模式时,应根据当地的具体条件,选择对当地作物需水量影响最大的气象因素。

3. 土壤因素

影响作物需水量的土壤因素主要有质地、颜色、含水量、有机质含量、养分状况等。砂土持水力弱,蒸发较快,因此,在砂土上的作物需水量就大。就土壤颜色而言,黑褐色土壤吸热较多,其蒸发较大,而颜色较浅的黄白色土壤反射较强,相对蒸发较少。土壤含水量较高时,蒸发强烈,作物需水量较大;相反,土壤含水量较低时,作物需水量较少。

4. 农业技术

各种不同的农业技术措施和灌溉排水措施也是通过改变内部因子或外部因子来间接影响作物需水量。农业栽培技术水平的高低直接影响水量消耗的速度。粗放的农业栽培技术,可导致土壤水分的无效消耗。灌水后适时耕耙保墒、中耕松土,将使土壤表面形成一个疏松层,这样可减少水量的消耗。

这些因素对作物需水量的影响是相互联系的,也是错综复杂的。目前尚不能从理论上精确地确定各因素对需水量的影响程度。因此,常采用某些计算方法来确定作物的需水量。

三、作物需水量的估算方法

现有计算作物需水量的方法中,大致可归纳出两类:一类为直接法,即根据实验观测资料分析影响作物需水量的主要因素与作物需水量之间存在的数量关系，统计归纳为某种形式的经验公式；另一类为间接法，即通过计算参考作物的需水量来推算实际作物的需水量。

（一）直接法

直接法主要有水面蒸发量法（又称"α值法"）、产量法（又称"K值法"）、积温法、水量平衡法等。

1. 以水面蒸发为参数的需水系数法（简称"α值法"或称蒸发皿法）

大量灌溉试验资料表明，各种气象因素都与当地的水面蒸发量之间有较为密切的关系，而水面蒸发量又与作物需水量之间存在一定程度的相关关系。因此，可以用水面蒸发量这一参数来衡量作物需水量的大小。这种方法的计算公式一般为

$$ET=\alpha E_0 \tag{1-2}$$

或

$$ET=aE_0+b \tag{1-3}$$

式中　ET——某时段内的作物需水量，以水层深度计，mm；

　　　E_0——与ET同时段的水面蒸发量，以水层深度计，mm，一般采用80cm口径蒸发皿的蒸发值；

　　　α——各时段的需水系数，即同时期需水量与水面蒸发量之比值，一般由试验确定，水稻$\alpha=0.9\sim1.3$，旱作物$\alpha=0.3\sim0.7$；

　　　a、b——经验常数。

由于"α值法"只需要水面蒸发量资料，所以该法在我国水稻地区曾被广泛采用。在水稻地区，气象条件对ET及E_0的影响相同，故应用"α值法"较为接近实际，也较为稳定。表1-2列举了湖南、湖北、广东、广西等若干站多年水稻的α值的资料。由表中可看出，α值在各生育阶段的变化及全生育期总的情况都比较稳定。多年来的实践证明，用α值法时除了必须注意蒸发皿的规格、安设方式及观测场地的规范化外，还必须注意非气象条件（如土壤、水文地质、农业技术措施、水利措施等）对α值的影响，否则将会给资料整理工作带来困难，并使计算成果产生较大误差。

表1-2　　　　　　　　　　水稻各生育阶段需水系数α值统计表

省站	资料系列（站、年、组）	生育阶段						全生育期
		移栽-返青	返青-分蘖	分蘖-孕穗	孕穗-抽穗	抽穗-乳熟	乳熟-收割	
早稻								
湖南各地综合分析	26	0.835	0.973	1.515	1.471	1.438	1.200	1.214
湖北长渠站	15	0.572	1.005	1.250	1.342	1.351	0.682	1.038
广东新兴站	26	1.313	1.344	1.081	1.302	0.958	0.855	1.142
广西南宁等地综合分析	23	0.954	1.090	1.281	1.259	1.220	1.095	1.150
中稻								
湖南黔阳站	2	0.737	0.917	1.113	1.334	1.320	1.185	1.150
湖北长渠站	15	0.784	1.070	1.341	1.178	1.060	1.133	1.1
广西随桑江站	3	0.980	1.085	1.650	2.200	1.218		1.376

省站	资料系列 (站、年、组)	生育阶段						全生育期
		移栽-返青	返青-分蘖	分蘖-孕穗	孕穗-抽穗	抽穗-乳熟	乳熟-收割	
		晚稻						
湖南各地综合分析	38	0.806	0.992	1.074	1.272	1.358	1.397	1.128
湖北随县车水沟站	9	1.183	1.161	0.753	1.100	1.060		1.187
广东新兴站	19	0.891	1.044	1.360	1.225	1.050	0.788	1.09
广西南宁等地综合分析	23	0.951	1.096	1.323	1.359	1.230	1.003	1.166

对于水稻及土壤水分充足的旱作物，用此式计算，其误差一般小于 $20\% \sim 30\%$；对土壤含水率较低的旱作物和实施湿润灌溉的水稻，因其腾发量还与土壤水分有密切关系，所以此法不太适宜。华北一些地区，冬小麦 $\alpha = 0.5 \sim 0.55$，湿润年值小，干旱年值大。应针对不同的水文年份，采用不同的 α 值，并根据非气象因素对 α 值进行修正。

根据气象资料，计算出 80cm 口径日蒸发量，利用需水系数 α 值，根据式（1-2）可求得各生育期的作物需水量，各生育期的作物需水量值和即为作物总需水量。

【例 1-1】 用 α 值法求水稻耗水量。

（1）根据某地气象站观测资料，设计年 4—8 月 80cm 口径的蒸发皿的蒸发量 E_0 的观测资料见表 1-3。

（2）水稻各生育阶段的需水系数 α 值及日渗漏量，见表 1-4。

要求：根据上述资料，推求该地水稻各得到生育阶段及全生育期的耗水量。

表 1-3 　　　　　　　　　　　**80cm 口径蒸发皿月蒸发量观测值**

月　　份	4	5	6	7	8
蒸发量 E_0/mm	182.6	145.7	178.5	198.8	201.5

表 1-4 　　　　　　　　　　**水稻各生育阶段的需水系数 α 值及日渗漏量**

生育阶段	返青	分蘖	拔节孕穗	抽穗开花	乳熟	黄熟	全生育期
起止日期/(月.日)	4.26—5.3	5.4—5.28	5.29—6.15	6.16—30	7.1—10	7.11—19	4.26—7.19
天数/d	8	25	18	15	10	9	85
阶段 α 值	0.784	1.060	1.341	1.178	1.060	1.133	
日渗漏量/(mm/d)	1.5	1.2	1.0	1.0	0.8	0.8	

解：（1）将 4—8 月 80cm 口径的蒸发皿的月蒸发量平均分配到日蒸发量，见表 1-5。

表 1-5　　　　　　　　　　　　80cm 口径蒸发皿日蒸发量计算值

月　份	4	5	6	7	8
蒸发量 E_0 /mm	182.6	145.7	178.5	198.8	201.5
日蒸发量/mm	6.09	4.70	5.95	6.41	6.50

（2）利用式（1-2）计算水稻不同生育阶段的需水量。

返青期：　　$ET_1 = 0.784 \times 6.09 \times 5 + 0.784 \times 4.70 \times 3 = 34.93$（mm）

分蘖期：　　　　$ET_2 = 1.060 \times 4.70 \times 25 = 124.55$（mm）

拔节孕穗期：　　$ET_3 = 1.341 \times 4.70 \times 3 + 1.341 \times 5.95 \times 15 = 138.59$（mm）

抽穗开花期：　　$ET_4 = 1.178 \times 5.95 \times 15 = 105.14$（mm）

乳熟期：　　　　$ET_5 = 1.060 \times 6.41 \times 10 = 67.95$（mm）

黄熟期：　　　　$ET_6 = 1.133 \times 6.41 \times 9 = 65.36$（mm）

（3）依据式（1-1）计算水稻不同生育阶段的耗水量。

返青期：　　　$W_{d1} = ET_1 + f_1 = 34.93 + 1.5 \times 8 = 46.93$（mm）

分蘖期：　　　$W_{d2} = ET_2 + f_2 = 124.55 + 1.2 \times 25 = 154.55$（mm）

拔节孕穗期：　$W_{d3} = ET_3 + f_3 = 138.59 + 1.0 \times 18 = 156.59$（mm）

抽穗开花期：　$W_{d4} = ET_4 + f_4 = 105.14 + 1.0 \times 15 = 120.14$（mm）

乳熟期：　　　$W_{d5} = ET_5 + f_6 = 67.95 + 0.8 \times 10 = 75.95$（mm）

黄熟期：　　　$W_{d6} = ET_6 + f_6 = 65.36 + 0.8 \times 9 = 72.56$（mm）

（4）计算水稻全生育期的耗水量。

$W_d = W_{d1} + W_{d2} + W_{d3} + W_{d4} + W_{d5} + W_{d6} = 46.93 + 154.55 + 156.59 + 120.14 + 75.95 + 72.56 = 626.72$（mm）。

（5）则该地水稻各不同生育阶段及全生育期的耗水量。得表 1-6。

表 1-6　　　　　　　　　　　水稻各不同生育阶段及全生育期的耗水量

生育阶段	返青	分蘖	拔节孕穗	抽穗开花	乳熟	黄熟	全生育期
耗水量/mm	46.93	154.55	156.59	120.14	75.95	72.56	626.72

2. 以产量为参数的需水系数法（简称"K值法"）

作物产量反映了水、土、肥、热、气、光等因素的协调及农业措施的综合作用的结果。因此，在一定的气象条件下和一定范围内，作物田间需水量将随产量的提高而增加，如图 1-1 所示。但是需水量的增加并不与产量成比例，由图 1-1 还可看出，单位产量的需水量随产量的增加而逐渐减小，说明当作物产量达到一定水平后，要进一步提高产量就不能仅靠增加水量，而必须同时改善作物生长所必需的其他条件。如农业技术措施、增加土壤肥力等。作物总需水量与产量之间的关系可用下式表示，即

$$ET = KY \tag{1-4}$$

或

$$ET = KY^n + c \tag{1-5}$$

式中　ET——作物全生育期内总需水量，mm 或 m^3/hm^2；

Y——作物单位面积产量，kg/hm^2；

K——以产量为指标的需水系数，对于式（1-4），K 即单位产量的需水量，m^3/kg；

n、c——经验指数和常数，一般 $n=0.3\sim0.5$。

式中 K、n 及 c 的数值可通过试验确定。此法简便，只要确定计划产量后，便可算出需水量；同时，此法把需水量与产量相联系，便于进行灌溉经济分析。对于旱作物，在土壤水分不足而影响高产的情况下，需水量随产量的提高而增大，用此法推算较可靠，误差多在30％以下，宜采用。但对于土壤水分充足的旱田以及水稻田，需水量主要受气象条件控制，产量与需水量关系不明确，用此法推算的误差较大。K 值法曾在上世纪50—60年代得到广泛的应用，但由于 K 值中包括了气象、土壤、作物及农业措施的综合影响，难以得到稳定的数值，故该法的应用受到了一定的限制。

上述公式可估算全生育期作物需水量。在生产实践中，过去常习惯采用需水模系数估算作物各生育阶段的需水量，即根据已确定的全生育期作物需水量，然后按照各生育阶段需水规律，以一定比例进行分配，即

$$ET_i=K_iET \tag{1-6}$$

式中 ET_i——某一生育阶段作物需水量，mm 或 m^3/hm^2；

K_i——需水模比系数，即生育阶段作物需水量占全生育期作物需水量的百分数，可以从试验资料中取得或运用类似地区资料分析确定；

ET——作物全生育期内总需水量，mm 或 m^3/hm^2。

按上述方法求得的各阶段作物需水量在很大程度上取决于需水模系数的准确程度。但由于影响需水模系数的因素较多，如作物品种、气象条件以及土、水、肥条件和生育阶段划分的不严格等，使同一生育阶段在不同年份内同品种作物的需水模系数并不稳定，而不同品种的作物需水模系数则变幅更大。因而，大量分析计算结果表明，用此方法求各阶段需水量的误差常在 ±（100％～200％），因此，近年来，在计算水稻各生育阶段的需水量时，一般根据试验求得水稻阶段需水系数 α_i 直接加以推导。计算公式为

$$ET_i=\alpha_iE_{0i} \tag{1-7}$$

式中 ET_i——第 i 生育阶段的需水量，mm；

α_i——第 i 生育阶段的需水系数；

E_{0i}——第 i 生育阶段的水面蒸发量，mm。

表 1-7 列出了不同类型水稻阶段需水系数 α_i 值。

表 1-7　　　　　　　　　不同类型水稻生育阶段需水系数 α_i 值

水稻类型	返青	分蘖	拔节	孕穗	抽穗	乳熟	黄熟	全生育期
双季前作	0.92	1.02	1.1	1.31	1.16	1.11	1.36	1.08
双季后作	0.94	1.11	1.11	1.17	1.3	1.28	1.29	1.17
中稻	0.98	1.04	1.15	1.16	1.34	1.32	1.26	1.15
单季杂交	0.94	1.08	1.15	1.24	1.26	1.23	1.19	1.18
单季晚稻	0.73	1.10	1.6	1.74	1.76	1.68	1.41	1.38

必须指出，上述直接计算需水量的方法，虽然缺乏充分的理论依据，但我国在估算水稻需水量时尚有采用，因为，方法比较简单，水面蒸发量资料容易取得。

【例 1-2】 用 K 值法求棉花需水量。

基本资料：

（1）棉花计划产量：籽棉 300kg/亩。

（2）由相似地区试验资料得，当产量为籽棉 300kg/亩时，棉花需水系数 $K=1.37m^3/kg$。

（3）棉花各生育阶段的需水量模比系数，见表 1-8。

表 1-8　　　　　　　　　　　棉花各生育阶段的需水量模比系数

生育阶段	苗期	现蕾	开花结铃	吐絮	全生育期
起止日期/(月.日)	4.11—6.10	6.11—7.6	7.7—8.24	8.25—10.30	4.11—10.30
天数/d	61	26	49	67	203
模比系数/%	13	20	49	18	100

要求：计算棉花各生育阶段耗水量累积值。

解：（1）利用式（1-4）计算棉花全生育期需水量。

$$ET=KY=1.37\times300=411(m^3/亩)$$

（2）利用式（1-6）计算棉花各生育期需水量。

苗期：　　　　　$ET_1=K_1ET=13\%\times411=53.43（m^3/亩）$

现蕾期：　　　　$ET_2=K_2ET=20\%\times411=82.2（m^3/亩）$

开花结铃期：　　$ET_3=K_3ET=49\%\times411=201.39（m^3/亩）$

吐絮期：　　　　$ET_4=K_4ET=18\%\times411=73.98（m^3/亩）$

（3）逐级累加棉花各生育阶段耗水量，得到棉花各生育阶段耗水量累积值。得表 1-9。

表 1-9　　　　　　　　　　　棉花各生育阶段耗水量累积值

生育阶段	苗期	现蕾	开花结铃	吐絮	全生育期
耗水量/(m³/亩)	53.43	135.63	337.02	411	411

3. 积温法

以日平均气温积累值为参数的需水系数法简称积温法。气温的高低决定空气持水量的大小，一定条件下，气温越高，作物需水量越大。因此，可建立温度与作物需水量关系的经验公式。具体形式如下：

$$ET=\beta T \tag{1-8}$$

或　　　　　　　　　　　$$ET=\beta T+s \tag{1-9}$$

式中　T——作物全生育期内的日平均气温累积值，℃；

　　　β——经验系数，mm/℃；

s——经验常数。

此法应用简便，气温资料易于取得，在我国南方水稻种植区被广泛采用，也有用指数形式表示的公式。但在干旱半干旱区，往往不是积温而是干热风对腾发量起决定作用，所以此法不适用。

4. 水量平衡法

用水量平衡法直接估算作物需水量是以农田水量平衡方程为基础的。由此可得 Δt 时段内的作物需水量计算公式：

$$ET = P + I + S - \Delta W \qquad (1-10)$$

式中 P——时段内的有效降雨量，mm；

I——灌水量，mm；

S——地下水利用量，mm；

ΔW——时段始末土壤储水量之差，mm。

水量平衡法是一种实测收集资料的方法。主要用于试验小区内的作物需水量估算，对于在大面积上应用则有许多降低其准确性和限制其适用范围的缺点。

直接计算需水量，除了以上介绍的方法外，还有以日照时数、空气饱和差等为参数的需水系数法，或者选取多个因素参数推求作物需水量。实践中可以根据当地特点，分析作物需水量的主要影响因素，然后选择适当的经验公式。不可盲目套用。实践证明，用经验公式推求作物需水量，经验系数的确定很关键。

（二）间接法

所谓间接法，是通过计算参考作物的需水量来推算实际作物的需水量。近代需水量的理论研究表明，作物腾发耗水是通过土壤-植物-大气系统的连续传输过程，大气、土壤、作物 3 个组成部分中的任何一部分的有关因素都影响需水量的大小。根据理论分析和试验结果，在土壤水分充分的条件下，气象因素是影响需水量的主要因素，其余因素的影响不显著。在土壤水分不足的条件下，大气因素和其余因素对需水量都有重要影响。目前对需水量的研究主要是研究在土壤水分充足条件下的各项气象因素与需水量之间的关系。普遍采用的方法是通过计算参照作物的需水量来计算实际需水量，相对来说理论上比较完善。

所谓参照作物需水量 ET_0（reference crop evapotranspiration）是指土壤水分充足、地面完全覆盖、生长正常、高矮整齐的开阔（地块的长度和宽度都大于 200m）绿草地（草高 8～15cm）上的蒸发量，一般是指在这种条件下的苜蓿草的需水量而言。因为这种参照作物需水量主要受气象条件的影响，所以都是根据当地的气象条件分阶段（月和旬）计算。

有了参照作物需水量，然后再根据作物系数 K_c 对 ET_0 进行修正，即可求出作物的实际需水量，作物实际需水量也可根据作物生育阶段分段计算。计算公式为

$$ET = K_c ET_0 \qquad (1-11)$$

式中 ET——作物需水量，mm；

ET_0——参考作物腾发量，mm；

K_c——作物系数。

计算参考作物需水量的方法很多，常用的方法可以分为 4 大类：水面蒸发法、温度

法、辐射和 Penman - Monteith 法。

1. 水面蒸发法

计算公式与式（1-2）与式（1-3）相同，所不同的是计算的结果不是需水量而是参考作物蒸发蒸腾量。公式中的系数 α 也应根据参考作物蒸发蒸腾量求得。

2. 布兰尼-克里德尔（Blaney - Criddle）法

对于气象资料中只有温度数据的地区，联合国粮农组织（简称 FAO）建议采用此方法。该方法认为，土壤水分供应充足时，ET_0 随日平均气温和每日白昼小时数的百分比而变化，其计算公式为

$$ET_0 = CP(0.46T + 8.13) \tag{1-12}$$

式中　ET_0——所研究月份每日的参考作物蒸发蒸腾量，mm/d；

　　　T——所研究月份的每日平均温度，℃；

　　　C——根据最低相对湿度、日照小时和估计白天风力得出的修正系数；

　　　P——给定月份和纬度的年白昼小时总数的每日平均百分比。

针对这种方法，联合国粮农组织各提供了三个等级的最低湿度、三个等级的日照比率、三个等级的 2m 高度处的白天风速范围，这样共有 27 种组合可供选择，然后根据白天风速、最低相对湿度、日照比率和 ET_0 的四因素关系图，换算出相应的 ET_{bc}（指用布兰尼-克里德尔法计算出的参考作物蒸发蒸腾量）。

3. 辐射法

$$ET_0 = CWR_n \tag{1-13}$$

式中　ET_0——计算时段内参照作物蒸发蒸腾量，mm/d；

　　　R_n——以等效水面蒸发表示的时段内太阳辐射，mm/d；

　　　W——取决于日平均温度与高程的权重系数；

　　　C——取决于平均相对湿度与白天风速的修正系数。

4. 修正的彭曼（Penman）公式

1948 年，英国科学家彭曼（Penman）考虑了多方面的大气因素，提出了计算水面蒸发的半经验半理论公式，后来经过多次修正，成为计算参照作物需水量的主要公式。1979 年，联合国粮农组织（简称 FAO）对彭曼公式进一步修正，并正式推荐其为计算参照作物需水量的通用公式。公式基本形式为

$$ET_0 = \frac{\dfrac{P_0}{P} \cdot \dfrac{\Delta}{\gamma} R_n + E_a}{\dfrac{P_0}{P} \cdot \dfrac{\Delta}{\gamma} + 1} \tag{1-14}$$

$$E_a = 0.26(e_s - e_a)(1 - Cu_2) \tag{1-15}$$

式中　ET_0——参照作物需水量，mm/d；

　　　Δ——平均气温时饱和水汽压随温度之变化率，kPa/℃；

　　　γ——湿度计常数；

　　　P_0——海平面的平均气压，kPa；

　　　P——计算地点的平均气压，kPa；

　　　R_n——太阳净辐射，以蒸发的水层深度计，mm/d；

E_a——干燥力，mm/d；

u_2——离地面2m高处的风速，m/s；

e_a——饱和水汽压，kPa；

e_s——当地的实际水汽压，kPa；

C——与最高气温和最低气温有关的风速修正系数。

修正的彭曼公式一度得到广泛应用，我国在计算作物需水量和绘制作物需水量等值线图时多采用上述公式，目前，国内规划设计人员计算作物需水量所依据的 GB 50288—99 灌溉与排水工程设计规范中的公式也是改进的彭曼公式。

但近年来的研究也发现了改进彭曼公式的一些不足，首先，把某一具体作物作为计算 ET_0 的标准不太合适，因为作物生长状况地区差异大，受气候、管理方式等的影响大。其次，修正彭曼公式中一系列修正系数，特别是风速修正系数，很难具体测定。使用该公式计算的参考作物腾发量一般会过量估计 ET_0，平均误差在干旱地区为18%，湿润地区为35%。在 ET_0 高峰季节，误差分别为11%和34%。基于上述不足，修正彭曼公式精度有限。

5. 彭曼-蒙特斯（Penman - Monteith）公式

Allen 等在 Penman - Monteith 公式原式的基础上，假定作物冠层阻力系数与作物高度成反比，以及空气动力学阻力系数与风速成反比关系，得到了在假定条件下的 Penman - Monteith 近似式，并用该公式及其他几个彭曼修正公式的计算结果一起与分布在世界各地 11 个蒸渗仪的实测资料进行了对比。结果表明，用 Penman - Monteith 公式计算的参考作物蒸散量与实测结果最接近。Jensen 等用 20 种计算或测定蒸散量的方法与蒸渗仪实测的参考作物蒸散量作比较后列出了它们排名的顺序，不论在于旱地区，还是在湿润地区，Penman - Monteith 公式都是最好的一种计算方法。基于此，1990 年联合国粮农组织在意大利召开蒸散量计算的专题国际会议，会上推荐用 Penman - Monteith 公式计算参考作物蒸散量。

Penman - Monteith 公式不需要专门的地区修正函数和风函数等，使用一般气象资料即可计算 ET_0 值实际应用价值较高，而且精度较高。Penman - Monteith 公式也克服了以往 ET_0 计算式仅适用于某个生长周期或月的不足，可用于以月、旬、日或小时为周期的计算。

ET_0 是确定气象因素对土壤-植物-大气连续体研究中水分传输与水汽扩散速率影响的主要指标。考虑到修正彭曼公式存在的问题，FAO 给出了参照作物需水量的最新定义：参考作物腾发量为一种假想参照作物冠层的腾发速率，假想作物的高度为 0.12m，固定的叶面阻力为 70s/m，反射率为 0.23，非常类似于表面开阔、高度一致、生长旺盛、完全遮盖地面而不缺水的绿色草地的腾发量。基于新概念，FAO 推荐使用 Penman - Monteith 公式，形式如下：

$$ET_0 = \frac{0.408\Delta(R_n - G) + \gamma \dfrac{900}{T+273} u_2(e_s - e_a)}{\Delta + \gamma(1 + 0.34u_2)} \qquad (1-16)$$

式中 ET_0——参照作物需水量，mm/d；

R_n——作物冠层的净辐射，$MJ/(m \cdot d)$；

G——土壤热通量，$MJ/(m \cdot d)$；

T——2m 高的平均气温，℃；

u_2——离地面 2m 高处的风速，m/s；

e_a——饱和水汽压，kPa；

e_s——当地的实际水汽压，kPa；

Δ——平均气温时饱和水汽压随温度之变化率，kPa/℃；

γ——湿度计常数，kPa/℃。

　　FAO 推荐的 Penman - Monteith 公式以能量平衡和水汽扩散理论为基础，即考虑空气动力学和辐射项的作用，又涉及作物的生理特征，认为即使在充分供水条件下，下垫面的作物冠层表面也不能视为饱和层，其计算公式中引入表面阻力参数来表征作物生理过程中叶面气孔及表层土壤对水汽传输的阻力作用。该方程的适用条件是稳定条件，即温度、大气压和风速分布近似符合绝热条件（无热量交换）。如果将该方程用在一个较小的时间段（1h 或更短），需要进行稳定修正。但是当用于估算充分供水的参考表面 ET_0 时，热交换很小，一般不需要稳定修正。Penman - Monteith 公式综合考虑了各种气象因素对 ET_0 的影响，而且是机理性公式，具有可靠的物理基础，已在世界上许多国家和地区广泛应用。经过几十年的理论研究与实践应用，该公式已公认为计算 ET_0 的标准方法，但这种方法需要详细的气象资料。需要输入的数据有：计算时段内的平均最高气温 T_{max}、最低气温 T_{min}，计算时段内的平均最高相对湿度 RH_{max}、平均最低相对湿度 RH_{min}，计算时段内 h 米高的平均风速 u_h、平均日照时数 n，海拔高度 Z。具体确定步骤如下：

　　（1）确定 e_s、e_a。

$$e^0(T) = 0.6108 \exp \left(\frac{17.27T}{T+273.3} \right) \tag{1-17}$$

$$e_s = \frac{e^0(T_{max}) + e^0(T_{min})}{2} \tag{1-18}$$

$$e_a = \frac{e^0(T_{max}) \dfrac{RH_{min}}{100} + e^0(T_{min}) \dfrac{RH_{max}}{100}}{2} \tag{1-19}$$

式中　　$e^0(T)$——气温为 T 时的饱和水汽压，kPa；

T_{max}、T_{min}——地面以上 2m 处最高、最低气温，℃；

RH_{max}、RH_{min}——最大、最小相对湿度，%。

　　若缺乏 RH_{max}、RH_{min}，可用 RH_{mean} 值按式（1-19）计算。

$$e_a = \frac{RH_{mean}}{100} \left[\frac{e^0(T_{max}) + e^0(T_{min})}{2} \right] \tag{1-20}$$

式中　　RH_{mean}——平均相对湿度，%。

　　（2）确定 γ。

$$\gamma = 0.665 \times 10^{-3} P \tag{1-21}$$

$$P = 101.3 \left(\frac{293 - 0.0065Z}{293} \right)^{5.26} \tag{1-22}$$

式中 P——大气压强，kPa；

$\quad\quad Z$——海拔高度，m。

（3）确定 R_n。

$$R_n = 0.77R_s - 4.903 \times 10^{-9} \left(\frac{T_{\max,K}^4 + T_{\min,K}^4}{2} \right)(0.34 - 0.14\sqrt{e_a})\left(1.35\frac{R_s}{R_{s0}} - 0.35 \right)$$

$$(1-23)$$

$$R_s = \left(a_s + b_s \frac{n}{N} \right)R_a \tag{1-24}$$

$$R_{s0} = (a_s + b_s)R_a \tag{1-25}$$

$$N = \frac{24}{\pi}w_s \tag{1-26}$$

$$R_a = \frac{1440}{\pi}G_{SC}d_r(w_s \sin\varphi\sin\delta + \cos\varphi\cos\delta\sin w_s) \tag{1-27}$$

$$d_r = 1 + 0.033\cos\left(\frac{2\pi}{365}J \right) \tag{1-28}$$

$$w_s = \arccos(-\tan\varphi\tan\delta) \tag{1-29}$$

$$\delta = 0.409\sin\left(\frac{2\pi}{365}J - 1.39 \right) \tag{1-30}$$

式中 $\quad\quad R_s$——太阳短波辐射，MJ/（m² · d）；

$\quad\quad\quad R_{s0}$——晴空时太阳辐射，MJ/（m² · d）；

$T_{\max,K}$、$T_{\min,K}$——24h 内最高、最低绝对温度，$T_{\max(\min),K} = T_{\max(\min)} + 273.16$，K；

$\quad\quad a_s$、b_s——短波辐射比例系数，我国一些地点的 a_s、b_s 值，可从表 1-11 查得，如无实际的太阳辐射数据，可取 $a_s = 0.25$，$b_s = 0.50$；

$\quad\quad\quad R_a$——地球关气圈外的太阳辐射通量，MJ/（m² · d），相应的以 mm/d 为单位的等效蒸发量可参考表 1-10，单位换算关系为 1MJ/（m² · d）= 0.408mm/d；

$\quad\quad G_{SC}$——太阳辐射常数，0.0820MJ/（m² · min）；

$\quad\quad\quad d_r$——日地相对距离；

$\quad\quad\quad J$——在年内的日序数，介于 1 和 365（366）之间；

$\quad\quad\quad \varphi$——纬度，北半球为正值，南半球为负值；

$\quad\quad\quad \delta$——太阳磁偏角；

$\quad\quad\quad w_s$——日落时相位角；

$\quad\quad n$、N——实际日照时数与最大可能日照时数，可参考表 1-12，h。

（4）确定 G。

对于月计算：

$$G_{m,i} = 0.07(T_{m,i+1} - T_{m,i-1}) \tag{1-31}$$

式中 $\quad\quad G_{m,i}$——第 i（计算月）土壤热通量密度，MJ/（m² · d）；

$T_{m,i+1}$、$T_{m,i-1}$——计算月下一月和上一月的月平均气温，℃。

如果 $T_{m,i+1}$ 未知，则可按式（1-32）计算。

$$G_{m,i} = 0.14(T_{m,i} - T_{m,i-1}) \tag{1-32}$$

对于时计算或者更短的时间，则以式（1-22）、式（1-23）估算。

$$G_h = 0.1R_n \tag{1-33}$$

$$G_h = 0.5R_n \tag{1-34}$$

（5）确定 u_2。

$$u_2 = u_z \frac{4.87}{\ln(67.8Z - 5.42)} \tag{1-35}$$

式中　u_z——实测地面以上 Z 处的风速，m/s；

Z——风速测定离地面的实际高度，m。

（6）确定 Δ。

$$\Delta = \frac{4098\left[0.6108\exp\left(\frac{17.27T}{T+273.3}\right)\right]}{(T+273.3)^2} \tag{1-36}$$

表 1-10　　　　　　　　大气顶层的太阳辐射 R_a 值　　　　　　　　单位：mm/d

北纬	1月	2月	3月	4月	5月	6月	7月	8月	9月	10月	11月	12月
50°	3.81	6.10	9.41	12.71	15.76	17.12	16.44	14.07	10.85	7.37	4.49	3.22
48°	4.33	6.60	9.81	13.02	15.88	17.15	16.50	14.29	11.19	7.81	4.99	3.72
46°	4.85	7.10	10.21	13.32	16.00	17.19	16.55	14.51	11.53	8.25	5.49	4.27
44°	5.30	7.60	10.61	13.65	16.12	17.23	16.60	14.73	11.87	8.69	6.00	4.70
42°	5.86	8.05	11.00	13.99	16.24	17.26	16.65	14.95	12.20	9.13	6.51	5.19
40°	6.44	8.56	11.40	14.32	16.36	17.29	16.70	15.17	12.54	9.58	7.03	5.68
38°	6.91	8.98	11.75	14.50	16.39	17.22	16.72	15.27	12.81	9.98	7.52	6.10
36°	7.38	9.39	12.10	14.67	16.43	17.16	16.73	15.37	13.08	10.59	8.00	6.62
34°	7.85	9.82	12.44	14.84	16.46	17.09	16.75	15.48	13.35	10.79	8.50	7.18
32°	8.32	10.24	12.77	15.00	16.50	16.95	16.78	15.58	13.63	11.20	8.99	7.76
30°	8.81	10.68	13.14	15.17	16.53	16.95	16.78	15.68	13.90	11.61	9.49	8.31
28°	9.29	11.09	13.39	15.26	16.49	16.83	16.68	15.71	14.08	11.95	9.90	8.79
26°	9.79	11.50	13.65	15.34	16.43	16.71	16.58	15.74	14.26	12.30	10.31	9.27
24°	10.20	11.89	13.90	15.43	16.37	16.59	16.47	15.78	14.45	12.64	10.71	9.73
22°	10.70	11.30	14.16	15.51	16.32	16.47	16.37	15.81	14.64	12.98	11.11	10.20
20°	11.19	12.71	14.41	15.60	16.36	16.36	16.27	15.85	14.83	13.31	11.61	10.68
10°	13.22	14.24	15.26	15.68	15.51	15.26	15.34	15.51	15.34	14.66	13.56	12.88
0°	15.00	15.51	15.68	15.26	14.41	13.90	14.07	14.75	15.34	15.42	15.09	14.83

表 1-11　　　　　　　　我国一些城市的 a_s、b_s 值

城市	夏半年（4—9月）		冬半年（10月至次年3月）	
	a_s	b_s	a_s	b_s
乌鲁木齐	0.15	0.6	0.23	0.48
西宁	0.26	0.48	6.26	0.52

续表

城市	夏半年（4—9月）		冬半年（10月至次年3月）	
	a_s	b_s	a_s	b_s
银川	0.28	0.41	0.21	0.55
西安	0.12	0.6	6.14	0.6
成都	0.2	0.45	0.17	0.55
宜昌	0.13	0.54	0.14	0.54
长沙	0.14	0.59	0.13	0.62
南京	0.15	0.54	0.01	0.65
济南	0.05	0.67	0.07	0.67
太原	0.16	0.59	0.25	0.49
呼和浩特	0.13	0.65	0 19	6.6
北京	0.19	0.54	0.21	0.56
哈尔滨	0.13	0.6	0.2	0.52
长春	0.06	0.71	0.28	0.44
沈阳	0.05	0.73	0.22	0.47
郑州	0.17	0.45	0.14	0.45

表 1-12　　　　　　　　　　　　最大可能日照时数 N 值

北纬	1月	2月	3月	4月	5月	6月	7月	8月	9月	10月	11月	12月
50°	8.5	10.1	11.8	13.8	15.4	10.3	15.9	14.5	12.7	10.8	9.1	8.1
48°	8.8	10.2	11.8	13.6	15.2	16.0	15.6	14.3	12.6	10.9	9.3	8.3
46°	9.1	10.4	11.9	13.5	14.9	15.7	15.4	14.2	12.6	10.9	9.5	8.7
44°	9.3	10.5	11.9	13.4	14.7	15.4	15.2	14.9	12.6	11.0	9.7	8.9
42°	9.4	10.6	11.9	13.4	14.6	15.2	14.9	13.9	12.6	11.1	9.8	9.1
40°	9.6	10.7	11.9	13.3	14.4	15.0	14.7	13.7	12.5	11.2	10.0	9.2
35°	10.1	11.0	11.9	13.1	14.0	14.5	14.3	13.5	12.4	11.3	10.3	9.8
30°	10.4	11.1	12.0	12.9	13.6	14.0	13.9	13.2	12.4	11.5	10.6	10.2
25°	10.7	11.3	12.0	12.7	13.3	13.7	13.5	13.0	12.3	11.6	10.9	10.6
20°	11.0	11.5	12.0	12.6	13.1	13.3	13.2	12.8	12.3	11.7	11.2	10.9
15°	11.3	11.6	12.0	12.5	12.8	13.0	12.9	12.6	12.2	11.8	11.4	11.2
10°	11.6	11.8	12.0	12.3	12.6	12.7	12.6	12.4	12.1	11.8	11.6	11.5
5°	11.8	11.9	12.0	12.2	12.3	12.4	12.3	12.3	12.1	12.0	11.9	11.8
0°	12.1	12.1	12.1	12.1	12.1	12.1	12.1	12.1	12.1	12.1	12.1	12.1

【例 1-3】　计算地点位于东经 119.0°，北纬 34.0°，海拔高度为 11m。1980 年 8 月气象资料为月平均气温为 24.2℃，最高日平均气温为 28.1℃，最低日平均气温为 22.6℃，平均相对湿度为 88%，10m 高日平均风速为 3.2m/s，日平均日照时数为 6.49h。1980 年 7 月和 9 月的月平均气温分别为 26.3℃和 23.2℃。试用 Penman - Monteith 法计算参考作

物需水量。

解:（1）确定 e_s、e_a。已知 8 月份最高日平均气温为 28.1℃，最低日平均气温为 22.6℃，根据式（1-17）、式（1-18）得

$$e^0(T_{max})=0.6108\exp\left(\frac{17.27T_{max}}{T_{max}+273.3}\right)=0.6108\exp\left(\frac{17.27\times28.1}{28.1+273.3}\right)=3.802(kPa)$$

$$e^0(T_{min})=0.6108\exp\left(\frac{17.27T_{min}}{T_{min}+273.3}\right)=0.6108\exp\left(\frac{17.27\times22.6}{22.6+273.3}\right)=2.742(kPa)$$

$$e_s=\frac{e^0(T_{max})+e^0(T_{min})}{2}=\frac{3.802+2.742}{2}=3.272(kPa)$$

又已知 8 月份平均相对湿度为 88%，根据式（1-20）得

$$e_a=\frac{RH_{mean}}{100}\left[\frac{e^0(T_{max})+e^0(T_{min})}{2}\right]=\frac{88}{100}\times3.272=2.879(kPa)$$

（2）确定 γ。已知该地海拔高度为 11m，根据式（1-21）、式（1-22）得

$$P=101.3\times\left(\frac{293-0.0065\times11}{293}\right)^{5.26}=101.3\times\left(\frac{293-0.0065\times11}{293}\right)^{5.26}=101.17(kPa)$$

$$\gamma=0.665\times10^{-3}P=0.665\times10^{-3}\times101.17=0.067(kPa)$$

（3）确定 R_n。

已知该地位于东经 119.0°，北纬 34.0°。即 $\varphi=34\times(\pi/180)=0.593rad$，而 1980 年 8 月 15 日在年的日序列数为 228，即 $J=228$，则根据式（1-28）、式（1-29）和式（1-30）得

$$d_r=1+0.033\cos\left(\frac{2\pi}{365}J\right)=1+0.033\cos\left(\frac{2\pi}{365}\times228\right)=0.977(rad)$$

$$\delta=0.409\sin\left(\frac{2\pi}{365}J-1.39\right)=0.409\sin\left(\frac{2\pi}{365}\times228-1.39\right)=0.233(rad)$$

$$w_s=\arccos(-\tan\varphi\tan\delta)=\arccos(-\tan0.593\tan0.233)=1.731(rad)$$

将 d_r、φ、δ、w_s 代入式（1-26）、式（1-27）得

$$N=\frac{24}{\pi}w_s=\frac{24}{\pi}\times1.731=13.22(h)$$

$$R_a=\frac{1440}{\pi}G_{SC}d_r(w_s\sin\varphi\sin\delta+\cos\varphi\cos\delta\sin w_s)$$

$$=\frac{1440}{\pi}\times0.0820\times0.977\times(1-731\sin0.593\sin0.233+\cos0.593\cos0.233\sin1.731)$$

$$=37.45[MJ/(m^2\cdot d)]$$

又已知日平均日照时数为 6.49h，并取 $a_s=0.25$，$b_s=0.50$，根据式（1-24）、式（1-25）得

$$R_s=\left(a_s+b_s\frac{n}{N}\right)R_a=\left(0.25+0.50\times\frac{6.49}{13.22}\right)\times37.45=18.56[MJ/(m^2\cdot d)]$$

$$R_{s0}=(a_s+b_s)R_a=(0.25+0.50)\times37.45=28.09[MJ/(m^2\cdot d)]$$

又已知

$$T_{max,K}=T_{max}+273.16=28.1+273.16=265.26(K)$$

$$T_{min,K}=T_{min}+273.16=22.6+273.16=259.76(K)$$

将 R_s、$T_{max,K}$、$T_{min,K}$、R_{s0}、e_a 代入式（1-23）得

$$R_n = 0.77R_s - 4.903 \times 10^{-9} \left(\frac{T_{max,K}^4 + T_{min,K}^4}{2} \right)(0.34 - 0.14\sqrt{e_a})\left(1.35\frac{R_s}{R_{s0}} - 0.35 \right)$$

$$\times 0.77 \times 18.56 - 4.903 \times 10^{-9} \times \left(\frac{265.26^4 + 259.76^4}{2} \right) \times (0.34 - 0.14\sqrt{2.879})$$

$$\times \left(1.35 \times \frac{18.56}{28.09} - 0.35 \right) = 12.997[\text{MJ}/(\text{m}^2 \cdot \text{d})]$$

（4）确定 G。已知1980年7月和9月的月平均气温分别为26.3℃和23.2℃，根据式（1-31）得

$$G_{m,i} = 0.07(T_{m,i+1} - T_{m,i-1}) = 0.07 \times (23.2 - 26.3) = -0.217[\text{MJ}/(\text{m}^2 \cdot \text{d})]$$

（5）确定 u_2。已知该地面10m高处的风速为3.2m/s，则根据式（1-35）得

$$u_2 = u_z \frac{4.87}{\ln(67.8Z - 5.42)} = 3.2 \times \frac{4.87}{\ln(67.8 \times 10 - 5.42)} = 2.39(\text{m/s})$$

（6）确定 Δ。已知8月份的月平均气温为24.2℃，则根据式（1-36）得

$$\Delta = \frac{4098 \times \left[0.6108 \exp\left(\frac{17.27T}{T + 273.3} \right) \right]}{(T + 273.3)^2}$$

$$= \frac{4098 \times \left[0.6108 \exp\left(\frac{17.27 \times 24.2}{24.2 + 273.3} \right) \right]}{(24.2 + 273.3)^2} = 0.181(\text{kPa/℃})$$

（7）计算 ET_0。

$$ET_0 = \frac{0.408\Delta(R_n - G) + \gamma\frac{900}{T + 273}u_2(e_s - e_a)}{\Delta + \gamma(1 + 0.34u_2)}$$

$$= \frac{0.408 \times 0.181 \times (12.997 - 0.217) + 0.067 \times \frac{900}{24.2 + 273} \times 2.36 \times (3.272 - 2.879)}{0.181 + 0.067 \times (1 + 0.34 \times 2.39)}$$

$$= 3.85(\text{mm/d})$$

因此，该地区1980年8月份日平均参考腾发量为3.85mm/d。

四、实际农作物需水量的计算

已知参照作物需水量 ET_0 后，在充分供水条件下，采用作物系数 K_c 对 ET_0 进行修正，即得作物实际需水量 ET，即

$$ET = K_c ET_0 \tag{1-37}$$

式中　ET——作物实际需水量，mm/d；

ET_0——参考作物实际需水量，mm/d；

K_c——作物系数。

作物系数是 K_c 指某一阶段的作物需水量与相应阶段内的参考作物蒸发蒸腾量的比值，根据各地的试验，作物系数 K_c 不仅随作物而变化，更主要的是随作物的生育阶段而异。生育初期和末期的 K_c 较小，而中期的较大。主要原因是作物系数 K_c 取决于作物冠层的生长发育。作物冠层的发育状况常用叶面积指数（LAI）描述。叶面积指数为叶面积

数值与其覆盖下的土地面积的比率。随着作物的生长，LAI 逐步从零增加达最大值。如玉米的 LAI 最大可达到 5.0。

作物系数 K_c 的变化过程与生育期 LAI 的变化过程相近。植物冠层较小时，土壤表面不能被完全遮盖，湿土的蒸发量在总蒸散量中要占有很大的比例。土壤表面干燥时，土壤蒸发速率较低。但在降雨或灌溉之后，湿润的土壤表面会使蒸发速率增加。所以降雨或灌溉之后，作物系数会因湿土蒸发量的增加而迅速增大。随着土壤表面变干，作物系数又降回到土壤表面干燥时的值。随着作物冠层的扩展，作物遮盖地面并吸收掉原先用于蒸发土壤水分的那部分能量。因而，湿土表面蒸发所引起的作物系数增大的幅度会随着冠层的发育而变得越来越小。当作物因缺水而受到胁迫时，腾发速率降低，因而也会导致作物系数的减小。

对干旱缺水地区来说，灌溉水源满足不了作物全生育期实行充分灌溉的要求，作物全生育期内有些阶段的土壤含水率低于适宜水分下限，在此条件下的作物蒸发蒸腾量低于充分供水下的作物需水量，土壤水分亏缺愈严重，这种降低愈显著。因此，在缺水条件下常采用土壤水分修正系数法确定作物蒸发蒸腾量。

作物系数是 K_c 反映了作物和参考作物之间需水量的差异，可用一个系数来综合反映，也可用两个系数分别来描述蒸发和蒸腾的影响，即所谓的单作物系数和双作物系数。

1. 单作物系数

单作物系数是将植株蒸腾和土壤蒸发统一考虑。由于单作物系数法方法简单，在进行作物生育期需水量计算时多可采用单作物系数。

考虑土壤水分不足对作物系数的影响，可对式（1-37）的作物需水量作如下修正

$$ET = K_c K_w ET_0 \tag{1-38}$$

式中 K_w——土壤水分修正系数，其物理意义是指缺水条件下的作物蒸发蒸腾量与充分供水条件下的蒸发蒸腾量的比值，与土壤含水率有关；

其余符号意义同前。

土壤水分修正系数 K_w 可用线性公式、对数公式及幂函数公式等确定。

（1）线性公式。

$$K_w = \frac{\theta - \theta_p}{\theta_f - \theta_p} \tag{1-39}$$

式中 θ——计算时段内作物根系活动层的平均土壤含水量；

θ_p——凋萎系数；

θ_f——田间持水量。

根据大量研究结果表明，作物蒸发蒸腾并不是土壤含水率一低于田间持水量就开始减少，而是只有达到某一低于田间持水量的土壤含水率时才开始随土壤含水率降低而减小，通常把此含水率称为临界土壤含水率或界限含水率，记为 θ_j。因此，有时在计算式（1-39）时常将 θ_f 替换为 θ_j。即

$$K_w = \frac{\theta - \theta_p}{\theta_j - \theta_p} \tag{1-40}$$

式中 θ_j——作物蒸发蒸腾开始受影响时的临界土壤含水量；

其余符号意义同前。

（2）对数公式（詹森公式）。詹森认为土壤水分修正系数 K_w 与相对有效含水率 A_w 成对数关系。即

$$K_w = \ln(A_w + 1)/\ln 101 \tag{1-41}$$

$$A_w = \frac{\theta - \theta_p}{\theta_f - \theta_p} \tag{1-42}$$

式中　A_w——土壤相对有效含水率；

其余符号意义同前。

（3）幂函数公式。康绍忠等（1986）认为土壤水分修正系数 K_w 与相对有效含水率 "A_w" 成幂函数关系。即

$$K_w = c\left(\frac{\theta - \theta_p}{\theta_j - \theta_p}\right)^d \tag{1-43}$$

式中　c、d——由实测资料分析确定的经验系数，随作物生育阶段和土壤条件而变化；

其余符号意义同前。

我国不同地区几种作物的作物系数 K_c 值见表 1-13。

表 1-13　　　　　　　　　历年平均各月作物系数 K_c

作物种类	省份	站名或地区	10月	11月	12月	1月	2月	3月	4月	5月	6月	7月	8月	9月	全生育期平均
春小麦	辽宁	中部平原（昌图）							0.784	0.759	0.890				
		西部干旱（朝阳）							0.601	0.887	1.441				0.821
	内蒙古	丰田（通辽）							0.393	0.893	1.600				0.920
		凉城							0.329	0.761	1.155				1.071
		曙光（临河）							0.521	0.831	1.147				0.907
冬小麦	河北	临西	1.080	0.811	0.770	0.770	0.770	0.792	0.844	0.826	0.630				
		藁城	0.560	0.380	0.200	0.200	0.589	0.589	1.310	1.137	1.080				
		望都	0.580	0.580	0.580	0.580	0.780	0.755	1.186	1.179	0.650				
	河南	南阳		0.138	0.630	0.706	0.481	0.383	1.442	1.069	0.863				
		信阳	0.630	0.787	0.592	0.379	1.260	1.280	0.425	0.817					
		郑州	0.597	0.896	0.973	0.307	1.038	0.958	1.430	1.326	0.653				
		林县	0.644	0.661	0.676	0.538	0.579	1.295	1.054	1.831	1.304				
	陕西	陕北	1.572	1.514	1.304	1.214	0.646	0.768	0.971	1.207	1.263			1.190	1.225
		关中东部	1.186	1.737	1.678	1.672	1.122	1.207	1.213	1.049					1.196
		关中西部	1.213	1.725	1.729	1.325	1.016	1.106	1.335	0.938	0.565				1.155
		陕南	0.685	0.978	1.313	1.177	0.962	1.092	1.138	1.005	0.849				0.989

续表

作物种类	省份	站名或地区	10月	11月	12月	1月	2月	3月	4月	5月	6月	7月	8月	9月	全生育期平均
春小麦	安徽	蚌埠	1.177	1.151	1.245	1.131	1.140	1.066	1.164	0.865					1.056
		宿县	1.235	1.424	1.258	1.249	1.126	1.061	1.202	0.879					1.081
		合肥	0.763	1.148	1.346	1.128	1.030	1.464	1.249	0.827					1.067
	山东	全省平均	1.050	1.050	0.320	0.320	0.320	0.760	1.150	1.220					
	江苏	徐州	1.140	1.140	1.190	0.820	0.910	0.860	1.770	1.430	0.410				1.270
		淮阴	0.510	0.880	0.890	0.820	0.690	0.810	1.310	1.890	1.280				1.220
		南通	0.650	1.100	1.380	1.200	1.190	1.630	1.020						1.200
玉米	辽宁	中部平原昌图							0.597	0.418	0.680	1.029	1.078	0.861	0.822
		西部干旱朝阳							0.474	0.365	0.530	1.344	0.969	1.295	0.990
		辽南丘陵大连							0.336	0.271	0.530	1.193	1.033	0.768	0.781
		辽东山区丹东							0.331	0.575	0.831	1.655	1.127	1.013	0.848
	内蒙古	丰田通辽							0.203	0.583	1.573	1.610	0.660		0.890
	陕西	陕北							0.550	0.754	0.794	1.644	1.684	1.250	1.072
		陕南								0.790	0.784	1.180	0.954	1.094	0.897
		关中东部								0.513	0.974	1.198	1.648	0.975	
		关中西部								0.810	1.154	1.447	1.384	1.130	
早稻	广东	北部						1.648	1.389	1.289	1.448	1.190			1.329
		南部							1.456	1.476	1.444	1.311			1.422
	广西	北部							1.020	1.120	1.140	1.030			
		南部							1.090	1.110	1.100	0.990			
	湖北	江北片							1.000	1.090	1.300	1.200			
		江南片							1.000	1.320	1.440	1.260			
	安徽	合肥								1.180	1.401	1.480			
		六安								1.292	1.305	1.486			
		芜湖								1.128	1.288	1.458			
中稻	辽宁	中部平原								0.803	1.122	1.416	1.770	1.012	1.270
		西部干旱区								0.612	0.997	1.517	1.704	0.979	1.206
		南部丘陵区								0.924	1.350	1.754	1.661	1.104	1.458
		东部山区								0.914	1.304	1.626	1.533	1.213	1.403

续表

作物种类	省份	站名或地区	10月	11月	12月	1月	2月	3月	4月	5月	6月	7月	8月	9月	全生育期平均
中稻	安徽	合肥									1.180	1.330	1.420	1.120	1.370
		六安									1.330	1.250	1.450	1.240	1.290
		芜湖									0.130	0.270	1.330	1.030	0.274
	云南	全省平均								1.200	1.300	1.500	1.700	1.800	1.500
	湖北	全省平均							1.030	1.350	1.500	1.400	0.940	1.240	
晚稻	湖北	江北片	1.100									1.000	1.090	1.260	
		江南片	1.330									1.090	1.150	1.420	
	安徽	合肥	1.638									1.160	1.610	1.760	
		六安	1.709									1.230	1.550	1.730	
		芜湖	1.711									1.020	1.320	1.720	
	广东	北部	1.506	1.494							1.410	1.120	1.300	1.530	1.389
		南部	1.532	1.331								1.160	1.370	1.540	1.376
大豆	辽宁	中部平原							0.920	0.440	0.560	1.130	0.900	0.620	0.711
		西部干旱区							0.410	0.410	0.720	1.220	1.080	0.750	0.729
		南部丘陵区							0.540	0.430	0.730	1.280	0.770	0.580	0.581
		东部山区							0.650	0.600	0.950	1.420	1.190	0.890	0.999
	内蒙古	丰田								0.310	0.580	1.280	1.070	0.710	0.762
	安徽	蚌埠									0.540	0.900	1.120	0.930	0.864
		宿县									0.540	0.910	1.130	1.280	0.914
		合肥									0.540	0.900	1.120	0.930	0.864
棉花	江苏	徐州	1.077							0.697	0.740	0.990	1.300	1.280	0.990
		南通	0.787								0.560	1.360	1.820	1.130	1.230
		常熟	0.707							0.440	0.840	1.410	1.580	1.570	0.260
	辽宁	西部干旱区	0 284						0.810	0.480	0.480	0.720	0.920	0.600	0.681
	陕西	关中东部	1.607						0.660	0.600	0.770	1.160	1.440	1.590	0.964
		关中西部	1.648						0.660	0.730	0.700	1.230	1.300	1.250	0.966
谷子	辽宁	中部平原区							0.270	0.450	0.653	0.987	0.795	0.603	0.630
		西部干旱区							0.295	0.347	0.582	1.169	1.050	0.800	0.767
糜子	陕西	陕北	1.463								0.368	1.052	1.539	1.463	1.180
油菜	陕西	关中	1.206	1.282	1.605	1.248	0.941	1.255	1.113	0.810	0.700		1.301		1.183
		陕南	1.120	1.560	2.000	1.525	1.050	1.255	1.963	0.840					1.036
马铃薯	陕西	陕北							0.346	0.627	1.131	1.608	0.539		0.928
烤烟	陕西	陕北								0.616	0.991	1.040	1.313	1.778	1.145

注 此表引自《非充分灌溉原理》，中国水利水电出版社，1995.

2. 双作物系数

双作物系数是把作物系数分为基础作物系数和土壤蒸发系数两部分。基础作物系数说明蒸腾作用，而土壤蒸发系数则描述蒸发部分。

考虑土壤水分不足和湿土蒸发对作物系数的影响，可对式（1-37）的作物需水量作如下修正

$$ET=(K_{cb}K_s+K_e)ET_0 \tag{1-44}$$

式中　K_{cb}——基本作物系数，其物理意义是指土壤表面干燥、长势良好且供水充分时作物需水量与 ET_0 的比值；

　　　K_s——水分胁迫系数，反映根区土壤含水率不足时对作物蒸腾的影响；

　　　K_e——土面蒸发系数，反映灌溉或降雨后因表土湿润致使土面蒸发强度短期内增加而对 ET 产生的影响；

其余符号意义同前。

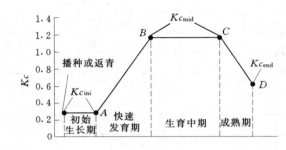

图 1-1　时段平均作物系数变化过程

（1）基本作物系数。FAO 推荐将全生育期的作物系数变化过程概化为 4 个阶段，并分别采用 3 个作物系数值 Kc_{ini}、Kc_{mid} 和 Kc_{end} 予以表示，如图 1-1 所示。

作物全生育期的作物系数变化阶段划分如下：

1）初始生长期，从播种到地表作物覆盖率接近 10%，相应的作物系数为 Kc_{ini}。

2）快速发育期，从地表作物覆盖率 10% 到 70%～80%，相应的作物系数从 Kc_{ini} 线性上升至 Kc_{mid}。

3）生育中期，从充分覆盖到成熟期开始，叶片开始变黄，相应的作物系数为 Kc_{mid}。

4）成熟期，从叶片变黄到生理成熟或收获，相应的作物系数从 Kc_{mid} 线性下降至 Kc_{end}。

为计算作物其他发育阶段的作物系数，需要在作物系数曲线中确定 4 个点。即图 1-1 中的 A、B、C 和 D 4 个点。

A 点的 Kc_{ini} 为已知（0.25），因此，只需初始生育期的比例 F_{s1}。

B 点作物系数到峰值，因此，需同时确定该点基本作物系数 Kc_{mid} 和 F_{s2} 的值。

C 点的基本作物系数与 B 点相同，因此，只需确定 F_{s3}。

D 点位于成熟末期，由于作物生育期结束的时间是已知的，因此，只需确定 Kc_{end} 的值。如果作物在开始成熟前即收割，作物基本系数直到收割都将恒定地保持在峰值。

因此，要确定作物全生育期作物基本系数的变化，只需确定 5 个基本参数，即 F_{s1}、F_{s2}、F_{s3}、Kc_{mid} 和 Kc_{end}。而图中冠层发育期和成熟期中的某一日的基本作物系数 K_{cb} 的值可通过插值求得。

我国部分作物的基本作物系数 K_{cb} 值见表 1-14。

表 1-14　　　　　　　　　　　　　　部分作物基本作物系数 K_{cb} 值

作物	气候	中等风力		强风力		生育期比例			生育期天数 /d
		Kc_{mid}	Kc_{end}	Kc_{mid}	Kc_{end}	F_{s1}	F_{s2}	F_{s3}	
大麦	湿润	1.05	0.25	1.10	0.25	0.13	0.33	0.75	120～15
	干旱	1.15	0.20	1.26	20.00				
冬小麦	湿润	1.05	0.25	1.10	0.25	0.13	0.33	0.75	120～150
	干旱	1.15	0.20	1.20	0.20				
春小麦	湿润	1.05	0.55	1.10	6.55	0.13	0.53	0.75	100～140
	干旱	1.15	0.50	1.20	0.50				
甜玉米	湿润	1.05	0.95	1.10	1.00	0.22	0.56	0.89	80～100
	干旱	1.15	1.05	1.20	1.10				
籽玉米	湿润	1.05	0.55	1.10	0.55	0.17	0.45	0.78	105～180
	干旱	1.15	0.60	1.20	0.60				
大豆	湿润	1.00	0.45	1.05	0.45	0.15	0.37	0.81	60～150
	干旱	1.10	0.45	1.15	0.45				
棉花	湿润	1.05	0.65	1.15	0.65	0.15	0.43	0.75	180～195
	干旱	1.20	0.65	1.25	0.70				

（2）水分胁迫系数。作物受胁迫后的水分利用状况是非常复杂的，定量估计需要大量的信息。灌溉系统的设计和运行一般要求不造成胁迫，所以胁迫的影响一般不太明显。如果因管理或供水所限而使灌溉受到限制，就应当考虑胁迫的影响。

水分胁迫对需水量的影响可以通过以土壤水分胁迫系数来反映，可根据相对有效含水率 A_w 来确定水分胁迫系数。即

$$K_s = \begin{cases} \dfrac{A_w}{A_{uc}} & (A_w < A_{uc}) \\ 1 & (A_w < A_{uc}) \end{cases} \qquad (1-45)$$

式中　A_{uc}——根区土壤相对有效含水率的临界值，根据作物的耐旱性不同而变化。在干旱条件下仍能维持 ET_0 的作物称为耐旱作物，对于耐旱作物 A_{uc} 取 25%，对于对干旱敏感的作物 A_{uc} 取 50%。

【例 1-4】　已知某地区的田间持水率和凋萎系数分别为 26% 和 11%（均为体积含水率），甲、乙两田块实际含水率分别为 17% 和 20%（均为体积含水率），已知甲、乙两田地上的作物均为对干旱敏感作物，参照作物腾发量为 1.3mm/d，基本作物系数为 1.1，求两种作物的实际腾发量。

解：甲田块土壤相对有效含水率 A_w 为

$$A_w = \frac{17\% - 11\%}{26\% - 11\%} = 40\%$$

对于干旱敏感的作物，A_w 取为 50%，因 A_w 小于 A_{uc}，所以

$$K_s = \frac{A_w}{A_{uc}} = \frac{40\%}{50\%} = 0.8$$

因而甲田块的实际腾发量为

$$ET=K_{cb}K_sET_0=1.1\times0.8\times1.3=1.14(\text{mm/d})$$

乙田块土壤相对有效含水率 A_w 为

$$A_w=\frac{20\%-11\%}{26\%-11\%}=60\%$$

对于干旱敏感的作物，A_w 取为 50%，因 A_w 大于 A_{wx}，所以

$$K_s=1$$

因而乙田块的实际腾发量为

$$ET=K_{cb}K_sET_0=1.1\times1\times1.3=1.43(\text{mm/d})$$

（3）土面蒸发系数。因土壤表面湿润所造成的蒸发速率的增加量取决于冠层发育情况、可用于蒸发水分的含量及土壤质地等因子。赖特（Wright，1981）用式（1-46）表示湿土影响系数。

$$K_e=F_w(1-K_{cb})f(t) \tag{1-46}$$

$$f(t)=1-\sqrt{\frac{t}{t_d}} \tag{1-47}$$

式中 F_w——湿润土壤表面的比例，可根据实地调查或参考表 1-15 确定；

$f(t)$——湿土表面蒸发衰减函数；

t——湿润后经过的时间，d；

t_d——土壤表面变干所需要的时间，d。

表 1-15   降雨和灌溉方式下湿润土壤表面的比例

降雨或灌溉方式	降雨	喷灌	畦灌和淹灌	沟 灌			滴灌
				灌水量大	灌水量小	隔沟灌	
F_w	1.0	1.0	1.0	1.0	0.5	0.5	0.25

土壤表面变干所需要的时间 t_d 主要取决于土壤质地、也受气候影响，一般应根据当地的观测资料而定。表 1-16 给出了典型土壤表面干燥所需时间值，供参考。

表 1-16   典型土壤表面蒸发所需要的时间

土壤类型	黏土	黏壤土	粉壤土	砂壤土	壤性砂土	砂土
表面干燥所需时间/d	10	7	5	4	3	2

式（1-46）、式（1-47）只能反映降雨或灌水后湿土蒸发增加对某一天的作物系数的影响，实际计算时往往需要计算某一时期的平均的 K_e 值。K_e 的平均值可用式（1-48）估算。

$$K_e=F_w(1-K_{cb})A_f \tag{1-48}$$

式中 A_f——平均湿土蒸发因子，可按式（1-49）或查表 1-17。

$$A_f=\sum_{i=0}^{R_f-1}\left[\frac{1-\sqrt{\dfrac{i}{t_d}}}{R_f}\right] \tag{1-49}$$

式中 R_f——湿润的发生间隔，d；

$\qquad i$——湿润后的天数，d；

$\qquad t_d$——土壤表面变干所需要的时间，d。

表 1-17 平均湿土蒸发因子 A_f 取值表

发生间隔/d	黏土	黏壤土	粉砂壤土	砂壤土	壤砂土	砂土
1	1.000	1.000	1.000	1.000	1.000	1.000
2	0.842	0.811	0.776	0.750	0.711	0.646
3	0.746	0.696	0.640	0.598	0.535	0.431
4	0.672	0.608	0.536	0.482	0.402	0.323
5	0.611	0.535	0.450	0.385	0.321	0.259
6	0.558	0.472	0.375	0.321	0.268	0.215
7	0.511	0.415	0.322	0.275	0.229	0.185
8	0.467	0.363	0.281	0.241	0.201	0.162
9	0.427	0.323	0.250	0.214	0.178	0.144
10	0.389	0.291	0.225	0.193	0.112	0.129
11	0.354	0.264	0.205	0.175	0.146	0.118
12	0.325	0.242	0.188	0.161	0.134	0.108
13	0.300	0.224	0.173	0.148	0.124	0.099
14	0.278	0.208	0.161	0.138	0.115	0.092
15	0.260	0.194	0.150	0.128	0.407	0.086
16	0.243	0.182	0.141	0.120	0.100	0.081
17	0.229	0.171	0.132	0.113	0.094	0.076
18	0.216	0.161	0.120	0.107	0.089	0.072
19	0.205	0.153	0.118	0.101	0.085	0.068
20	0.195	0.145	0.113	0.096	0.080	0.065
21	0.185	0.138	0.107	0.092	0.076	0.062
22	0.177	0.132	0.102	0.088	0.073	0.059
23	0.169	0.126	0.098	0.084	0.070	0.056
24	0.162	0.121	0.094	0.080	0.067	0.054
25	0.156	0.116	0.090	0.077	0.064	0.052
26	0.150	0.112	0.087	0.074	0.062	0.050
27	0.144	0.108	0.083	0.071	0.059	0.048
28	0.139	0.104	0.080	0.069	0.057	0.046
29	0.134	0.100	0.078	0.066	0.055	0.045
30	0.130	0.097	0.075	0.064	0.054	0.043

五、中国典型农作物需水量

我国地域辽阔，气候、土壤、农耕条件变化很大，作物需水量也差异较大，其主要作物需水量大致范围见表1-18。

表1-18　　　　　　　　　　我国几种主要农作物需水量　　　　　　单位：m³/hm²

作物种类	地 区	年 份		
		干旱年	中等年	湿润年
双季稻（每季）	华东、华中华东、华中	5250~6000	3750~6000	3000~4000
	华南	4500~6000	3750~5250	3000~4500
中稻	华东、华中	6000~8250	4500~7500	3000~6750
一季晚稻	华东、华中	7500~10500	6750~9750	6000~9000
冬小麦	华北北部	4500~7500	3750~6000	3000~5250
	华北南部	3750~6750	3000~6000	2400~4500
	华东、华中	3750~6750	3000~5400	2250~4200
春小麦	西北	2150~5250	3000~4500	—
	东北	3000~4500	2700~4200	2250~3750
棉花	西北	5250~7500	4500~6750	—
	华北	6000~9000	5250~7500	4500~6750
	华东、华中	6000~9750	4500~7500	3750~6000

第二节　水分胁迫的正负面效应

生物和非生物胁迫常常伴随着植物的生长发育，其中光、干旱、盐、温度是限制作物产量最主要的胁迫因素，而干旱造成损失最大，损失量超过其他逆境造成损失的总和。因此，如何有效地利用有限的水资源，研究植物的抗旱机理，提高粮食生产力，发展节水高效农业是实现农业持续增长的根本出路。

一、概述

干旱半干旱地区的农作物不能得到满足其生理功能需求的水分，从而产生水分胁迫的现象非常普遍。因此，研究水分胁迫对作物形态和生理生态特性的影响，提高作物抗旱能力已经成为节水农业研究工作中关键问题之一。

水分胁迫（water stress）又称水分亏缺，是指植物水分散失超过水分吸收，使植物组织含水量下降，膨压降低，正常代谢失调的现象。水分胁迫分为土壤水分胁迫和作物水分胁迫两种。

土壤产生水分胁迫是由于土壤所提供的水分不能满足作物的蒸发蒸腾所引起的。土壤水分胁迫是从土壤水分供需平衡状况来反映的。一般情况下，一定程度的水分亏缺，对作物的生长并无不利影响，只有当土壤水分亏缺超过一定数值时，才会对作物生长发育产生不利影响，此种现象就称为土壤水分的胁迫现象。

作物水分胁迫主要表现在：当作物植株的蒸腾失水超过作物根系吸水时，造成植物细胞体内储水量减少，叶水势降低，即为作物水分发生亏缺现象。作物水分亏缺可通过定量测定吸水和蒸腾而直接估算出来，或通过植株含水量或水势的变化间接进行估计。与土壤水分胁迫相似，一定范围内的作物水分亏缺不会对其正常生长发育产生不利影响，只有当作物水分亏缺超过某一些数值时，才会对作物的生长发育造成一定的影响，这种现象称为作物水分的胁迫现象。

由于植物种类繁多，干旱造成水分胁迫的程度很难用统一的标准来划分，因此，常常将农作物的水分胁迫程度分为轻度、中度、重度 3 类。

当前，水分胁迫对作物的影响及其提高水分生产率的机理已成为当前研究的热点。随着植物高效用水生理调控与非充分灌溉理论研究不断深入，利用植物生理特性改进植物水分利用效率的研究更加引人关注。大量研究结果表明，作物有自身的需水规律，不同作物、不同生育阶段对水分亏缺的敏感性不同，作物某一生育阶段适度的水分亏缺并非完全是负效应，特定发育阶段，有限的水分胁迫对提高产量和品质是有益的，即水分胁迫具有某种程度的正面效应，如果运用得当，可能会对亏缺解除后的生长发育乃至籽粒产量的形成和品质等产生补偿。

基于水分胁迫条件下的作物生理过程的反应，国内外提出了许多新的概念和方法，如限水灌溉、非充分灌溉、调亏灌溉与精确灌溉等农业高效灌溉方法，对由传统的丰水高产型灌溉转向节水优产型灌溉，通过人为地施加阶段性水分调控，创造不同的水分盈亏状态，发挥作物的自身调节作用，实现了从作物对水分胁迫被动响应研究向主动调控研究的转变。

二、水分胁迫的负面效应

水分对于作物的各个代谢活动都有重要作用，水分胁迫将会影响其生理代谢活动，最终对产量造成影响。

1. 水分胁迫对作物生理过程的影响

水分亏缺对作物生理过程的影响表现在以下几个方面：抑制作物器官和个体的生长发育；影响作物的光合与呼吸作用；影响作物碳水化合物代谢与同化物的运输；影响作物的生化反应；影响作物对矿物质吸收。

（1）抑制作物器官和个体的生长发育。由于水分是细胞原生质的重要组成部分，水分亏缺对作物生长发育的一个较为明显的影响是抑制作物器官和个体的生长发育。轻微的水分胁迫就能使作物生长缓慢或停止。受干旱危害的作物外形明显矮小，茎生长受抑制，降低了茎和根之间正常生长比例，根冠比增大。在干旱条件下作物生长状况，常常用相对生长速率、干物质积累速率、出叶数、叶面积的差异来评定品种间抗旱性差异。

（2）影响作物的光合与呼吸作用。水是光合作用的原料，当叶片接近水分饱和时，光合作用最适宜。干旱胁迫下，植物的光合作用迅速下降，使植物叶片光合速率降低，其主要原因有：①气孔阻力增大；②CO_2 同化受阻；③叶绿素合成受阻。干旱对呼吸作用的影响比较复杂，大多数植物受到严重干旱胁迫时，呼吸强度下降，不抗旱品种比抗旱品种下降更多，一般用呼吸强度来区分品种间抗旱性差异。

（3）影响作物碳水化合物代谢与同化物的运输。水分胁迫影响作物体内碳水化合物的代谢。通常水分胁迫可造成叶片内蔗糖合成增加，而淀粉合成减少，从而导致叶片内蔗糖积累，淀粉含量下降。同时由于同化物的代谢受各自的代谢关键酶活性的调控，所以水分胁迫使各类碳同化物代谢过程中重要酶的活性也受到影响，表现为降低同化物的运输速率，主要原因有：①集体流动变慢；②光合生产受到抑制。

（4）影响作物的生化反应。水分不仅作为各种物质转运的载体，而且还直接参与细胞分裂、糖分转化等生理生化过程。作为作物一切生化反应的介质，当作物受到水分胁迫时，将主动积累溶质来降低渗透势，从而降低水势，以便从外界继续吸水，维持膨压等生理过程，使体内各种代谢都能正常进行，以增强自身的抗旱性。

（5）影响作物对矿物质吸收。作物所需的 N、P、K 等无机盐需要溶解在土壤溶液中才能被吸收，因此，水分胁迫对矿物质的吸收、分配以及利用都有直接影响。一方面，吸收矿物质的量会影响细胞液浓度，进而影响细胞吸水；另一方面，土壤中含水量的降低，将无机盐浓度提高，对作物根系产生新的胁迫。

2. 水分胁迫对作物干物质累积和产量的影响

水分亏缺对作物的生长发育过程影响的最终结果是导致作物干物质累积和产量的降低。作物水分亏缺对产量的影响，在很大程度上取决于水分亏缺发生的时期、持续时间、亏缺的程度等因素。不同生育阶段的作物生物量积累对水分亏缺的反应或敏感性是不同的。阶段缺水对以后作物的生长发育和干物质的积累的后效性影响也不相同，如图 1-2 所示。由图可看出：作物的中期和晚期缺水对生物量的累积影响最大，而早期缺水对生物量的累积影响较小。在早期缺水停止后恢复较快，与无水分亏缺情况相比，二者的生物量相差不太明显。而中、晚期在缺水消除后生物量累积恢复较快，但缺水消除以后与不缺水对照处理的生物量累积相差较大。虽然其生物量变化速率 $\dfrac{dM}{dt}$ 在中期和晚期缺水停止后与

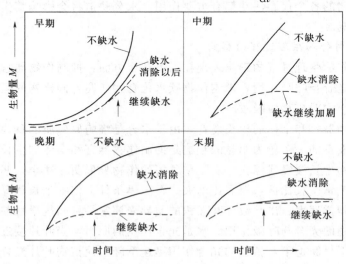

图 1-2 不同阶段缺水对作物生物量累积的后效性影响

不缺水对照处理的基本相等,但由于前期缺水的后遗影响,使总的生物量累积明显低于不缺水对照。因此,缺水的后效性影响较大,在这两阶段继续缺水的 $\frac{dM}{dt}$ 最小。在末期缺水消除后的 $\frac{dM}{dt}$ 与继续缺水相差不太明显,即缺水停止后的恢复能力较低,继续缺水与不缺水之间的生物量相差没有中期和晚期显著。

三、水分胁迫的正面效应

水分亏缺尽管对作物生理过程及产量造成一些不利影响,但短期的轻度水分胁迫在重新补充水分后的一段时间内,作物生长会很快得到恢复,这种现象称作作物的"补偿生长"能力。此阶段作物不致因短期的轻度缺水而引起产量的下降,反而适度的水分亏缺会对作物的生长发育以及产量和品质等起到积极作用。因此,水分胁迫具有某种程度的正面效应,即水分胁迫具有补偿作用。一般认为,水分胁迫的补偿效应是指作物受到一定时期、一定程度、一定历时的阈值内的水分胁迫后,在具有恢复因子(复水)和过程(时间)的条件下,作物所表现出的在生理生化和农艺指标水平上,有利于作物生长、产量提高和品质改善的能力。水分胁迫的补偿效应包括 3 个方面:一是作物旱后补偿效应,即胁迫期间的变化,如根系活力的增加和形态的改善等;二是水分亏缺条件下的补偿供水效应,表现为胁迫后复水出现的生长加快,光合、蒸腾速率提高等;三是作物对再次水分胁迫的适应性响应,如叶片的渗透调节能力明显增强,体内含水量增加,结实器官受损程度减小。

作物旱后复水的补偿在不同生理活动上都有表现,如生长发育、光合作用、水分利用、物质运输和产量等方面。因此补偿效应的表现形式一般分为生长补偿、生理生化补偿、代谢补偿、产量补偿等,它们之间相互联系。

补偿效应是作物非充分灌溉下可以获得较高产量的生物学基础,它体现了资源利用的高效性及对提高产量的显著作用。因此,研究水分胁迫的补偿效应对于丰富非充分灌溉理论、提高水分利用效率有着重要的理论价值和现实意义。

四、作物水分亏缺诊断指标

准确判别和测定作物水分状况是指导农业灌溉的基础,作物水分亏缺是由土壤、大气、作物等多种因素综合作用的结果,作物水分亏缺状况可由作物本身的水分生理指标(如叶水势、蒸腾速率等)直接反映,也可由作物根系层土壤水分状况、气象因素为指标来反映。因此,根据研究对象的不同,作物水分亏缺诊断指标可以分为:土壤指标、气象指标和作物指标等。

1. 土壤指标

土壤指标是诊断作物缺水的一种最古老的方法,最早是肉眼观察,经验判断,发展到现在用各种方法测定土壤水分状况,尤其是近年来,遥感技术的发展为大面积评价和监测植物水分状况提供了一种新的有效途径。

(1)土壤含水率指标法。土壤含水率以变化显著、测定简便和直观性强等优点,作为作物灌溉决策的诊断指标，在生产中发挥着重要作用。土壤含水率的大小与作物的生长有着密切的关系，对某一种类的作物、某一类型的土壤和气候区，当土壤含水率降到一定的范围时，作物生长受到抑制。一般情况下，当土壤含水率接近凋萎系数时，说明作物严重受旱；当土壤含水率介于凋萎含水率与作物生长阻滞含水率之间时，作物将处于中度受旱或轻度受旱状态；当土壤含水率介于作物生长阻滞含水率与田间持水率之间时，作物生长正常。

（2）土壤有效含水率指标法。为避免不同类型土壤的持水特性所产生的含水率绝对数值的差异，通常采用相对含水率 A_w 来反映作物的受旱情况。土壤相对含水率 A_w 的表达式如式（1-42）所示。

有关试验资料表明，作物的受旱状况可根据表1-19中的 A_w 值确定。

表 1-19 土壤相对有效含水率范围与作物受旱状况

土壤相对有效含水率范围	作物受旱状况	土壤相对有效含水率范围	作物受旱状况
$A_w \leqslant 0.1$	严重干旱	$0.25 < A_w \leqslant 0.5$	轻度干旱
$0.1 < A_w \leqslant 0.25$	中等干旱	$0.5 < A_w$	生长较适宜

资料来源：陈亚新，康绍忠．非充分灌溉原理．北京：中国水利水电出版社，1995.

（3）旱涝指数法。旱涝指数法是根据作物需水量、降雨量与土壤储水量之间的关系，来反映土壤水分平衡状况的指标。1961年北方7省1市"旱涝技术座谈会"提出旱涝指数公式为

$$D = \frac{P + R + W_0/W_p}{ET_m + W_m/W_p} \qquad (1-50)$$

式中 D——某作物生长期的旱涝指数；

P——相应生长期内的有效降水量，mm；

W_0——作物生长期开始时根系分布层土壤平均含水量，%；

W_p——根系分布层内1mm雨量所增加的土壤含水量，%；

R——相应作物生长期的地下水补给率，mm；

W_m——该生长期内作物正常生长所要求的适宜土壤含水量，%；

ET_m——作物正常生长达到高产水平所需要的总水量，mm。

从式（1-50）可看出：分母项（$ET_m + W_m/W_p$）是保证作物正常生长所需要的总水量，而分子项（$P + R + W_0/W_p$）为该生育期内实际供给作物总水量。当 $D = 1.0$ 时，作物能够正常生长。如不能满足这个条件（即 D 值偏离较大时），则认为作物已受旱（或涝）。一般认为：当 $D < 0.5$ 时，作物将受旱；当 $0.5 \leqslant D \leqslant 0.8$ 时，作物将受轻旱；当 $0.8 < D \leqslant 1.3$ 时，作物处于适宜的生长阶段。

2. 气象指标

大量灌溉试验资料证明，作物需水量的大小与气象条件有关。反映作物需水量的气象指标主要有：辐射、温度、日照、湿度、风速。因此，常将影响作物生长的气象信息（气温、空气湿度、日照、降水和风力等）为输入变量来计算时段内的蒸发蒸腾量，累积到一定量时，即可认为作物缺水。

太阳辐射是作物蒸发蒸腾所需能量的唯一来源。太阳辐射能越高，作物蒸发蒸腾速率

越快。因此，作物需水量与太阳辐射密切相关，据分析，作物需水量与太阳辐射量的大小成一定的比例关系。

辐射能的大小及其变化，可用气温来衡量，因而气温也是影响蒸发蒸腾量的重要因素。据分析，作物需水量与气温呈线性或指数关系。

日照时间越长，到达地面的辐射热就越多，蒸发蒸腾量就越多。据分析，作物需水量与日照时数之间存在着线性关系。

空气湿度的高低与作物需水量亦有较大的影响，空气湿度较低，则叶面和大气之间的水汽压梯度较大，则叶气之间的蒸发加快，即蒸发蒸腾量加大；反之空气湿度越高，则叶面和大气之间的水汽压梯度越小，则蒸发蒸腾减慢。因此，作物需水量与空气湿度成反比例关系。

风速对作物需水量的影响是通过加快水汽扩散、减小水汽扩散阻力来实现的。据水汽扩散理论可知水汽扩散阻力与风速成反比，风速越大，水汽扩散阻力越小，从而促进蒸腾。

根据 Briggs 和 Shantz 等学者的资料，作物需水量与太阳辐射、日照时数、气温、湿度和风速的相关系数依次为 0.93、0.89、0.86、0.84 和 0.35；蔡甲冰、刘钰等利用 5 年的日气象资料与参照作物腾发量相关关系进行分析，得出最高气温、最低气温、日照时数、风速、相对湿度依次为：0.82、0.70、0.56、0.30、0.26；迟道才等对沈阳地区水稻蒸腾量与气象因素之间的关系进行了统计分析，得出平均气温、空气饱和差、风速和日照与水稻蒸腾量之间关系的数学模型，相关系数分别为：0.86、0.85、0.86、0.76；付强等研究了气象因子对三江平原井灌水稻腾发量的影响，建立了气象因子与水稻腾发量之间的数学模型，相关系数分别为：0.8986（气温）、0.8548（风速）、0.8865（空气饱和差）、0.9114（日照时数）。

作物环境气象因子是诊断作物缺水的间接指标。中外学者亦用单项气象因子分析气象条件与腾发量（需水量）的关系。但气象因素对腾发量的影响是综合性的，并非一个因子单独作用；另外，腾发量（需水量）与气象因素之间的相关系数的大小在不同地区存在差异。因此，单因子法建立的模型在实际应用中误差会较大。

3. 作物指标

灌溉的真正对象是作物本身，而非土壤。利用作物本身的需水信息作为灌溉依据，比利用土壤水分状况更可靠。因此，合理的灌溉应以作物本身的水分信息为灌溉指标。由于作物水分不足时，必然会引起作物本身生理机能的变化，因而利用各种生理指标能较准确地诊断作物水分亏缺状况。长期以来，国内外学者直接利用或间接参考作物的生理变化探讨作物的需水信息方面进行了大量的研究工作。当前所采用的生理指标主要有以下几种。

（1）叶水势。叶水势被认为是最可靠、最灵敏的生理指标，是了解植物水分状况的最直接方法。Kramer P. J.（1961）明确提出应当用叶水势来描述植物的水分关系，并认为叶水势是植物水分状况的最佳度量。通常叶水势总是随着土壤含水量的不断减少而下降。利用叶水势判别作物水分亏缺状况，并进而指导灌溉实践，与土壤水分指标相比具有明显的优点。例如用叶水势指导棉田灌溉，结果比用土水势作为灌溉指标提高了水分利用率。几种主要农作物开始受旱的临界叶水势如表 1-20 所示。

表 1 - 20　　　　　　　　　　几种作物受旱的叶水势临界值

作物种类	生育阶段	受旱的叶水势临界值/MPa
冬小麦	分蘖-拔节	−0.9～−1.1
	拔节-抽穗	−1.1～−1.2
	灌浆	−1.3～−1.4
	乳熟	−1.5～1.6
春小麦	分蘖-拔节	−0.8～−0.9
	拔节-抽穗	−0.9～−1.0
	灌浆	−1.1～−1.2
	乳熟	−1.4～−1.5
棉花	花时期	−1.2
	花铃期	−1.4
	成熟期	−1.6
夏玉米	出苗-抽雄	−0.6～−0.7
	抽穗-灌浆	−0.5～−0.6
	灌浆-乳熟	−0.8～−0.9
大豆	结荚-灌浆	−0.4～−0.5
	灌浆-乳熟	−0.5～−0.6
甜菜	叶形成期	−0.6～−0.7
	根果生长期	−0.8
苜蓿	苗期-再生期	−0.26～−1.1
	蕾期	−0.6～−1.1
	花期	−1.4～−1.8

资料来源：陈亚新，康绍忠．非充分灌溉原理．北京：中国水利水电出版社，1995.

（2）气孔开度。植物气孔是二氧化碳进入叶绿体和水分由体内逸出的门户，气孔的在许多外部和内部因素的作用下，通过调节其开张程度来控制植物的光合作用和水分蒸腾速率，因此，在植物的生理活动中具有重要的意义。

大量的研究结果表明，气孔开度与植株的水分状况密切相关。如果水分充足，气孔便开放；水分不足，则气孔开度就逐渐变小，甚至完全关闭。因此，气孔开度能作为判断作物水分亏缺状况的指标。在一定范围内，气孔开度随土壤可吸水量的增加而线性上升，当土壤可吸水量达到某临界值以后，气孔导度不再上升。

根据作物种类、品种、生育期、土壤特性等条件的不同，相同水分亏缺状况的作物气孔开度是不同的。如据有关试验表明：冬小麦叶气孔阻力达到 3.0～4.0s/cm，玉米达到 4.0～5.0s/cm 时，开始受旱；春小麦在分蘖至抽穗期，当气孔开张度开始小于 6.5μm 时就开始受旱，灌浆期小于 5.5μm 时开始受旱；甜菜在叶形成期小于 6～7μm 时就开始受旱，在根果形成期小于 5μm 时就受旱。

（3）细胞液浓度。植物叶片细胞液浓度是应用最广泛的水分生理指标之一，最主要的优点是测定方法十分简便。叶片细胞液浓度同作物体内水分含量有规律性的关系,作物体内水分状况越好,叶片细胞液浓度越低;相反,细胞内缺水程度越严重,叶片细胞液浓度就越高。当缺水使叶片细胞液浓度达到一定数值时,就会开始对作物生长发育产生不良影响。据资料表明,当棉花叶片细胞液浓度为 13% 时进行灌水,就能够改善棉株的水分供应状况。玉米灌水所依据的细胞液浓度指标是:抽雄以前为 6%,抽雄之后为 9%~10%。冬小麦高产时适宜细胞液浓度为:播种-返青期 10%~11%;返青-拔节期 12%;拔节-抽穗 13%~14%;抽穗-成熟 14%~15%。其他作物如大豆,在开花之前为 9.3%~10.7%;开花之后上升到 10.6%~11.1% 之间。

(4) 冠层温度。叶片温度是作物生长环境与植物内部因素共同影响叶片能量平衡的结果。作物蒸腾是消耗潜能、降低植物叶片温度的一种主要生理活动方式。当吸收太阳辐射能,这种能量转换成热能,如果叶片不进行蒸腾活动,该热量将会使叶片温度升高。植物蒸腾将液态水转化成气态水的过程要耗热,使叶片冷却,使叶片温度降低。如果水分供应充足,植物蒸腾作用强,蒸腾速率大,叶片冷却快,此时叶片温度处于较适宜的状态,当水分供应逐渐减少时,蒸腾量及蒸腾消耗的热量减少,因此,易引起植物冠层温度的增加。当水分供应进一步减少超过某一临界值时,作物蒸腾作用将会停止,叶片气孔关闭,叶温升高而造成作物萎蔫甚至死亡。此外由于单个叶片所处的方向不同,叶温也会有差异,面向太阳的叶片温度比倾斜叶片的温度高,水平叶片比垂直叶片的温度高。因此,要获得合理的田间平均值,必须测量很多叶片,这在实际上也不太可行。因此,通常在灌溉用水预测中主要是用冠层整体的温度来作为植物水分状况的评价指标。用冠层温度作为植物水分亏缺状况的指标有如下几种:

1) 温度胁迫指标。温度胁迫指标是指缺水与不缺水时的冠层温度的差值。在一定时间内当缺水地块的冠层温度的平均值高于不缺水地块冠层温度平均值 $1.0℃$ 时,说明作物开始受旱,就需要灌水。

2) 日缺水度 S_{DD}。日缺水度 S_{DD} 是指作物冠层温度 T_D 与气温 T_a 的差值。即

$$S_{DD} = T_D - T_a \tag{1-51}$$

式中 S_{DD} 既能反映土壤水分条件、作物受旱程度,又能反映产量水平。S_{DD} 在全生育期中累积的数值越大(负值小),表示作物全生育期中累积的受旱状况愈严重,产量会降低。

3) 水分胁迫指标 C_{WSI}。作物水分亏缺是由土壤、作物、大气等诸因素的相互作用所引起的,蒸发蒸腾量是土壤-植物-大气系统水分状况的总体反应。当供水不足,作物产生水分亏缺时,蒸发蒸腾量减少。因此,在生产实践中常用相对蒸发蒸腾量的减少来表示作物水分胁迫状况。即

$$C_{WSI} = \frac{(t_c - t_a) - (t_c - t_a)_{11}}{(t_c - t_a)_{u1} - (t_c - t_a)_{11}} \tag{1-52}$$

式中　　t_c——作物冠层表面温度,℃;

　　　　t_a——冠层上方空气温度,℃;

$(t_c - t_a)_{11}$——作物处于潜在蒸发状态下的冠气温差,即冠气温差的下限,℃;

$(t_c - t_a)_{u1}$——作物处于无蒸腾条件下的冠气温差,即冠气温差的上限,℃。

理论上 C_{WSI} 的取值为 0~1 之间,0 表示作物处于完全不缺水状况,1 表示作物处于非

常严重的缺水状况。

第三节 作物水分生产函数

农田节水的关键是掌握作物需水高峰期和关键期，减少无效灌水。要做到这一点就必须清楚作物生长发育对水量和时间的要求。随着节水农业研究的不断深入，作物水分生产函数越来越受到人们的重视。国内外学者对农业灌溉的研究逐渐从灌溉产量最大转变到灌溉效益最大，基于作物水分生产函数模型，优化作物灌溉制度，实现有限供水在时间上和空间的合理配置，以获得最大经济效益，更好的指导农业生产。

一、概述

作物水分生产函数（crop water production function）是指在作物生长发育过程中，作物产量与投入水量或作物消耗水量之间的数学关系。作物水分生产函数可以确定作物在不同生育期遇到不同程度的缺水时对产量的影响，将灌溉供水时间、供水量对作物产量的影响定量化。因此，它是制定灌溉计划、进行灌溉效益分析和经济评价的有效工具，为灌溉用水管理和灌溉系统的规划设计提供基本依据。

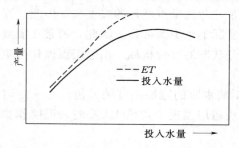

图1-3 作物水分生产函数的一般形式

作物水分生产函数是随作物种类、不同地点、年份、灌溉和农业技术等条件的变化而变化，一般应根据当地的具体条件进行灌溉试验来确定。图1-3表示作物水分生产函数的一般形式。图中虚线代表产量与作物蒸发蒸腾量之间的关系；实线代表投入水量（包括降水量）与产量的关系，即作物水分生产函数。

由图可以看出，作物水分生产函数前半部分大致为成直线，且与腾发量函数大致平行。但随着投入水量的增加，函数逐渐由直线变为曲线，产量不仅没有增加，反而减少，主要是因为投入的水量形成渗漏和地表径流损失所致。因此，供水过多或过少都会使作物减产。考虑到投入水量不一定都能被作物所利用，所以，目前最常用的是建立作物实际蒸发蒸腾量与作物产量之间的模型关系。

国内外学者从不同的角度入手，探讨水分与作物产量之间的关系，建立了很多作物水分生产函数模型。归纳起来，这些模型可分为两大类：一是作物产量与全生育期总蒸发腾发量的关系；二是作物产量与各生育期蒸发腾发量的关系。前者多用于灌区经济分析，以确定各种作物的灌溉定额和灌溉面积；后者则多用于某一种作物灌溉定额在全生育期内的优化分配，以确定最佳的灌水时间和灌水定额。

二、作物水分生产函数的特征

表示水分生产函数的因变量（产量）的指标有三种，即作物产量 Y、边际产量 y 和水生产效率 k。如图1-4所示。图中：$Y-ET_a$ 曲线为投入水量 ET_a 与产量单位面积作物产

量 Y 的示意关系图（其他因素关系不变）；$y\text{-}ET_a$ 曲线为投入水量 ET_a 与边际产量 $y[y=\mathrm{d}Y/\mathrm{d}(ET_a)]$ 的关系曲线；边际产量指水量变动时引起的产量变动率，当连续 Y 可导时，y 为水分生产函数的一阶导数，也可以理解是水分生产函数上这点的斜率。$k\text{-}ET_a$ 曲线为投入水量 ET_a 与单位面积产量 $k[k=Y/(ET_a)]$ 的关系曲线。在 $Y\text{-}ET_a$ 曲线的开始点 a 到水分生产率曲线达到最大值 $k_{\max}$ 所对应的 c 点（第一阶段），随着水量的增加，水生产效率 k 不断增加，水的边际产量 y 始终大于此阶段水生产效率 k，产量增加幅度大于投入水量增加幅度，为"报酬递增"阶段。但

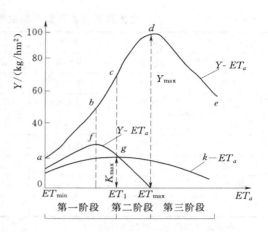

图 1-4　水分生产函数的三个阶段

bc 段，水的边际产量 y 逐渐下降，直至两者在 g 点相等，此时水生产效率 k 达到最大值 $k_{\max}$。第 1 阶段是作物需水最为敏感的阶段，水量的增值效益也最为明显，但没发挥生产潜力。从 c 到作物产量 Y 达到最大值 $Y_{\max}$ 的 d 点（第二阶段），随着水量 ET_a 的增加，作物产量仍将继续增加，但水的边际产量曲线及水生产效率曲线不断下降，产量 Y 增加幅度小于投入水量 ET_a 增加幅度，出现了所谓的"报酬递减"现象，直到边际产量 $y=\mathrm{d}Y/\mathrm{d}(ET_a)=0$，即单位水量的增加引起的产量增值为零。此时供水量达到充分灌溉的上界，相应的作物产量 Y 达到最大值 $Y_{\max}$。在作物产量 Y 达到最大值 $Y_{\max}$ 的 d 点以后的持续下降阶段（第三阶段），边际产量 y 为负值，水生产效率曲线继续下降，为不合理的生产行为。因此，最合理的灌溉定义范围应是第二阶段，即非充分灌溉制度设计的依据。

三、作物产量与全生育期总蒸发腾发量的关系

作物产量与全生育期总蒸发腾发量的关系有线性关系和二次抛物线。

1. 线性关系

线性关系模型一般适用于灌溉水源不足、管理水平不高、农业资源未能充分发挥的中低产地区。其表达式为

$$Y_a = a_0 + b_0 ET_a \qquad (1-53)$$

式中　Y_a——作物产量，$\mathrm{kg/hm^2}$；

a_0、b_0——经验系数；

ET_a——作物全生育期实际蒸发蒸腾量，mm。

线性关系模型以全生育期实际腾发量作为产量的自变量，公式简单，易于统计分析，但未考虑水文年型、气候环境因子的校准影响，因而在不同试验年、不同地区的相关系数较差，模型的输出数据缺乏足够的精度。相对来说，难以推广应用。表 1-21 为北方几站作物产量与蒸发蒸腾量间的直线关系分析结果。

表 1 - 21　　　　　北方几站作物产量与蒸发蒸腾量间的直线关系分析结果

省（自治区）	站名	作物	a_0	b_0	相关系数 R	资料年份
甘肃	酒泉	春小麦	127.42	0.49	0.40	1977—1983
山西	汾西	冬小麦	−202.68	2.06	0.92	1979—1981
河南	新乡	夏玉米	−122.70	2.27	0.96	1981—1983
安徽	宿县	冬小麦	−276.68	2.29	0.64	1981—1984
辽宁	建平	夏玉米	−16.74	1.28	0.92	1983
山西	夹马口	棉花	106.69	0.27	0.49	1980—1984
内蒙古	凉城	春小麦	69.33	0.95	0.79	1984
新疆	昌吉	冬小麦	177.14	0.49	0.40	1977—1983

注　棉花为籽棉产量，其余为籽粒产量。

De. Wit（1958）在前人研究基础上，发现作物产量与相对腾发量有较好的关系，提出了半干旱地区全生育期相对蒸腾量模型为

$$Y = m \frac{T}{E_0} \tag{1-54}$$

式中　　Y——干物质产量，kg/hm^2；

　　　　m——作物因子，随作物种类而变；

　　　　T——作物叶面蒸腾量，mm；

　　　　E_0——全生育期内平均自由水面蒸发量，mm。

在大田观测过程中，土壤株间蒸发 E_s 和作物叶面蒸腾量 T 常一起观测。Stewart（1977）采用下述模型表示：

$$Y_a = m' \frac{ET_a}{E_0} \tag{1-55}$$

式中　　m'——作物因子；

　　　ET_a——作物全生育期实际蒸发蒸腾量，$ET_a = E_s + T$，mm；

　　　其他符号意义同上。

当式（1-55）满足最大腾发量 ET_m 条件时，产量达到最大值 Y_m，即

$$Y_m = m' \frac{ET_m}{E_0} \tag{1-56}$$

有式（1-55）和式（1-56）得到等比模型为

$$\frac{Y_a}{Y_m} = \frac{ET_a}{ET_m} \tag{1-57}$$

或

$$1 - \frac{Y_a}{Y_m} = 1 - \frac{ET_a}{ET_m} \tag{1-58}$$

式（1-58）反映了作物相对亏水量 $\left(ET_D = 1 - \frac{ET_a}{ET_m}\right)$ 与相对减产量 $\left(Y_D = 1 - \frac{Y_a}{Y_m}\right)$ 之间的关系，是进行作物灌溉管理和经济分析的基础模型，但由于模型中未考虑作物因子和管理措施的影响，因而，不能直接应用于生产。考虑到相对腾发量与相对产量并非简单的等比关系，J. Doorenbos 和 A. H. Kassam（1979）等考虑了不同作物对水分亏缺的敏感性

差异，引入了作物产量对水分亏缺反应的敏感系数 K_y，将式（1-58）修改为适用于全生育期的线性模型，简称 D-K 模型。即

$$1-\frac{Y_a}{Y_m}=K_y\left(1-\frac{ET_a}{ET_m}\right) \qquad (1-59)$$

式中 Y_a——作物实际产量，kg/hm^2；

$\quad\quad Y_m$——作物最大产量，kg/hm^2；

$\quad\quad ET_a$——作物全生育期实际蒸发蒸腾量，mm；

$\quad\quad ET_m$——与 Y_m 相对应的作物全生育期的腾发量；

$\quad\quad K_y$——作物产量对水分亏缺反应的敏感系数，或减产系数。

式（1-59）反映了作物减产程度与全生育期总的缺水程度之间的关系。K_y 值越大，表示水分亏缺对该作物产量影响越大，或敏感性越大，即在相同的亏水量的条件下阶段缺水对产量的影响较大。我国北方一些主要作物的研究表明，该模型一般均有较好关系。表 1-22 给出了一些研究得出的几种作物减产系数 K_y。

表 1-22 几种作物的减产系数 K_y 值

作物	地　点	K_y
冬小麦	西北农业大学	0.93
	河北	0.98
玉米	西北农业大学	0.91
	内蒙古东部	0.83
春小麦	呼和浩特	1.04
棉花	山西	0.76
苜蓿	内蒙古中部	1.30

考虑到高产时产量和缺水量的关系并非线性这一事实，相对产量与相对蒸发蒸腾量的关系用式（1-60）其适用性更强。

$$1-\frac{Y_a}{Y_m}=K'_y\left(1-\frac{ET_a}{ET_m}\right)^n \qquad (1-60)$$

式中 K'_y——作物产量对水分亏缺反应的敏感系数；

$\quad\quad n$——根据受旱试验资料分析求得的经验指数。

2. 二次抛物线关系

作物产量与全生育期总蒸发腾发量的二次抛物线关系模型为

$$Y_a=a_1+b_1ET_a+c_1ET_a^2 \qquad (1-61)$$

式中 Y_a——作物实际产量，kg/hm^2；

$\quad\quad ET_a$——作物全生育期实际蒸发蒸腾量，mm；

a_1、b_1、c_1——经验系数，由试验资料回归分析求得。

抛物线关系模型反映了作物生理需水上限的特性。随着水源条件的改善和管理水平的提高，Y_a 与 ET_a 的关系出现了一个明显的界限值。当 ET_a 小于此界限值时，Y_a 随 ET_a 的增加而增加，开始增加的幅度较大，然后减小；当达到该界限值时，产量不再增加，其后 Y_a 随 ET_a 的增加而减小。因此，呈现出二次抛物线关系。

上述几种作物产量与蒸发蒸腾量的关系，为灌溉水量有限条件下的水量最优调控决策提供了一定的依据。在灌水时间对产量不很重要的情况下是最简单实用的。如苜蓿和谷类等作物，可以直接应用这种关系。但小麦、玉米这类作物，灌水时间对产量的影响是很重要的，仅仅考虑产量和全生育期总的蒸发蒸腾的简单关系，用于这种作物的产量预报就不

准确。因为尽管全生育期总的水分投入量相同，而总水量在各生育阶段的分配方式不同，其产量是不同的。也就是说，作物在全生育期遭受同量的缺水，而这些缺水量发生在不同的阶段，其对产量的影响程度也不相同。然而，产量和全生育期总耗水量的关系却掩盖了这一事实，这是此类模型的不足之处。

四、作物产量与各生育期总蒸发腾发量的关系

作物产量不仅仅与全生育期水分供应总量有关，更取决于供水量在全生育期内的分配。在不同的生育阶段缺水对产量的影响很复杂，最简单的形式就是假定在每一个生育阶段缺水对产量的影响是相互独立的，几个阶段缺水时产量的组合影响通过假设这些影响是相加或相乘的方式来评价。在这一基础上提出的几种水分生产函数已用于灌溉优化模型中。几种比较著名的时间水分生产函数列于表 1-23。一些研究表明时间水分生产函数的相加和相乘模式估算的作物产量均在一合理的范围内，可有效地用于灌溉优化模型中，但作物水分生产因数的参数具有地区特性，在不同地区应合理确定其参数值。

表 1-23　　　　　　　　　　一些著名的时间水分生产函数

模型类型	模型名称	时间水分生产函数 (Y/Y_m)
相加模型	Hiller-Clark 模型（1971）	$Y/Y_m = 1 - \sum\limits_{i=1}^{n} K_{yi}(1 - EI_i/ET_{mi})(1 - Y_i/Y_m)$
	Blank 模型（1975）	$Y/Y_m = \sum\limits_{i=1}^{n} K_{yi}(EI_i/ET_{mi})$
	Stewart 模型（1976）	$Y/Y_m = 1 - \sum\limits_{i=1}^{n} K_{yi}(1 - ET_i/ET_{mi})$
	Singh 模型（1987）	$Y/Y_m = 1 - \sum\limits_{i=1}^{n} K_{yi}[1 - (1 - ET_i/ET_{mi})^2]$
相乘模型	Jensen 模型（1968）	$Y/Y_m = \prod\limits_{i=1}^{n} (ET_i/ET_{mi})^{\lambda_i}$
	Minhas 模型（1974）	$Y/Y_m = \prod\limits_{i=1}^{n} [1 - (1 - ET_i/ET_{mi})^2]^{\lambda_i}$
	Rao 模型（1988）	$Y/Y_m = \prod\limits_{i=1}^{n} [1 - K_{yi}(1 - ET_i/ET_{mi})]$

注　Y_i 为第 i 阶段单独缺水后作物的实际产量；K_{yi} 为作物敏感系数；λ_i 为缺水敏感指数。

在生育阶段水分生产函数的模型中，又有相加模型与相乘模型两种。相加模型是以阶段相对腾发量为自变量及相应阶段的产量反映系数 K_{yi} 的乘积表征的模型。相加模型中，比较常用是 Blank 模型（1975）。一般认为相加模型有两大缺陷：其一是对实际中常出现的 Y/Y_m 与 ET/ET_m 之间的非线性关系无法解择；其二是认为各生育阶段缺水对产量的影响是相互独立的，这与实际是不相符的。实际上作物在某个阶段缺水时，不仅对本阶段的生长有影响，而且还会影响到以后各阶段的生长，最终导致产量的降低。相乘模型克服了上述缺陷，在我国得到了广泛应用。在相乘模型中，Jensen 模型（1968）应用较广，其模型表达式为

$$Y/Y_m = \prod_{i=1}^{n}(ET_i/ET_{mi})^{\lambda_i} \tag{1-62}$$

式中　Y——作物实际产量，kg/hm²；

$\quad\quad Y_m$——作物最大产量，kg/hm²；

$\quad\quad ET_i$——作物第 i 阶段实际蒸发蒸腾量，mm；

$\quad\quad ET_{mi}$——作物第 i 阶段潜在蒸发蒸腾量，mm；

$\quad\quad \lambda_i$——作物第 i 阶段缺水对产量影响的敏感指数。

该模型用各生育阶段对腾发量指数函数的乘积表达对相对产量的影响。由于在实际灌溉过程中，$ET_i/ET_{mi} \leqslant 1.0$，且 $\lambda_i \geqslant 0$，故 λ_i 值愈大，则 $(ET_i/ET_{mi})^{\lambda_i}$ 越小，将会使连乘后的 Y/Y_m 愈小，表示该阶段对产量的影响愈大，即敏感性大；反之，λ_i 值愈小，则表示该阶段对产量的影响愈小，即敏感性小。我国几种主要粮食作物水分生产函数 Jensen 模型的 λ_i 分别见表 1-24～表 1-26。

表 1-24　　　　　　　　冬小麦 Jensen 模型缺水敏感指数 λ_i 值

时期 地点	苗期	越冬	返青	拔节	抽穗	灌浆
河南新乡	0.114	0.081	0.138	0.147	0.164	0.128
河南郑州	0.150	0.011	0.154	0.173	0.242	0.174
河北望都	0.114	0.073	0.165	0.336	0.105	0.114
河北藁城	0.148	0.151	0.272	0.400	0.159	0.287
山东石马	0.077	0.036	0.115	0.220	0.162	
山西肖河	0.096	0.084	0.106	0.210	0.274	0.224

表 1-25　　　　　　　　夏玉米 Jensen 模型缺水敏感指数 λ_i 值

时期 地点	苗期	拔节	抽穗	灌浆
河南新乡	0.016	0.152	0.174	0.089
河北望都	0.029	0.225	0.150	0.035
山东石马	0.076	0.292	0.441	0.238
山西利民	0.035	0.157	0.255	0.141
山西肖河	0.049	0.149	0.173	0.103

表 1-26　　　　　　　　水稻 Jensen 模型缺水敏感指数 λ_i 值

地点	时间 水稻类型	分蘖	拔节孕穗	抽穗开花	乳熟	年份
河北唐河	中稻	0.182	0.452	0.639	0.121	1992—1993

地点 时间 水稻类型	分蘖	拔节孕穗	抽穗开花	乳熟	年份
广西桂林 双季晚稻	0.209	0.489	0.206	0.059	1988—1993
湖北阳新 中稻	−0.546	0.857	0.551	0.416	1988
湖北漳河 中稻	0.086	1.387	1.275		1988

必须指出的是，Jensen 模型中的缺水敏感指数 λ_i 值，不仅随各种作物不同生育阶段变化，而且也随地区、年份不同而变化，因此既不能将某一地区的 λ_i 值照搬到其他地区使用，也不能在同一地区的不同年份使用同一大小的 λ_i 值。现有的作物水分生产函数模型都是在一定的土壤、气象和农业技术等条件下，寻找水和产量之间的关系，如果水之外的其他因素发生变化，则缺水敏感指数 λ_i 值也随之变化。

对作物缺水敏感指数 λ_i 的研究中，出现了 λ_i 为负值的现象。建立 Jensen 模型的前提在于假设作物各生长阶段保持充分的水分供应，即 ET_{mi} 为各阶段水分供应的最佳状态下，作物获得最高产量，此时 $\lambda_i > 0$；$\lambda_i \approx 0$ 则表示此阶段缺水与否对作物产量不发生影响或影响很小；$\lambda_i < 0$ 表示此阶段适度缺水（$ET_i < ET_{mi}$）具有增产效应，若 λ_i 阶段出现负值发生在作物生理和栽培的某些特殊阶段，如玉米和棉花的蹲苗期、小麦黄熟期、水稻烤田期、有充分播前灌水的小麦分蘖期等，均可以从作物生理和栽培促控机制上得到解释。Turner（1989）提出了水分亏缺并不总是降低产量，早期适度水分亏缺在某些作物上有利于增产的观点。但是在扩展上述结论时存在着风险，因为适度水分亏缺可能会很快发展成较严重的水分亏缺，从而对作物生长造成危害。因此要发挥水分亏缺在作物增产中的作用必须具备可控制的灌溉条件和高水平的田间管理。

【例 1-5】 已知某地区夏玉米全生育期从 6 月 18 日到 9 月 25 日（96d）。各生育阶段的天数、最大需水量和作物缺水敏感系数 K_y 值见表 1-27。试分析下列几种情况下的产量损失：①全生育期缺水 40mm，并均匀分布在整个生长期；②拔节-抽雄期缺水 40mm，其他时段不缺水；③抽雄-灌浆期缺水 40mm，其他时段不缺水。

表 1-27　　　　　　　　　　**某地区夏玉米各生育期需水量和缺水敏感系数**

生育阶段	苗期-拔节	拔节-抽雄	抽雄-灌浆	灌浆-收获	全生育期
天数/d	32	20	19	25	96
需水量/mm	78.7	96.2	90.8	80.5	346.2
缺水敏感系数	0.03	0.30	0.58	0.20	0.93

解：（1）全生育期缺水 40mm，并均匀分布在整个生长期，则

$$1 - ET_i/ET_{mi} = 1 - (346.2 - 40)/346.2 = 0.1155$$

已知 $K_y = 0.93$，由公式 $1 - Y/Y_m = K_y(1 - ET/ET_m)$ 得

$$Y/Y_m = 89.26\%$$

（2）拔节-抽雄期缺水 40mm，其他时段不缺水。

$$1-ET_2/ET_{m2}=1-(96.2-40)/96.2=0.4158$$

已知 $K_{y2}=0.30$，由公式 $1-Y/Y_m=K_{y2}$ $(1-ET_2/ET_{m2})$ 得

$$Y/Y_m=87.53\%$$

（3）抽雄-灌浆期缺水 40mm，其他时段不缺水。

$$1-ET_3/ET_{m3}=1-(90.8-40)/90.8=0.4405$$

已知 $K_{y3}=0.58$，由公式 $1-Y/Y_m=K_{y3}$ $(1-ET_3/ET_{m3})$ 得

$$Y/Y_m=74.45\%$$

由以上几种情况计算结果可见：相同的缺水量发生在不同生育阶段，对产量的响应并不同，缺水发生在缺水敏感系数较大的阶段对产量的影响较大。因此，在供水条件不足的情况下，应优先保证缺水敏感系数较大的生育的需水要求。

与此类似，相同时段内，在有限水量条件下，对于不同种类作物间的水量分配，也应优先保证敏感系数较大的作物的需水要求。

第四节　节水型灌溉制度

灌溉制度是灌区用水管理编制和执行用水计划、合理用水的依据。合理的灌溉制度还是指导农田灌溉工作的重要依据，它关系着灌区水土资源充分利用与灌溉工程设施效益的发挥。传统灌溉理论认为，作物灌溉就是把作物和土壤"喝足吃饱"。随着灌溉理论研究的不断深入和灌溉实践的不断发展，节水灌溉新理论认为灌溉是"适时适量灌""精细灌水""灌作物而不是灌土地"。作物灌溉制度已向节水型灌溉制度转变，并形成比较成熟的理论。

一、概述

灌溉制度是指在一定自然气候和农业技术条件下，使农作物获取优质高产稳产的产量所需的灌水时间、灌水次数、灌水定额（一次灌水单位灌溉面积上的灌水量）和灌溉定额（全生育期所需的总灌水量）。灌溉实践证明，科学合理的灌溉制度，既可使作物适时适量灌溉，又可提高作物单位面积产量，节约用水，提高灌溉效益和灌区内大面积农业获取高产。灌溉制度的合理制定与正确执行，对于充分发挥灌溉工程效益和改善生态环境有着十分重要的意义。

节水型灌溉制度是把有限的灌溉水量在作物生育期内进行最优分配，以提高灌溉水向根层贮水的转化效率和光合产物向经济产量转化的效率。对旱作物可根据水源供水状况，在水源充足时采用适时、适量的节水灌溉；在水源供水不足的情况下采取非充分灌溉、调亏灌溉、低定额灌溉、储水灌溉等，对水稻可采用浅湿灌溉、控制灌溉等，限制对作物的水分供应，一般可节水 30%～40%，而对产量无明显影响。制定节水型灌溉制度一般不

需要增加很多投入，只是根据作物生长发育的规律，对灌溉水进行时间上的优化分配，农民易于掌握，是一种投入少、效果显著的管理节水措施。节水型灌溉制度又分为充分灌溉制度和非充分灌溉制度。

充分灌溉是指水源供水充足，能够全部满足作物的需水要求，此时的节水高效灌溉制度应是根据作物需水规律及气象、作物生长发育状况和土壤墒情等对农作物进行适时、适量的灌溉，使其在生长期内不产生水分胁迫情况下获得作物高产的灌水量与灌水时间的合理分配，并且不产生地面径流和深层渗漏，既要确保获得最高产量，又应具有较高的水分生产率。

非充分灌溉制度指在灌溉水资源不足或由于工程性缺水不能满足作物充足用水供应和及时调节水量的情况下，允许作物某一阶段或某一生育时期水分亏缺（或者说作物一定程度受旱）灌溉。这是一种不能完全满足作物灌溉用水的灌溉制度。

节水型灌溉制度是在水资源总量有限，无法满足传统充分供水灌溉需求的背景下提出和发展起来的。节水型灌溉制度总体目标是：充分利用降水，按水源可供灌溉水量，根据作物产量与耗水量的关系，以经济效益最大或水分生产率最高为目标，确定作物的灌水时间及灌水定额。在水源供水量有限的情况下，由于采用节水型灌溉制度下的总灌水量要比传统充分供水灌溉制度下的总灌水量有明显减少，所以作物在整个生育期内一些时段的需水必然要受到限制，形成一定程度的干旱胁迫。因此，节水型灌溉制度要解决的主要问题就是什么时段限制供水，以及限制供水到什么程度才能做到用水量最少，减产量最小？或有限的供水应当如何分配才能保证取得最大的增产效益？

水资源的短缺是区域性的，而这种区域性的短缺又是通过区域内各田块供水量不足来具体体现。因此，节水型灌溉制度的制定要体现在两个层次上。第一个层次是田间层次，即一个田块可供应的总水量在不同的作物生育时期内应当如何分配才能获得最大产量；第二个层次是区域层次，即区域内有限的水量应当如何分配至不同的田块，以保证整个区域的总产量（或总效益）最高。由此可见，节水型灌溉制度的总体目标是使有限的水量得到最大效益的利用。它并不追求某些田块产量达到最高，而是期望通过合理调配有限的水资源，取得区域总产量或总效益最佳。

节水型灌溉制度的实施，与节水灌溉措施有关。节水灌溉措施有多种分类方法，一般将其分为工程类和管理类措施两大类。其中工程类措施又可进一步划分为渠系输水节水、田间灌溉节水措施；管理类节水可划分为工程管理节水、用水管理节水、政策与法规节水、管理体制改革型节水。因此，需要有关部门单位、科技管理人员和受益区用水者的通力合作。

二、制定灌溉制度的方法

作物灌溉制度随作物种类、品种、自然条件（土壤、气象、水文与地下水情况）、灌水技术及农业技术措施的不同而变化，根据当地、当年的具体条件确定。确定作物灌溉制度通常采用以下 4 种方法。

1. 总结群众丰产灌水经验

经过多年的实践、摸索，各地群众都积累了不少确定灌溉制度的方法。如我国北方农民把土壤水分状况称为墒情，将土壤墒情分为：汪水、黑墒、黄墒、潮干土和干土等几类，常在耕种前或作物生长期间进行验墒，即根据土壤湿润程度、土色深浅和揉捏成形等来判断土壤的含水量及其有效性，以确定灌水时间和灌溉水量。这些经验与方法应成为制定灌溉制度最宝贵的资料。一些实际调查的灌溉制度见表1-28。

表1-28　　　　　　　我国北方地区几种主要旱作物的灌溉制度（调查）

作物	生育期灌溉制度			备注
	灌水次数	灌水定额/(m³/亩)	灌溉定额/(m³/亩)	
小麦	3～6	40～60	200～300	
棉花	2～4	30～40	80～150	干旱年份
玉米	3～4	40～60	150～250	

2. 根据灌溉试验资料制定灌溉制度

为了实施科学灌溉，我国许多灌区设置了灌溉试验站，试验项目一般包括作物需水量、灌溉制度、灌水技术和灌溉效益等。试验站积累的试验资料，是制定灌溉制度的主要依据。但是，在选用试验资料时，必须注意原试验的条件（如气象条件、水文年度、产量水平、农业技术措施、土壤条件等）与需要确定灌溉制度地区条件的相似性，在认真分析研究对比的基础上，确定灌溉制度，不能生搬硬套。

3. 根据作物的生理指标制定灌溉制度

作物对水分的生理反应可从多方面反映出来，利用作物各种水分生理特征和变化规律作为灌溉的指标，能更合理的保证作物的正常生长发育和它对水分的需要。目前可用于确定灌水时间的生理指标：冠层-空气温度差、细胞液浓度、叶组织水势和气孔开张度等。当然，有关作物对土壤水分相应的生理指标特征与变化规律仍处于积极的探索之中，将来这部分研究成果将会对灌溉制度的合理制定提供更为可靠的科学依据。

4. 按水量平衡原理分析制定作物灌溉制度

这是目前生产实践中应用较为普遍的方法，有一定的理论依据，比较完善，但必须根据当地具体条件，参考群众丰产灌水经验和田间试验资料，这样才能使得所制定的灌溉制度更为合理与完善。

下面介绍一下应用水量平衡原理确定旱作物和水稻灌溉制度的方法。

三、旱作物灌溉制度

水量平衡法以作物各生育期内土壤水分变化为依据，从对作物充分供水的观点出发，一般要求在作物各生育期内，计划湿润层内的土壤含水率（水稻为计划水层深度）维持在作物适宜含水量的上限和下限之间，若土壤含水量降至下限时，则应进行灌水，以保证作物充分供水。

1. 水量平衡方程

就旱作物的整个生育期而言，任一时段中 $0～t(d)$，任一时段计划湿润层中含水量的

变化，取决于需水量和来水量的多少，其来去水量见图 1-5。土壤计划湿润层 H 内的水量平衡可表示为

$$W_t - W_0 = W_T + P_0 + K + M - ET \tag{1-63}$$

或

$$(\theta_t - \theta_0)H = W_T + (p + k + m - e)t \tag{1-64}$$

式中　W_0、W_t——时段始、末单位面积计划湿润层的土体储水量，mm；

θ_0、θ_t——时段始、末单位面积计划湿润层的平均含水率，cm³/cm³；

H——计划湿润层深度同，mm；

W_T——由于计划湿润层深度增加而在单位面积上增加的水量，mm，如时段内计划湿润层变化则无此项，一般取时段内计划湿润层深度一致，即 $W_T = 0$；

P_0——时段内单位面积上入渗的有效降水量，mm；

p——时段内单位面积上平均降水的入渗强度，mm/d；

K——时段内单位面积上地下水（或下部土层）对计划湿润层土壤的补给量，mm；

k——时段内单位面积上地下水（或下部土层）对计划湿润层土壤的平均补给强度，mm/d；

M——时段内单位面积上的灌水量，mm；m³/hm²；

m——时段内的平均灌水强度，mm/d；

ET——时段内的作物需水量，mm；m³/hm²；

e——时段内作物的平均蒸散强度，mm/d。

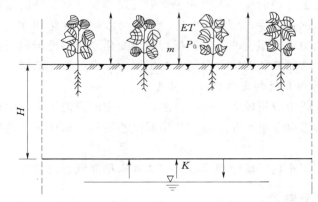

图 1-5　土壤计划湿润层水量平衡示意图

为了满足作物正常生长的要求，任一时段内土壤计划湿润层的土壤含水率（或储水量）必须经常保持在一定的适宜范围内，即通常要求不少于作物允许的最小允许含水率 θ_{min}（或最小允许储水量 W_{min}）和不大于作物允许含水量 θ_{max}（或最大储水量 W_{max}）。但计划湿润层的平均土壤含水量（或储水量）降低到或接近于最小允许值（θ_{min} 或 W_{min}）时，即需进行灌溉，以补充土壤水分，维持作物的正常生长。

例如某时段内没有降雨，显然这一时段的水量平衡方程可写为

$$W_{min}=W_0-ET+K=W_0-t(e-k) \qquad (1-65)$$

式中　W_{min}——土壤计划湿润层内允许最小储水量；

其余符号意义同前。

如图 1-6 所示，设时段初土壤储水量为 W_0，则由式（1-63）可推算出开始进行灌水时间间距为

$$t=\frac{W_0-W_{min}}{e-k} \qquad (1-66)$$

而这一时段末的灌水定额为

$$m=W_{max}-W_{min}=667H(\theta_{max}-\theta_{min})\rho_{干土}/\rho_水 \qquad (1-67)$$

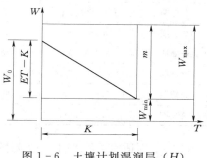

图 1-6　土壤计划湿润层（H）内储水量变化

式中　m——灌水定额，$m^3/$亩；

H——该时段内土壤计划湿润层的深度，m；

θ_{max}、θ_{min}——该时段内允许的土壤最大含水率和最小含水率，以干土重的％计；

$\rho_{干土}$、$\rho_水$——计划湿润层土壤的干密度和水密度，kg/m^3。

同理，可以求出其他时段在不同情况下的灌水时距与灌水定额，从而确定出作物全生育期内的灌溉制度。

2. 水量平衡法参数的确定

拟定的灌溉制度是否合理，关键在于方程中各项数据，如土壤计划湿润层深度、作物允许的土壤含水量变化范围以及有效降雨量等选用是否合理。因此在拟定灌溉制度的过程中，水量平衡方程中各参数的准确确定是重要的。

（1）有效降水量 P_0。有效降雨量系指天然降雨量扣除地面径流和深层渗漏量后，蓄存在土壤计划湿润层内可供作物利用的雨量。

在生产实践中，一般用降雨入渗系数来表示

$$P_0=\alpha P \qquad (1-68)$$

式中　α——降雨入渗系数，其值与一次降雨量、降雨强度、降雨延续时间、土壤性质、地面覆盖及地形等因素有关。一般认为一次降雨量小于 5mm 时，α 为 0；当一次降雨量在 5～50mm 时，约为 1.0～0.8；当次降雨量大于 50mm 时，$\alpha=0.70～0.80$。

（2）土壤计划湿润层深度 H。土壤计划湿润层深度系指在对旱作物进行灌溉时，计划调节控制土壤水分状况的土层深度。它取决于旱作物主要根系活动层深度，随作物的生长发育而逐步加深。在作物生长初期，根系虽然很浅，但为了维持土壤微生物活动，并为以后根系生长创造条件，需要在一定土层深度内保持适当的含水率，一般采用 30～40cm；随着作物的成长和根系的发育，需水量增多，计划湿润层也应逐渐增加，至生长末期，由于作物根系停止发育，需水量减少，计划湿润层深度不宜继续加大，一般不超过 0.8～1.0m。在地下水位较高的盐碱化地区，计划湿润层深度不宜大于 0.6m。根据试验资料，列出几种作物不同生育阶段的计划湿润层深度，见表 1-29。

表 1-29 冬小麦、棉花、玉米各生育期较为典型的计划湿润层深度

冬小麦		棉 花		玉 米	
生育期	计划湿润层深度	生育期	计划湿润层深度	生育期	计划湿润层深度
幼苗期	0.3～0.4m	幼苗期	0.3～0.4m	幼苗期	0.3～0.4m
分蘖期	0.4～0.5m	现蕾期	0.4～0.6m	拔节期	0.4～0.5m
拔节期	0.5～0.6m	开花结铃期	0.6～0.8m	孕穗期	0.5～0.6m
抽穗期	0.6～0.8m	吐絮期	0.6～0.8m	抽穗期	0.6～0.8m
灌浆期	0.8～1.0m			灌浆期	0.8m

（3）土壤适宜含水率上、下限的确定。由于田间作物需水的持续性及农田灌水或降水的间歇性，计划湿润层内土壤含水率不可能经常维持在最适宜的水平，为了保证作物生长，应将土壤含水率控制在适宜的上限 θ_{max} 与下限 θ_{min} 之间。土壤含水率的上限应满足以下两个条件：既不产生深层渗漏，又要满足作物土壤空气含量的要求，故一般取田间持水量。各种土壤的田间持水量见表 1-30。

表 1-30 各种土壤的田间持水量

土壤类别	孔隙率 /%	田间持水量	
		占土体/%	占孔隙率/%
砂土	30～40	12～20	35～50
砂壤土	40～45	17～30	40～65
壤土	45～50	24～35	50～70
黏土	50～55	35～45	65～80
重黏土	55～65	45～55	75～80

土壤含水率的下限应以作物生长不受抑制为准，应大于凋萎系数，一般以占田间持水量的百分数计，取占田间持水量 60%～70%。最适宜作物生长的含水率称为土壤适宜含水率，土壤适宜含水率介于 θ_{max} 与 θ_{min} 之间，随作物品种及其生育阶段、土壤性质等因素而变化。表 1-31 给出的冬小麦、棉花和玉米各生育阶段要求的土壤适宜含水率可供参考。

表 1-31 冬小麦、棉花、玉米各生育期要求的土壤适宜含水率
（以占田间持水率的百分比计）

冬小麦		棉 花		玉 米	
生育期	土壤适宜含水率	生育期	土壤适宜含水率	生育期	土壤适宜含水率
出苗期	稍>70%	播种期	>70%	播种期	60%～80%
分蘖期	稍>70%	苗期	55%～70%	苗期	55%～60%
越冬期	70%左右	现蕾期	60%～70%	拔节孕穗期	60%～70%
返青拔节期	60%～70%	开花结铃期	70%～80%	抽穗开花期	70%～75%
拔节期后	70%～80%	成熟期	55%～70%	灌浆成熟期	70%左右

（4）地下水补给量 K。地下水补给量系指地下水借土壤毛细管作用上升至作物根系吸水层而被作物利用的水量，其大小与地下水埋藏深度、土壤性质、作物种类、作物需水强度、计划湿润层含水量等有关。地下水位越接近根系活动层，毛管作用越强，地下水位补给量也越多。当地下水埋深超过 2.5m 时，补给量很小，可以忽略不计；当地下水埋深小于 2.5m 时，其补给量一般为作物需水量的 5%～25%。河南省人民胜利渠灌区测定冬小麦区地下水埋深在 1.0～2.0m 时，地下水补给量可达作物需水量的 20%。因此，在制定灌溉制度时，不能忽视这部分的补给量，必须根据当地或类似地区的试验、调查资料估算。

（5）由于计划土壤湿润层深度增加而增加的可利用水量 W_T。作物生育期内计划湿润层的深度是不断变化的。若计算时段内计划湿润层深度变化不大，则 W_T 项可设定为零；若时段内计划湿润层变化较大，由于计划湿润层的增加，将增加部分有效水量，此时，W_T（m^3/亩）可按下式计算：

$$W_T = 667(H_2 - H_1)\theta_g \rho_{干土}/\rho_{水} \tag{1-69}$$

式中　H_1——时段初土壤计划湿润层深度，m；

　　　H_2——时段末土壤计划湿润层深度，m；

　　　θ_g——（$H_2 - H_1$）深度的土层中的平均含水率，以占干土重的%计，一般 $\theta_g < \theta_{田持}$；

　　$\rho_{干土}$、$\rho_{水}$——计划湿润层土壤的干密度和水密度，kg/m^3。

3. 旱作物播前灌水定额 M_1 的确定

播前灌水是为了土壤有足够的底墒，以保证种子发芽和出苗或储水于土壤中，供作物生育期使用。播前灌水往往只进行一次，M_1（m^3/亩）一般可按下式计算：

$$M_1 = 667H(\theta_{max} - \theta_0)\rho_{干土}/\rho_{水} \tag{1-70}$$

式中　H——土壤计划湿润层深度，m，应根据播前灌水要求决定；

　　$\rho_{干土}$、$\rho_{水}$——计划湿润层土壤的干密度和水密度，kg/m^3；

　　　θ_{max}——一般为田间持水率，以占干土重的%计；

　　　θ_0——播前 H 土层内的平均含水率，以占干土重的%计。

4. 旱作物生育期灌溉制度的拟定

根据水量平衡原理，可用图解法或列表法制定全生育期的灌溉制度，旱作物的计算一般以旬为时段进行计算。

（1）根据水量平衡图解分析法拟定旱作物生育期内的灌溉制度。在采用水量平衡图解分析法拟定灌溉制度时，其步骤如下：

1）根据各旬计划湿润层深度 H 和作物所需求的计划湿润层内土壤含水率的上限 θ_{max} 和下限 θ_{min}，求出 $H_土$ 层内允许储水量上限 W_{max} 及下限 W_{min}（$W_{max} = 667nH\theta_{max}$，$W_{min} = 667nH\theta_{min}$），绘于图 1-7 上。

2）绘制作物田间需水量 ET 累积曲线，由于计划湿润层加大而获得的水量 W_T 累积曲线、地下水补给量 K 累积曲线以及净耗水量（$ET - W_T - K$）累积曲线。

3）根据设计年各时段的降雨量求出渗入土壤的有效降雨量 P_0，逐时段绘于图上。

4）自作物生长初期土壤计划湿润层储水量 W_0，逐旬减去（$ET-W_T-K$）值，即至 A 点引直线平行于（$ET-W_T-K$）曲线，当遇有降雨时需加上有效降雨入渗量 P_0，即得计划湿润土层实际储水量 W 曲线。

5）当计划湿润土层实际储水量 W 曲线接近 W_{min} 值时，即进行灌水。灌水时，除考虑水量盈亏的因素外，还应考虑作物各发育阶段的生理要求、灌水技术、与灌水相关的农业技术措施以及灌水和耕作的劳动组织等。灌水定额值也像有效降雨量一样加在 W 曲线上。

6）如此继续进行，即可得到全生育期的各次灌水定额、灌水时间和灌水次数。

7）生育期灌水定额 $M_2 = \sum\limits_{i=1}^{n} m_i$，$m_i$ 为各生育期灌水定额。

8）将播前灌水定额加上生育期灌溉定额，即得旱作物的总灌溉定额 M，$M = M_1 + M_2$。

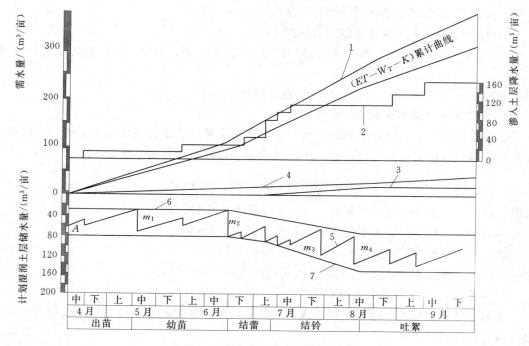

图 1-7　棉花灌溉制度设计图

（2）根据水量平衡列表法拟定旱作物生育期内的灌溉制度。根据水量平衡原理，也可采用列表法计算旱作物生育期内的灌溉制度。计算时段一般采用一旬或五天。计算也十分简便。采用列表法拟定棉花生育期内的灌溉制度如表 1-32 所示。

按水量平衡方法制定灌溉制度，如果作物耗水量和降雨量资料比较精确，其计算结果比较接近实际情况。对于万亩以上灌区应采用时历年法确定历年各种主要作物的灌溉制度，根据灌溉定额的频率分析选出 2～3 个符合设计保证率的年份，以其中灌水分配过程不利的一年为典型年，以该年的灌溉制度作为设计灌溉制度；时历年系列不宜少于30年。灌区的降水、土壤、水文地质条件有较大差异时，应分区确定灌溉制度；万亩及万亩以下灌区确定灌溉设计保证率时，可根据降水的频率分析选出2～3个符合设计保证率的年份，拟定其灌溉制度，以其中灌水分配过程不利的一年为典型年，以该年的灌溉制度作为设计灌溉制度。

表1-32　　　　　　　　　　　列表法拟定棉花生育期内的灌溉制度

生育阶段	起止日期/(月.日)	H/m	W_{max}/(m³/亩)	W_{min}/(m³/亩)	W_0/(m³/亩)	ET/(m³/亩)	$W_米$/(m³/亩)			$W_米-ET$/(m³/亩)		M/(m³/亩)	灌水日期/(月.日)	W_t/(m³/亩)
							P_0	W_T	小计	+	-			
幼苗	4.21—30	0.5	117.3	70.4	105.6	11.2	4.7	0	4.7		6.5			99.1
	5.1—10				99.1	11.2	2.1	0	2.1		9.1			90
	5.11—20				90	11.2	20.1	0	20.1	8.9				98.9
	5.21—31				98.9	11.2	18.1	0	18.1	6.9				105.8
	6.1—10				105.8	11.2	13.5		13.5	2.3				108.1
	6.11—20				108.1	11.2	15.3		15.3	4.1				112.2
现蕾	6.21—30	0.6	140.7	84.4	112.2	48.4	0	11.7	11.7		36.7	40	6.25	115.5
	7.1—10				115.5	48.3	6.1	11.7	17.8		30.5			85
花铃	7.11—20	0.7	164.2	98.5	85	32.8	12.4	5.8	18.2		14.6	40	7.15	110.4
	7.21—31				110.4	32.8	33.5	5.8	39.3	6.5				116.9
	8.1—10				116.9	32.7	18	5.9	23.9		8.8	40	8.5	148.1
	8.11—20				148.1	32.7	17.4	5.9	23.3		9.4			138.7
吐絮	8.1—31	0.8	187.7	112.6	138.7	31.1	0.2	4.7	4.9		26.2	40	8.25	152.5
	9.1—10				152.5	31	40.3	4.7	45	14				166.5
	9.11—20				166.5	31	20.9	4.7	25.6		5.4			161.1
	9.21—30				161.1	31	0.5	4.7	5.2		25.8			135.3
	10.1—10				135.3	31	4.3	4.6	8.9		22.1			113.2
总计	4.21—10.10					450						160		

四、主要旱作物的科学用水与灌溉制度

1. 小麦

小麦是我国主要粮食作物，其中主要是冬小麦，占总种植面积的80%左右，其余是春小麦。冬小麦的全生育期的需水量为400～600mm，其中蒸腾量占总需水量的60%～80%，株间蒸发占20%～40%，冬小麦生育期的需水量变化较大，需水特性大致情况见表1-33。

表 1 - 33　　　　　　　　冬小麦需水情况及需水临界期

生育阶段	起止日期/ （月.日）	天数/d	需水量/ （m³/亩）	日需水量/ （m³/亩）	占总需水量 /%	备注
播种-越冬	10.4-11.22	50	32.99	0.66	9.9	
越冬-返青	11.23—3.5	103	49.29	0.48	14.79	
返青-拔节	3.6—4.6	32	61.41	1.92	18.43	
拔节-抽穗	4.7—24	18	65.64	3.65	19.70	需水临界期
抽穗-灌浆	4.25—5.10	16	56.65	3.54	17.00	
灌浆-成熟	5.11—6.6	27	67.25	2.49	20.18	
全生育期	10.4—6.6	246	333.23	1.35	100	

注　河北藁城水科所试验资料。

冬小麦的灌溉制度应根据当地气候条件而变，小麦根系主要吸收 0～100cm 深处的土壤水分，一般在土壤含水量小于田间持水量的 60%～70% 时灌水，根据我国北方地区的实际，在以下几个时期，水分不足时进行灌溉可以取得显著增产效果。

（1）播前水。在小麦播种前进行灌溉，使土壤有适宜的水分，以保证小麦播种后能及时发芽和出苗整齐。小麦播种时 0～10cm 土层内土壤含水率以占田间持水量的 75%～80% 最为适宜，土壤含水率过低或过高都对出苗不利。浇播前水一般是结合秋耕整地进行。早茬地可在前茬作物收割后整地作畦（或开沟），灌水造墒；晚茬地则可采取不割先浇的办法，在前季作物收割前灌水造墒，争取适时早播。

（2）越冬水。小麦在越冬阶段，虽然耗水不多，但浇冬水不仅能储水保墒，预防冬春旱，满足小麦越冬前生根分蘖对水分的需要，而且还可以调节地温，减轻冻害，有利于麦苗安全越冬。小麦冬灌时必须因地制宜，严格掌握灌水时间和灌水量。灌水时间以"日消夜冻"为宜，即日平均气温在 3℃ 左右为好。灌水量不宜过大，一般为 30～60m³/亩，砂性土或盐碱地可适当大些。低洼地、下湿地或麦苗弱小的麦田，天气严寒时可少灌或不灌，以防造成死苗。

（3）返青拔节期灌水。小麦返青以后，进入第二个分蘖高峰，这时水分不足会影响春季分蘖，应及时灌水，促进春季分蘖高峰形成，但对于长势旺盛的麦田，冬前群体较大，返青期不宜灌水或将灌水时间推迟，以控制春季分蘖滋生、防止倒伏。

（4）拔节水。拔节期是小花分化阶段，此期灌水有利于小花成熟防止小花退化，对增加穗粒数极为重要，且此期为需水临界期，日需水量高，而北方地区此期一般干旱少雨，一般年份均需灌水。

（5）灌浆期灌水。灌浆期是小麦籽粒形成的重要阶段，灌浆期灌水可以加快灌浆速度，提高产量。灌浆后期北方麦区常有干热风，连续几天的干热风使小麦逼熟，甚至青干，此时灌水可以防止干热风造成作物减产。小麦灌浆成熟期穗头重，下部轻，灌水不当或遇大风容易造成倒伏，因此应注意掌握好灌水量和灌水时间。灌水量以不超过 30～40m³/亩为宜，灌水时密切注意天气变化，做到无风快浇，大风不浇，雨前停浇，避免浇后倒伏。

以上说明了不同时期灌水增产作用，决定哪一水要灌，哪一水不要灌，要根据当时土壤墒情和天气状况及水源情况而定。我国北方地区灌溉水源不足，一般应按争苗、争穗、争粒的原则灌播前水、拔节水、灌浆水。

2. 玉米

玉米在我国种植很广，是仅次于水稻和小麦的主要粮食作物。玉米植株高大，叶片旺盛，生长期多处高温季节，耗水过很大，远高于高粱、谷子等作物，玉米的需水特性见表1-34。

表 1-34　　　　　　　　　　　　春、夏玉米需水情况及需水临界期

玉米类型	生育阶段	天数/d	需水量/ (m³/亩)	日需水量/ (m³/亩)	占总需水量 /%	备注
春玉米	播种-出苗	8	7.5	0.94	3.08	
	出苗-拔节	23	43.4	1.89	17.79	
	拔节-抽穗	26	72.2	2.78	29.60	
	抽穗-灌浆	10	33.6	3.36	13.78	需水临界期
	灌浆-蜡熟	26	76.6	2.95	31.41	
	蜡熟-收获	11	10.6	0.96	4.35	
	全生育期	104	243.9	2.35	100.00	
夏玉米	播种-出苗	6	14.6	2.43	6.12	
	出苗-拔节	15	37.1	2.47	15.56	
	拔节-抽穗	16	55.8	3.49	23.41	
	抽穗-灌浆	20	66.3	3.32	27.81	需水临界期
	灌浆-蜡熟	22	45.7	2.08	19.17	
	蜡熟-收获	12	18.9	1.58	7.93	
	全生育期	91	238.4	2.62	100.00	

玉米是喜湿作物，生长期气温高，耗水量大，生育期常遇干旱，在土壤水分不足时，应抓好以下几个时期的灌溉。

（1）底墒水。玉米播种前灌底墒水，保持适宜的土壤水分，是保证适时播种、苗全苗旺的关键。春玉米底墒水最好在头年冬季土壤封冻前进行，灌水量宜为 60～80m³/亩。这样也可储水保墒，减少病虫害以及缓和春季用水紧张的情况。在开春后要及时浇底墒水，灌水量宜小，一般为 30～45m³/亩，以防造成土壤过湿，地温降低，影响适时播种。夏玉米浇播前水，即可在前茬作物收割后进行，也可在前茬作物收割前结合最后一次灌水进行，一水两用，灌水量一般不要超过 30～40m³/亩。

（2）拔节孕穗水。玉米苗期需水不多，灌过底墒水后，搞好保墒，即可满足幼苗需水，一般不需灌。幼苗期稍旱一些，适当进行"蹲苗"，还可促使根系向下发展，吸取土层深处的水分和养分，有利于植株健壮生长。玉米进入拔节期，气温升高，植株生长迅速，光合作用强，蒸腾耗水量增加，同时，结实器官逐步形成，需要大量水分。此时追肥灌水，既能促使每株雌穗多、穗大，又能使茎秆粗大，茎根迅速生长，增强抗倒伏能力及根系吸收力，浇拔节水宜结合中耕培土，灌水量为 40～50m³/亩。

(3) 抽穗开花水。玉米进入抽穗开花期，雄雌穗开花授粉，籽粒逐步形成，是全生长期中最重要的时期，也是对水分需要最多的时期，其耗水占全生长期的耗水量一半左右，对水分需求十分敏感，稍遇干旱，就会影响抽雄、散粉受精。及时浇好抽穗开花水，对提高产量具有重要作用。在此期间，如果天气干旱，每隔10～15d则需灌水一次，每次灌水量40～50m³/亩。

(4) 灌浆成熟水。玉米受精后进入乳熟期和蜡熟期，是籽粒形成的主要时期，此时植株的生理活动，主要是将大量的养分水溶液向籽粒输送，达到果实饱满的目的。如果这段时间缺水受旱，就会影响养分的输送，造成籽粒秕瘦，产量降低。乳熟期的土壤水分最好保持在田间持水量的70%～80%。蜡熟期的土壤水分保持在田间持水量的60%～70%。如遇天气干旱应及时灌水，灌水量35～45m³/亩为宜。

3. 棉花

棉花是我国拥有的主要经济作物和重要纺织原料，种植面积较大，棉花株高叶大生长期较长，且处在高温季节，需水量较大，大约在250～450m³/亩，其需水特性见表1-35。

表1-35　　　　　　　　　　　　棉花需水情况及需水临界期

生育阶段	天数/d	需水量/ (m³/亩)	日需水量/ (m³/亩)	占总需水量 /%	备　注
苗期	61	67.67	1.11	16.69	
蕾期	30	69.27	2.31	17.08	
花铃期	62	210.09	3.39	51.81	需水临界期
吐絮期	30	58.47	1.95	14.42	
全生育期	183	405.5	2.22	100.00	

注　山西夹马口资料。

根据一些地区的灌溉试验资料和实践经验，在干旱年份，棉花进行播前灌水、现蕾期灌水及开花结铃期灌水有显著增产作用。

(1) 播前灌水。播前灌水是在棉花播种前，为保证适宜的土壤水分、以利于播种出苗而进行的一次灌水。播前灌水在头年冬季和当年春季进行。在头年冬季储水灌溉，可以充分利用冬季水源，缓解春季棉、麦争水矛盾，并可起到提高地温，减少病虫害，改良土壤的作用，好处较多。冬季储水灌溉，最好和深耕施基肥相结合，并注意早春耙糖保墒。在春季进行播前灌，灌水时间宜早不宜晚，最好是在早春进行，灌水应小些，一般灌水量35～50m³/亩为宜。如灌水过晚、过大，将造成土壤过湿，低温降低，通气不良，会影响适时播种，并引起迟苗或霉种现象。

(2) 现蕾期灌水。棉花苗期植株小，需水量较少，进入现蕾期后，植株生长较快，气温升高，需水量增大。此时缺水，会影响棉株生长及新叶的形成，并导致第一批花蕾死亡或脱落。现蕾期适时灌水，可以促使棉株地上部分和地下部分生长平衡，早开花、早结铃，防止花蕾脱落，灌水量宜小不宜大，以防造成棉株徒长，一般灌水量35～45m³/亩为宜。

(3) 开花结铃期灌水。花铃期棉花植株生长旺盛，第一批棉铃加强生长，棉铃内纤维开始形成，同时此时气温高，蒸腾量大，耗水量增多，是棉花生长过程中需水的高峰时期。花铃期及时灌溉，可以减少落铃，加速开花结铃，促进早熟，增加铃重，提高纤维质量。但灌水量不宜过大，一般灌水量 $40 \sim 50 m^3$/亩为宜，以免引起贪青、晚熟、落铃、烂铃等。灌水时间最好在早晚进行，中午灌水，小区气候骤变，土温降低，以防造成花铃脱落。

4. 主要旱作物节水灌溉制度

在灌溉水源水量不足，不能满足整个面积上实行充分供水的地区必须采用限额灌溉，减少单位面积的灌水量，以适当扩大灌溉面积和提高水的生产潜力，同时应抓关键期的用水，使有限的水量灌到对增产效应最显著的阶段，实现节水型灌溉。实施节水型灌溉应注意抓好以下几个方面的工作：

（1）少灌水次数，浇好关键水。据泾惠渠实验资料，严重干旱年，灌 5 水比灌 3 水略有增产，但从节约用水出发，每亩增产 1.4%～2.3%，多灌水 67%，则是不合算的，灌水次数继续增多时，作物还可能减产。在一般干旱年，小麦、玉米生育期各灌 2 水，灌溉定额为 $80 \sim 100 m^3$/亩，较原灌 3 水，灌水定额为 $140 m^3$/亩，节水 28.6%～42.0%，棉花生长期灌 2 水，灌溉定额 $90 \sim 110 m^3$/亩，较原灌溉制度节约水量 26%～40%，干旱年也相应降低，但基本上不减产。该结论在其他地区均得到实验验证。因此，减少灌溉次数，抓好作物需水临界期等关键期用水是节约用水的重要途径。

（2）降低作物生长期土壤水分下限指标。作物对水分降低的适应性，有相当宽的伸缩幅度，如土壤水分下限从田间持水量的 70%～65% 降到田间持水量的 60%～55%，仍能正常生长，获得相当理想的产量。1980 年至 1982 年关中地区小麦生长期属干旱年，许多麦田的土壤水分也降到田间持水量的 55% 左右，作物仍然获得高产。但若降低作物生长期土壤水分下限指标，相应灌水次数、田间耗水量与灌溉定额则大为减小，例如土壤水分下限分别不低于田间持水量的 75%、65%、55%，在一般年份相应灌水次数为 5 次、3 次和不灌，灌溉定额为 $225 m^3$/亩、$135 m^3$/亩和 0。因此，缺水时可适当降低水分指标，以较大幅度降低田间耗水量、灌水次数和灌溉定额。

（3）降低次灌水定额、当前过量用水是浪费水量的主要原因，泾惠渠试验站 1980 年玉米试验，作物灌水定额分别 $35 m^3$/亩、$50 m^3$/亩、$65 m^3$/亩，灌溉定额为 $70 m^3$/亩、$100 m^3$/亩、$130 m^3$/亩，亩产分别为 451kg、464kg 和 473kg，虽然大定额比小定额增产，但其用水抵增加了 86%，亩产仅提高 4.9%。据许多地区多年试验资料，灌水时间对作物增产效果最显著，适当降低灌水定额对作物高产影响不大。据武功灌溉试验站对小麦冬灌作了不同灌水量试验，两年结果证明，凡亩灌水量超过 $50 m^3$，对小麦没有显著的增产作用。因此，在缺水时可适当降低灌水定额。

（4）合理调配灌溉水量分配。当水源供水量不足时，应结合自然降雨条件及作物需水情况，优先安排处在需水临界期或效益高的作物灌水，以充分提高灌水的经济效益。

制订节水灌溉制度是发展节水农业的重要内容，国内外进行了大量的研究和探索，一般是根据不同作物各生育阶段的供水对产量的影响关系（即作物水分生产函数）和当地的降雨、水源情况，以产量最高或效益最大为目标，采用系统分析和优化技术制订作物的节水灌溉制度。

五、水稻灌溉制度

水稻的耕作栽培方法与旱作物完全不同，但按水量平衡原理确定灌溉制度的方法与旱作物基本类似，其不同之处在于：水稻在不同的生育阶段需在水面维持一定深度的水层，其根系层土壤多数时间均处于饱和状态，故应考虑稻田的深层渗漏问题；另外，在一定的生育阶段还需进行晒田排水。确定水稻的灌溉制度时，是以淹灌水层深度的变化为依据。

我国水稻栽培主要采用育秧移栽方式，故稻田灌溉分为秧田灌溉和本田灌溉两种。我们主要介绍水稻本田灌溉，包括泡田灌溉与生育期内灌溉。

1. 泡田定额的确定

泡田期的灌溉用水量（泡田定额）可用下式计算：

$$M_1 = 0.667(h_0 + S_1 + e_1 t_1 - P_1) \tag{1-71}$$

式中　M_1——泡田期灌溉用水量，m^3/亩；

h_0——插秧时田面所需的水层深度，mm；

S_1——泡田期的渗漏量，即开始泡田到插秧期间的总渗漏量，mm；

t_1——泡田期的日数，d；

e_1——t_1 时期内水田田面平均蒸发强度，mm/d，可用水面蒸发强度代替；

P_1——t_1 时期内的降雨量，mm。

泡田定额与土壤质地、前期土壤含水量、泡田有无降雨及地下水埋深等许多因素有关，通常可由相类似田块上的实测资料决定。一般在 $h_0 = 30 \sim 50mm$ 条件下，泡田定额一般取以下数值：黏土和黏壤土为 $50 \sim 80m^3$/亩；中壤土和砂壤土为 $80 \sim 120m^3$/亩（地下水埋深大于 2m 时）或 $70 \sim 100m^3$/亩（地下水埋深小于 2m 时）；轻砂壤土为 $100 \sim 160m^3$/亩（地下水埋深大于 2m 时）或 $80 \sim 130m^3$/亩（地下水埋深小于 2m 时）。另外，早稻泡田定额较大，中、晚稻泡田定额较小。

2. 水稻生育期内灌溉制度的确定

在水稻生育期中任何一个时段 t 内，稻田计划水层深度的变化，可以用下列水量平衡方程表示：

$$h_2 = h_1 + P + m - W_d - d \tag{1-72}$$

式中　h_1——时段初田面水层深度，mm；

h_2——时段末田面水层深度，mm；

P——时段内降雨量，mm；

d——时段内排水量，mm；

m——时段内的灌水量，mm；

W_d——时段内田间耗水量，mm。

3. 水稻生育期内灌溉制度的确定

如果时段初的农田水分处于适宜水层（水田）上限 h_{max}，经过一个时段的消耗，田面水层降到适宜水层的下限 h_{min}，这时如果没有降雨，则需进行灌溉，灌水定额即为

$$m = h_{max} - h_{min} \tag{1-73}$$

这一过程可用如图 1-8 所示的图解法表示。

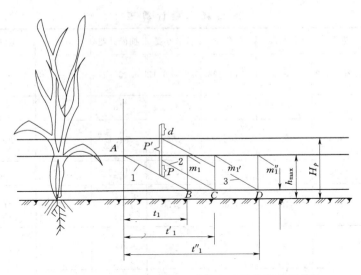

图 1-8 水稻生育期内任一时段农田水分变化图解法

如在时段初 A 点，水面应按 1 线耗水，至 B 点田面水层降至适宜层下线，即需要灌水，灌水定额为 m_1；如果时段内有降雨量 P 发生，则降雨后，田面水层回升降雨深 P，再按 2 线耗水至 C 点时进行灌溉；如降雨量 P' 很大，超过适宜水层上限（或允许蓄水深），则多余的部分降雨量需排出，排水量为 d，然后按 3 线耗水至 D 点时进行灌水。表 1-36 中列出了各种淹灌水层供参考。

表 1-36　　　　　　　　　　水稻各生育阶段淹灌水层深度　　　　　　　　　单位：mm

生育阶段 ＼ 作物品种	早稻	中稻	双季晚稻
返青	5～30～50	10～30～50	20～40～70
分蘖前	20～50～70	20～50～70	10～30～70
分蘖末	20～50～80	30～60～90	10～30～80
拔节孕穗	30～60～90	30～60～120	20～50～90
抽穗开花	10～30～80	10～30～100	10～30～50
乳熟	10～30～60	10～20～60	10～20～60
黄熟	10～20	落干	落干

注　表中水层为：适宜水层下限（h_{min}）～适宜水层上限（h_{max}）～降雨后最大蓄水深度（h_p）。

根据上述原理，当确定了水稻各生育阶段的适宜水层 h_{max} 和 h_{min} 以及阶段需水强度 e_i，便可用图解法或列表法推求水稻灌溉制度。

【例 1-6】　根据水量平衡列表法拟定水稻生育期内灌溉制度。

基本资料如下：

(1) 早稻生育期各阶段耗水强度。具体计算见表 1-37。

表 1 - 37 逐 日 耗 水 量 计 算 表

生育期	返青	分蘖前	分蘖末	拔节孕穗	抽穗开花	乳熟	黄熟	全生育期
起止日期/ (月.日)	4.25—5.2	5.3—10	5.11—26	5.27—6.12	6.13—27	6.28—7.6	7.7—14	4.25—7.14
天数 D/d	8	8	16	17	15	9	8	81
阶段水面蒸发量 E/mm	30	56.5	104.3	102	81.1	19	20	412.9
阶段需水系数 α	0.8	0.85	0.92	1.25	1.48	1.42	1.2	
阶段需水量 ET/mm	24	48	96	127.5	120	27	24	466.5
阶段渗漏量 f/mm	8	8	16	17	15	9	8	81
阶段耗水量 W_d/mm	32	56	112	144.5	135	36	32	547.5
逐日耗水量 w_d/mm	4	7	7	8.5	9	4	4	

注 1. 表中 $ET=\alpha E$；$W_d=ET+f$；$w_d=W_d/D$。

2. 水稻渗漏量为 1mm/d。

3. 此表可由实验获得，也可以查有关当地资料整理得到。

（2）生育期降雨量。见表 1—38 中第（5）栏。

（3）各生育期适宜水层深度。见表 1—38 中第（3）栏。

根据灌区具体条件，采取浅灌深蓄方式灌溉，黄熟期自然落干。具体计算过程列于表 1—38 中。

表 1 - 38 某灌区某年早稻生育期灌溉制度计算表 单位：mm

日期		生育期	设计淹 灌水层	逐日耗水量 w_d	逐日降雨量 P	淹灌水层变化 h_2	灌水量 m	排水量 d
月	日							
（1）		（2）	（3）	（4）	（5）	（6）	（7）	（8）
4	24	返青期	5～30～50	4.0		10.0		
	25					6.0		
	26				7.7	9.7		
	27					5.7		
	28				7.4	9.1		
	29					5.1		
	30				61	50.0		12.1
5	1					46.0		
	2					42.0		

日期		生育期	设计淹灌水层	逐日耗水量 w_d	逐日降雨量 P	淹灌水层变化 h_2	灌水量 m	排水量 d
月	日							
(1)		(2)	(3)	(4)	(5)	(6)	(7)	(8)
	3					35.0		
	4				16	44.0		
	5				12.9	49.9		
	6	分蘖前	20~50~70	7.0		42.9		
	7					35.9		
	8					28.9		
	9					21.9		
	10					44.9	30	
	11				6.7	44.6		
	12					37.6		
	13				24.3	54.9		
	14				5.3	53.2		
	15					46.2		
	16					39.2		
5	17				21.5	53.7		
	18					46.7		
	19	分蘖末	20~50~80	7.0		39.7		
	20				1.9	34.6		
	21					27.6		
	22					20.6		
	23					43.6	30	
	24					36.6		
	25					29.6		
	26					22.6		
	27					54.1	40	
	28					45.6		
	29					37.1		
	30					68.6	40	
	31	拔节孕穗	30~60~90	8.5		60.1		
6	1					51.6		
	2					43.1		
	3					34.6		
	4					66.1	40	

续表

日期		生育期	设计淹灌水层	逐日耗水量 w_d	逐日降雨量 P	淹灌水层变化 h_2	灌水量 m	排水量 d
月	日							
(1)		(2)	(3)	(4)	(5)	(6)	(7)	(8)
	5					57.6		
	6					49.1		
	7					40.6		
	8	拔节孕穗	30~60~90	8.5		32.1		
	9				2.3	65.9	40	
	10				5.3	62.7		
	11					54.2		
	12					45.7		
	13					36.7		
	14					27.7		
	15					18.7		
	16					9.7		
6	17					30.7	30	
	18					21.7		
	19					12.7		
	20	抽穗开花	10~30~80	9.0	2.5	36.2	30	
	21				2.1	29.3		
	22					20.3		
	23					11.3		
	24					32.3	30	
	25					23.3		
	26				10	24.3		
	27					15.3		
	28					11.3		
	29					37.3	30	
	30					33.3		
	1					29.3		
	2	乳熟	10~30~60	4.0		25.3		
	3					21.3		
	4					17.3		
7	5					13.3		
	6				4.6	13.9		
	7	黄熟	落干	4.0				
	⋮							
	14							
合计				515.5	191.5		340	12.1

注 1. 表中设计淹灌水层为：适宜水层下限（h_{min}）～适宜水层上限（h_{max}）～降雨后最大蓄水深度（h_p）。

2. 若 $h_2 \leqslant h_{min}$，则需灌水，$m = h_{max} - h_2$，实际灌溉中，宜对计算的 m 适当取整。

3. 若 $h_2 > h_{min}$，则需排水，$d = h_2 - h_p$，假定排水在本时段末完成，则该时段末水田水层深 $h_2 = h_p$。

4. 若 $h_{min} < h_2 \leqslant h_p$，则不需灌水和排水，直接进入下一时段。

5. 表中未包含黄熟期耗水。

将 $h_始$、$\sum P$、$\sum m$、$\sum w_d$、$\sum d$、$h_末$ 代入式（1-72）中。

$$h_始 + \sum P + \sum m - \sum w_d - \sum d = h_末 \tag{1-74}$$

$$10 + 191.5 + 340 - 515.5 - 12.1 = 13.9 \text{(mm)}$$

与 7 月 6 日淹灌水层深度相符，计算无误。

如此进行逐日计算，即可求得早稻生育期灌溉制度成果，见表 1-39。

表 1-39　　　　　　　　某灌区某年早稻生育期设计灌溉制度表

灌水次数	灌水日期/(月．日)	灌 水 定 额	
		mm	m³/亩
1	5.10	30	20.0
2	5.23	30	20.0
3	5.27	40	26.7
4	5.31	40	26.7
5	6.5	40	26.7
6	6.11	40	26.7
7	6.17	30	20.0
8	6.20	30	20.0
9	6.24	30	20.0
10	6.29	30	20.0
合计		340	227

经计算，可求得灌水次数为 10 次，灌溉定额为 340mm，即 227m³/亩；若泡田定额为 80m³/亩，则总灌溉定额为 $M = M_1 + M_2 = 80 + 227 = 307$（m³/亩）。由计算表可得到灌水时间和每次灌水量。由此得到灌溉制度的全部四个要素。

应当指出，这里所讲的灌溉制度是指某一具体年份一种作物的灌溉制度，如果需要求出多年的灌溉用水系列，还须求出每年各种作物的灌溉制度。

随着科学技术的发展，还可以借助其他一些新技术来确定作物的灌水时间和灌水定额。如利用专门一起监测土壤水分变化情况，也可通过红外测温来监测作物冠层温度变化，根据土壤水分含量或冠层温度变化就可了解作物水分供应情况并制定出相应的灌水方案。还可以利用计算机技术来预测、预报作物需水及供水情况，并制定出相应的灌溉制度。

在本节中，所讨论的作物需水量是指在充分供水条件下的作物腾发量而言，一般而言，作物腾发量是一个固定值。如果在非充分供水条件下，则作物的需水量将随供水量的多少而变化。供水多时，需水量大；供水少时，需水量小。需水量将是供水量的函数，而不是一个定值。换言之，在这种条件下的作物需水量是随非充分供水条件下的作物灌溉制度而异，求出灌溉制度即可计算其相应的需水量。

六、非充分灌溉制度

1. 非充分灌溉理论

我国干旱缺水不仅限制经济发展，而且造成了土壤沙漠化、沙尘暴等一系列环境问题。同时，我国农业用水的利用率却相当低下。为了大幅度提高水的利用率和生产效率，缓解我国 21 世纪农业缺水状况，必须大力发展节水农业。大量的研究和实践表明，非充分灌溉方式有巨大的节水潜力。

非充分灌溉则是指在水资源不足的缺水地区，为使单位水量获得最大效益，不采取完全满足农作物需水要求的充分灌溉，而是在作物生长对水最敏感的时期进行灌溉。从而增加灌溉面积和提高总产量的一种灌溉方法。

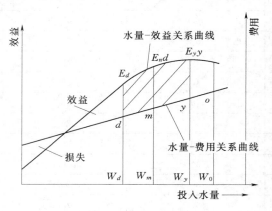

图1-9 灌溉水量与效益、费用关系曲线

关于非充分灌溉的基本原理可用效益和费用函数来说明（图1-9）。图中的纵坐标为效益或费用，横坐标为投入的水量。倾斜的直线为灌溉工程的年运行费用，包括水费、动力费和管理费用等，一般来说，它是随着投入水量的增加而相应地按一定比例增加，可以称之为可变生产费用。此直线在纵坐标上的截距代表这一灌溉工程的固定费用。曲线表示投入水量与灌溉效益的关系，其形状与一般的作物水分生产函数相类似。一般的概念是，随着投入水量的增加，作物的产量也增加，相应地灌溉效益也增加。但如果与年费用结合来考虑，就会引起上述概念的变化，这可以明显地从图中看出。

当投入水量达到 W_m 时，其净效益为最大，即 E_m 点，该点的曲线斜率恰好与生产费用直线的斜率直等。如果投入的水量继续增加到 W_y 点，这时的作物产量可能是最大，但由于生产费用的增加，E_y 点的净效益却不是最大，一般来说，W_y 就是最大供水量。也即到达充分灌溉的上限。如果用水量继续增加到 W_o，就形成过量用水，产量和效益都要下降。所谓非充分灌溉，就是要让用水量适当减少，使其小于 W_y。如果用水量减少到 W_d，这时的净效益 $E_m d$ 与获得最高产量时的净效益 $E_y y$ 相等。如果灌溉用水量继续减少，则灌溉净效益就会降低。所以，我们说非充分灌溉的用水范围是在 W_y 与 W_d 之间，具体范围需试验确定。

2. 非充分灌溉方法

目前国内试验研究和推广应用的非充分灌溉有下面两种：

（1）水稻湿润灌溉。水稻湿润灌溉指水稻整个生育阶段不建立水层，根据各阶段的自然降水后进行补充灌溉的方法。目前水稻湿润灌溉有两种方法：一种为旱种旱管，即籽种采用机播下地，湿润灌溉，保证全苗后不建立水层，只是根据降水和土壤的含水量变化进行补充灌溉；另一种为机插旱管，即籽种采用秧田育苗，到期采用机械插秧（或人工插秧），缓秧后幼苗进入正常生长阶段不再建立水层，完全采用湿润灌溉。两种方法区别于幼苗的处理，但总的方法都是一样的，都是水稻在整个生育期不建立水层，采取湿润灌溉。湿润灌溉技术的关键是土壤含水量控制指标。根据各地试验数据。水稻湿润灌溉土壤适宜含水量的下限宜控制在田间持水量的 $70\% \sim 80\%$，低于这个指标水稻产量将受到影响。另外，在水稻生理需水的几个关键期，如幼苗期、拔节期和灌浆期应保证充分供水，其他时期可根据降水和水资源状况。采取非充分灌溉方法处理。

水稻湿润灌溉的技术要求：

1）要选用根系发达，耐旱、抗病强的高产品种。

2）播前整好地，保证足墒播种。如墒情不足，播后应及时灌水，以保证全苗。幼苗长到4～6片叶时进行第一次浇水，以后浇水视天气和土壤墒情而定。在需水敏感期无降水或降水不足时必须补充灌水，并满足需水量要求。

3）水稻湿润灌溉应充分利用大气降水，田间应修好田埂，增加蓄水，避免降雨径流外流。

4）加强田间管理，包括施肥、灭草、防虫等措施，保证水稻高产。

5）采取相适应的灌水方法，如低压管道输水灌溉、喷灌等，保证适时补水。

水稻不同灌溉方法的有关资料见表1－40。从表中可看出旱种节水灌溉方法，其用水量约为湿润灌溉的1/2、淹水灌溉的1/3。

表 1－40　　　　　　　水稻不同灌溉方法比较表

灌溉方法	稻田耗水量/mm	灌溉用水量/mm	渗漏量/mm	有效降雨/mm	降雨有效利用率/%	抬高地下水位/m	稻区周边影响范围/m	亩产量/kg
旱种节水灌溉	800～850	460～500	在1983—1985年降雨分布情况下无渗漏	315～350	90以上		90以上	364.5
湿润灌溉	1100～1150	840～890	300～350	250～280	70～80	0.15～0.20	200以上	421.8
淹水灌溉	1500～1600	1300～1400	700～800	175～220	40～60	0.30～0.40	300以上	399.2
备注	1992—1995年试验场测定							

注 本资料系水电部农田灌溉研究所试验和收集。

（2）旱地有限灌溉。旱地有限灌溉就是通过控制灌溉水量和减少灌水次数，结合作物生长期的降水，有限制地进行灌溉供水，来满足作物的需水要求，实现单位水量高产，扩大灌面积，增加总产。旱地有限灌溉的优点：能充分利用自然降水资源；灌溉水量能得到控制，避免出现田面积水，造成地表径流；单位水量生产率高；总产量高。因此，这种灌溉技术，很适于在缺水地区发展。

3. 优化灌溉制度的制定

20世纪70年代以来，各国在生物节水调控技术与调控模式方面开展了大量研究。研究表明，植物各个生理过程对水分亏缺的反应各不相同，而且水分胁迫可以改变光合产物的分配。同时一些研究还表明，水分胁迫并非完全是负效应，在特定发育阶段，有限的水分胁迫对提高产量和品质是有利的。我国从20世纪50年代就开始进行农作物灌溉制度的试验研究，从1986年开始还对全国的作物需水量、灌溉制度试验资料进行整编。从20世纪80年代初开始进行非充分灌溉的研究，研究成果在一定范围进行了示范推广，取得了一定的效益。

有限供水条件下，为使单位面积产出或某区域上的总产出最大化，对有限灌溉供水在时间和每次灌水数量上进行最优分配，称为灌溉制度优化。有限供水条件下作物灌溉制度优化是作物水分生产函数在灌溉用水管理中的实际应用，也是作物水分生产函数用于水资源优化管理的基础。灌溉制度优化是一个多阶段决策过程的最优化问题，动态规划是常用的求解方法之一。目前，多是以 M. E. Jensen 提出的作物生产函数为目标函数，以土壤含水量和可供水量等为约束条件，进行优化计算，取得的目标是总产量最高又省水的优化灌溉制度。也是一些研究在目标函数中同时引入生产费用等因素，以获得总灌溉净效益最高而又省水的优化灌溉制度。

采用动态规划制定优化灌溉制度与充分供水灌溉制度制定方法的不同之处：一是目标不同，充分供水灌溉制度的目标是根据作物需水要求进行灌溉，使作物达到丰产，而有限供水灌溉制度是根据不同灌溉水平控制的灌水次数，通过对作物生育期整个过程进行整体效果优化，使有限灌溉水量获得最大效益；二是确定灌水时间标准不同，充分供水灌溉制度的灌水时间是以控制适宜土壤水分下限值，土壤水分降到下限值之日就是丰产灌溉制度灌水时间，而限额供水灌溉制度的灌水时间，是尽量使作物缺水敏感指数值大的阶段的缺水系数最小，把水用在关键期；三是土壤水分消耗强度不同，在根系活动层（0～100cm）土壤水分日耗水强度中，充分供水灌溉制度的耗水强度大于限额供水灌溉制度的耗水强度。充分供水灌溉的日耗水量是在适宜下限值以上的土壤水分条件下求得的，而限额供水灌溉不能及时补充土壤水分，土壤水分常降到适宜下限值以下，因此日耗水强度比充分供水灌溉的小。

（1）目标。以单位面积产量最大或总效益最大为目标。

（2）阶段函数。根据作物生理需水持性，把作物生长过程划分成的若干阶段。以作物生育阶段为阶段变量。

（3）状态变量。就是在系统的某一个阶段中，过程演变的各种可能发生的情况，描述状态的变量就称为状态变量。对于旱作物，其状态变量为各阶段开始时可供水量及作物根系层内储存的土壤有效水量；对于水稻而言，状态变量为各阶段开始时可供水量及初始田面需水深度。

（4）决策变量。决策是某阶段状态给定以后，以该状态演变到一个阶段某状态的选择。决策变量为作物各生育阶段的实际灌水量及实际蒸发蒸腾量。

（5）策略。由各阶段决策组成全过程的策略，即最优灌溉制度。

4. 优化灌溉制度设计实例

根据河北某地区的冬小麦非充分灌溉试验，设计该地区的冬小麦优化灌溉制度。冬小麦的全生育期分为 6 个生育阶段，各阶段参数见表 1-41。

表 1-41　　　　　　　　　　　冬小麦灌溉制度设计基本参数

生育阶段	播种-分蘖	分蘖-返青	返青-拔节	拔节-抽穗	抽穗-乳熟	乳熟-成熟
多年平均 ET_i/(m³/hm²)	288	420	946.5	922.5	805.5	831
中等年有效雨量 P_i/(m³/hm²)	66	220.5	126	33	990	214.5
敏感指数 λ_i	0.099	0.041	0.037	0.29	0.209	0

解：（1）目标函数。以单位产量最大为目标，采用 Jensen 模型：

$$F = \max\left(\frac{Y_a}{Y_m}\right) = \max\prod_{i=1}^{n}\left(\frac{ET_a}{ET_m}\right)_i^{\lambda_i} \tag{1-75}$$

（2）约束条件。

1）决策约束。

$$0 \leqslant d_i \leqslant q_i \quad (i=1,2,3,4,5,6) \tag{1-76}$$

$$\sum_{i=1}^{n} d_i = Q \tag{1-77}$$

$$(ET_{\min})_i \leqslant ET_i \leqslant (ET_{\max})_i \tag{1-78}$$

式中　d_i——i 阶段的灌水量，m^3/hm^2；

　　　　q_i——i 阶段初始单位面积作物总可供水量，m^3/hm^2；

　　　　Q——全生育期单位面积作物总可供水量，m^3/hm^2；

$(ET_{\min})_i$——i 阶段最小蒸发蒸腾量，m^3/hm^2；

$(ET_{\max})_i$——i 阶段最大蒸发蒸腾量，m^3/hm^2。

2）土壤含水率约束。

$$\theta_{WP} \leqslant \theta_i \leqslant \theta_f \tag{1-79}$$

式中　θ_i——i 阶段土壤含水率，以体积的百分比计；

　　　θ_{WP}——凋零系数，以体积的百分比计；

　　　θ_f——田间持水率，以体积的百分比计。

（3）初始条件。

1）第一阶段初土壤可利用水量。

$$W_1 = 10H\gamma(\theta_0 - \theta_{WP}) \tag{1-80}$$

式中　W_1——时段初土壤可利用水量，mm；

　　　H——计划湿润层深度，m；

　　　γ——土壤干容重，t/m^3；

　　　θ_0——播种时土壤含水率，占干容重的百分比；

　　　θ_{WP}——凋零系数，占干容重的百分比。

2）第一阶段初可用灌溉水量。

$$q_1 \leqslant Q_0 \tag{1-81}$$

式中　Q_0——第一阶段灌溉定额上限，m^3/hm^2。

（4）状态转移方程。

1）计划湿润层土壤水量平衡方程。

$$W_{i+1} = W_i + P_i + K_i + d_i - ET_i - S_i \tag{1-82}$$

式中　K_i——i 阶段地下水补给量，mm；

　　　S_i——深层渗漏量，mm。

2）水量分配方程。

$$q_{i+1} = q_i - d_i \tag{1-83}$$

（5）递推方程。由于该问题存在两个状态变量（q_i，W_i），因此有两个递推方程

$$f_i^*(q_i) = \max_{d_i}[R_i(q_i,d_i)f_{i+1}^*(q_{i+1})] \tag{1-84}$$

$$f_n^*(q_n) = \left(\frac{ET_a}{ET_m}\right)_n^{\lambda_n} \quad (i=1,2,3,4,5,\cdots,n-1) \tag{1-85}$$

式中 $R_i(q_i,d_i)$——i 阶段 q_i 状态下做出决策 d_i 时所得到的效益，$R_i(q_i,d_i)=\left(\dfrac{ET_a}{ET_m}\right)_i^{\lambda_i}$；

$f_{i+1}^*(q_{i+1})$——余留阶段的最大总效益。

$$f_i^*(W_i)=\max_{d_i}[R_i(W_i,ET_i)f_{i+1}^*(W_{i+1})] \tag{1-86}$$

$$f_n^*(W_n)=\left(\frac{ET_a}{ET_m}\right)_n^{\lambda_n} \quad (i=1,2,3,4,5,\cdots,n-1) \tag{1-87}$$

式中 $R_i(W_i,ET_i)$——W_i 状态下作出决策 ET_i 时所得 i 阶段的效益；

$f_{i+1}^*(W_{i+1})$——余留阶段的最大总效益。

所建模型为二维动态规划模型，采用动态规划逐次渐近法求解，可得中等年或中等干旱年的冬小麦优化灌溉制度。中等年的优化灌溉制度如表 1-42 所示。

表 1-42　　　　　　　中等水文年冬小麦优化灌溉制度表　　　　　　单位：m^3/hm^2

可供水量 /(m^3/hm^2)	播种-分蘖	分蘖-返青	返青-拔节	拔节-抽穗	抽穗-乳熟	乳熟-成熟	Y_a/Y_m
0	0	0	0	0	0	0	0.5668
450	0	0	0	450	0	0	0.7481
900	0	0	0	900	0	0	0.8595
1350	450	0	0	900	0	0	0.9468
1800	450	0	450	900	0	0	0.9827

从表 1-42 中可看出，冬小麦产量随灌溉定额的增大而明显增加，在中等水文年，冬小麦采用不灌水管理，其产量相当于充分灌溉时产量的 57%，在拔节-抽穗期灌一次水（450m^3/hm^2），其产量可达充分灌水产量的 75%；在拔节-抽穗期灌两次水（总灌水量 900m^3/hm^2），其产量为充分灌水产量的 86%；在播种-分蘖灌水一次（450m^3/hm^2），返青-拔节灌水两次（灌水量 900m^3/hm^2）的情况下（总灌水量 1350m^3/hm^2），其产量达充分灌水产量的 95%。若继续增加灌水次数，其产量增加不明显。从上述情况看，对该地区而言，冬小麦灌水次数以 2～3 次为宜，总灌水量 900～1350m^3/hm^2 是较优的灌水方案，对灌水时间而言，若灌两次水，两次灌水时间均放在拔节-抽穗期进行灌溉，若灌三次水，则在播种-分蘖灌水一次（450m^3/hm^2），返青-拔节灌水两次（灌水量 900m^3/hm^2）为宜。

复 习 思 考 题

一、名词解释

1. 作物需水量

2. 作物系数

3. 水分胁迫

4. 作物水分生产函数

5. 节水型灌溉制度

6. 充分灌溉

7. 非充分灌溉

8. 参照作物需水量

9. 需水模比系数

10. 补偿效应

11. 需水关键期

二、问答题

1. 农田水分消耗的途径有哪些？

2. 什么是作物需水临界期（需水关键期）？了解作物需水临界期有何意义？

3. 影响作物需水量的因素有哪些？

4. 作物需水量与耗水量有什么不同？

5. 水分胁迫的负面效应主要体现？

6. 作物水分胁迫诊断指标有哪些？

7. 作物需水量的估算方法主要有哪几种？

8. 作物与全生育期总蒸发蒸腾量的关系模型有哪几种？采用作物与全生育期总蒸发蒸腾量的关系模型进行预报的优缺点？

9. 作物与各生育期总蒸发蒸腾量的关系模型有哪几种？它们的优缺点？

10. 制定灌溉制度有哪些方法？

11. 实施节水型灌溉应注意抓好哪几个方面的工作？

12. 采用动态规划制定优化灌溉制度与充分供水灌溉制度制定方法有哪些不同之处？

三、思考题

1. 对比分析单作物系数与双作物系数优缺点？

2. 何谓作物水分生产函数，画图对其特征规律进行分析？

3. 用水量平衡方法制定灌溉制度有何优点？需要哪些基本资料？

4. 了解非充分灌溉条件下的灌溉制度，它与充分灌溉条件下的灌溉制度有何不同？

5. 试述旱作区水量平衡方程各要素的含义及用图解法确定旱作物灌溉制度步骤。

6. 水分胁迫对作物生长的正负效应？

7. 优化灌溉制度的制定的具体步骤？

四、计算题

1. 用"α 值法"计算某地区水稻的需水量。

基本资料：

（1）根据某地气象站观测资料，设计年 4—8 月份中，80cm 口径蒸发皿的蒸发量 E_0 的观测资料见表 1-43。

表 1-43 某地蒸发量 E_0 的观测资料

月 份	4	5	6	7	8
蒸发量 E_0/mm	191.7	153.0	187.4	208.7	211.6

（2）水稻各生育阶段的需水系数 α 值及日渗漏量，见表 1-44。

表 1-44 水稻各生育阶段的需水系数及日渗漏量

生育阶段	返青	分蘖	拔节孕穗	抽穗开花	乳熟	黄熟	全生育期
起止日期/（月.日）	4.25—5.2	5.3—27	5.28—6.14	6.15—30	7.1—10	7.11—19	4.25—7.19
天数/d	8	25	18	16	10	9	86
阶段 α 值	0.747	1.010	1.277	1.122	1.010	1.079	
日渗漏量/（mm/d）	1.55	1.25	1.05	1.05	0.85	0.85	

要求：根据上述资料，推求该地水稻各得到生育阶段及全生育期的耗水量。

2. 用"K 值法"计算某地区棉花的需水量。

基本资料：

（1）棉花计划产量：籽棉 325kg/亩。

（2）由相似地区试验资料得，当产量为籽棉 325kg/亩时，棉花需水系数 $K=1.48\text{m}^3/\text{kg}$。

（3）棉花各生育阶段的需水量模比系数，见表 1-45。

表 1-45 棉花各生育阶段的需水量模比系数

生育阶段	苗期	现蕾	开花结铃	吐絮	全生育期
起止日期/（月.日）	4.10—6.10	6.11—7.7	7.8—8.25	8.25—10.31	4.10—10.31
天数/d	62	27	50	68	207
模比系数/%	14	20	47	19	100

要求：计算棉花各生育阶段耗水量累积值。

3. 用彭曼公式直接计算潜在腾发量。

某地区位于东经 108°04′。北纬 34°18′，其海拔高度为 521m。1984 年 8 月，实测日平均气温为 23.3℃，月最高日平均气温为 30.5℃，最低日平均气温 14.8℃，平均实际气压 22.88hPa，日平均风速 3.1m/s，平均日照时数为 6.0h。试用彭曼公式估算该月平均参考作物蒸发蒸腾量 ET_0。

4. 用彭曼公式查表法求潜在腾发量，并计算作物需水量。

基本资料：

（1）华北平原某站位于东经 115°03′，北纬 38°41′，海拔高度 40.09m。该站的多年平均气象资料见表 1-46。

表 1-46　　　　　　　　　　　　　某站多年平均气象资料表

月份	气温/℃			平均相对湿度/%	最大风速/(m/s)	平均风速/(m/s)	日照时数/h	降雨量/mm	蒸发量/mm
	最高 T_M	最低 T_m	平均 T_{av}						
1	3.3	-11.2	-4.6	49	8.3	1.9	193.2	2.3	45.1
2	6.6	-8.9	-1.6	57	8.5	2.3	180.3	6.9	58.7
3	13.7	-1.6	5.6	57	11	2.7	232.2	5.9	137.2
4	21.8	0.4	13.8	55	9.7	3	236.5	18.1	214
5	28.1	1.4	20.1	59	8.7	2.6	283.5	27.2	283.2
6	32.3	16	24.6	62	8.4	2.5	278	64.5	294.5
7	31.8	20.5	26.2	80	5.5	1.9	222.2	165.5	192.9
8	30.4	19.1	24.6	83	5.7	1.6	218.5	204.2	152.1
9	27.1	12	19.5	77	5.6	1.4	234.9	40.9	144.9
10	20.9	4.8	12.6	73	7	1.7	227.2	26.4	119.9
11	11.4	-2.2	4.3	69	7.6	2	182.7	8.7	65.9
12	3.9	-8.3	-2.7	62	8.8	2	184	3.1	41.5

（2）该站的冬小麦作物系数 K_c 值见表 1-47。

（3）该站的棉花生育期为：4 月 23 日播种，10 月 20 日收割，共 181d。全生育期的作物系数为 0.751。

（4）该站的夏玉米生育期为：6 月 21 日播种，9 月 28 日收割，共 100d。全生育期的作物系数为 0.838。

要求：（1）计算潜在腾发量 ET_0。

（2）计算作物需水量 ET。

表 1-47　　　　　　　　　某站冬小麦作物系数 K_c 值表

生育期	播种-分蘖	分蘖-返青	返青-拔节	拔节-抽穗	抽穗-灌浆	灌浆-成熟	全期
起止日期/（月.日）	10.1-24	10.25-3.14	3.15-4.17	4.18-5.8	5.9-23	5.24-6.14	10.1-6.14
天数/d	24	141	34	21	15	22	257
作物系数	0.58	0.58	0.93	1.52	1.28	0.65	0.88

5. 用图解法设计春小麦灌溉制度。

基本资料：西北内陆某地，气候干旱，降雨量少，平均年降雨量 117mm，其中 3—7 月降雨量 65.2mm，每次降雨量多属微雨（5mm）或小雨（10mm）且历时短；灌区地下水埋藏深度大于 3m，且矿化度大，麦田需水全靠灌溉。土壤为轻、中壤土，土壤容重为 1.48g/cm³，田间持水量为 28%（占干土重的百分数计）。春小麦地在年前进行秋冬灌溉，开春解冻后进行抢墒播种。春小麦各生育阶段的田间需水量、计划湿润层深度、计划湿润层增深土层平均含水率及允许最大、最小含水率（田间持水量百分数计），如表 1-48 所列。据农民的生产经验，春小麦亩产达 300～350kg 时，生育期内需灌水 5～6 次，灌水定额为 50～60m³/亩。抢墒播种时的土壤含水率为 75%（占田间持水量百分数计）。

要求：用图解法设计春小麦灌溉制度。

表 1-48　　　　　　　　　　　春小麦灌溉制度设计资料表

生 育 阶 段	播种-分蘖	分蘖-拔节	拔节-抽穗	抽穗-成熟
起止日期/（月.日）	3.21—4.30	5.1—20	5.21—6.8	6.9—7.14
天数/d	41	20	19	36
需水量/（m³/亩）	24	81	83	112
允许最大含水率/%	100	100	100	90
允许最小含水率/%	55	55	60	55
计划湿润层深度/m	0.4	0.4～0.6	0.6	0.6
计划湿润层增深土层平均含水率/%		65		

6. 南方湿润地区早稻灌溉制度设计——列表计算法

基本资料：

（1）根据南方某地区灌溉试验站多年观测资料，早稻各个生育期阶段需水量、田间允许水层深度及渗漏强度，见表 1-49。

表 1-49　　　　　　　　1998 年 80cm 口径蒸发皿月水面蒸发量

月　　份	4	5	6	7	8
蒸发量/mm	205.2	168.5	192.5	189.0	249.0

（2）根据当地气象站资料，中等干旱年（相应的降雨频率为 75%）即 1998 年早稻生育期的降雨量分布，见表 1-50。

表 1-50　　　　　　早稻各个生育阶段需水量、田间允许水层深度及渗漏强度

生育阶段	返青	分蘖前期	分蘖后期	孕穗	抽穗	乳熟	黄熟	全生育期
起止日期/（月.日）	4.27—5.6	5.7—15	5.16—6.3	6.4—18	6.19—27	6.28—7.8	7.9—18	4.27—7.18
天数/d	10	9	19	15	9	11	10	83
阶段需水量/mm	30.3	34.8	71.6	107.8	97.5	64.7	40.1	446.8
渗漏强度/（mm/d）	1.7	1.5	1.5	1.4	1.4	1.2	1.1	
田间允许水层深度/mm	10～30～50	10～40～80	10～40～80	20～50～80	20～50～80	10～40～50	湿润	

（3）根据当地气象资料，1998 年 80cm 口径蒸发皿月水面蒸发量情况见表 1-51。要求：根据以下资料，采用列表法设计中等干旱年该地区早稻生育期的灌溉制度及排水制度。

表 1 - 51　　　　　　　　　　　　1998 年早稻生育期降雨量表

日期/(月．日)	4.29	5.7	5.8	5.10	5.11	5.14	5.15
降雨量/mm	6.0	6.5	2.0	12.5	1.5	2.5	8.5
日期/(月．日)	5.17	5.18	5.19	5.20	5.21	5.22	5.27
降雨量/mm	4.5	45.6	56.4	10.9	2.0	8.5	1.0
日期/(月．日)	6.5	6.9	6.14	6.15	6.17	6.18	6.22
降雨量/mm	7.5	0.5	0.8	7.0	1.0	39.5	0.5
日期/(月．日)	6.24	6.27	6.28	6.29	7.2	7.3	7.4
降雨量/mm	1.5	1.2	13.5	6.0	4.0	4.8	1.5

第二章 农艺节水技术

农艺节水是根据种植区的气候、地形、经济等因素，选用节水抗旱品种，改革耕作制度和种植制度，通过农业综合技术，充分利用各种形式水资源，抑制土壤蒸发和作物奢侈蒸腾，提高作物水分生产率，达到节水高产目的，是众多节水环节中较为关键的一环。农艺节水与农业生产过程紧密联系在一起，可大范围内发挥实效，更能体现节水的实质。

农艺节水技术措施主要包括耕作保墒、覆盖保墒、增施有机肥与秸秆还田、水肥耦合、调整作物布局和选用节水型品种、化学调控等技术措施。根据农艺节水机制，可分为保墒节水类措施、提高作物光合效率减少低效蒸腾类措施及二者相结合的措施。保墒节水类措施主要作用在于针对作物的不同生育阶段"按需供水"，抑制农田水分的无效蒸发损耗，使得在同样的供水条件下土壤和作物体内能保持较好的水分状况，促进作物生长和增收；提高光合效率减少低效蒸腾类措施是在控制用水量的前提下能有效地减少作物的奢侈蒸腾，促进作物光合效率的措施，使一部分无效的棵间蒸发变成有效的植株蒸腾，通过提高作物群体叶面积指数，增加株体干物质的积累，以增加作物收成，从而提高水分的利用效率。

近年来，农艺节水技术取得了较快、较大的进步，其中，耕作保墒技术、覆盖保墒技术、水肥耦合技术、化学调控技术及激光平地技术应用比较广泛。

第一节 耕作保墒技术

适宜的土壤耕作措施，既有利于最大限度的利用天然降水，亦可以提高灌溉用水的效率，是围绕以"土壤水库"为中心合理调控与运用土壤水、地下水、大气降水的关键。深耕保墒、耙糖保墒、镇压保墒和提墒及中耕保墒技术统称为耕作保墒技术。这些耕作技术能够疏松土壤，切断水分通道，增加土壤活性，削弱土壤水分蒸发，提高土壤蓄水能力，减少地面径流，达到高效用水的目的。

一、深耕保墒技术

在长期运用平翻耕法或垄作耕法后，在耕作层与心土层之间都形成了一层坚硬的、封闭式的犁底层。犁底层的厚度可达 6～10cm。它的总孔隙度比耕作层或心土层减少 10%～20%，阻碍了耕作层与心土层之间水、肥、气、热梯度的连通性，降低了土壤的抗灾能力。同时，作物根系难以穿透犁底层，根系分布浅，吸收营养范围减少，抗灾力弱，易引起倒伏早衰等，影响产量提高。因此，消灭犁底层成为重要的措施。除了人为造成的犁底层需要人为措施去消灭它以外，在土壤自然形成时，在土层 30cm 以下，也有形成难透水气的黏盘层，为了增强土壤和作物的抗灾能力也需要采取人为措施消除它，深耕需水耕作技术就是这样一项措施。

深耕蓄水耕作技术包括深耕技术和深松技术。主要技术特点是疏松和加深耕层提高土壤接纳自然降水的能力。

（1）翻耕作技术，在春耕或秋翻季节利用铧式犁和三角犁以及其他适用农机具耕翻土壤，深度一定要达 20～25cm，在方法上又分为瓶翻平作耕法和平翻垄作耕法。深耕后底层土壤容重由 1.5g/m³ 降到 1.35g/m³，孔隙度由 45％增加到 54％。深耕后底层土壤作物根系下扎，增加对深层土壤水的利用量。

（2）深松保墒就是采用无壁犁、深松机、凿型铲等机具（图 2-1），只疏松土层而不翻转土层的一种土壤耕作方式。松土深度一般为 20～30cm，最深可超过 50cm。国内有关深松耕法的试验首先开始于东北。自 20 世纪 70 年代以来，东北地区的科研人员通过研究，提出用深松机探松以创造"虚实并存"的耕层构造思路，成为干旱半干旱地区防旱、防涝的有效新途径。试验表明，采用"上翻下松"的深松耕作法，在一定深度内，作物增产幅度为 20％～50％，土壤蓄水增加 20％。

图 2-1 深松机

深松保墒的作用机理：

1）提高雨水下渗。深松打破了传统耕作方式下长期所形成的犁底层，有利于雨水下渗与作物根系的发育，提高了土壤中的水分含量和作物的抗旱能力，使土壤保持了更多的天然降水，减小了由于水分留在地表所造成的流失和蒸发。

2）抑制叶面蒸腾。行间深松形成了土壤的虚实并存分布和土壤水分贫富间隔分布，土壤表层含水量降低，行间蒸发减小，根系扎到贫水区，使叶面气孔开度减小，作物叶面的蒸腾作用减小，从而减小作物的需水量，提高其抗旱能力。

二、耙耢保墒技术

耙地和磨地常联合进行，具有碎土、平地和轻度镇压土壤的作用，保墒效果特别明显。农谚："犁地不耙磨，不如家中坐"，充分说明了旱区翻耕后耙磨保墒的重要意义。耙耢主要是减少表土层的大孔隙，减少土壤水分蒸发，达到保墒的目的。应用时间一般为播种前、伏雨来临前深耕后、秋耕后、封冻前、春季土壤昼消夜冻时。山东省的降雨一般集中在 6—9 月，10 月份秋种时降雨季节已过，此时气温仍较高，土壤蒸发量较大，耕作后不及时耙耢，碎土保墒，土壤水分会很快蒸发，地面上会形成大量的干土块，不仅会影响到秋种，而且若冬季无较大的雨雪，将严重影响春播。

据报道我国的西北旱地农业区和河南等地伏耕采用"伏前张口纳雨，入伏合口保墒"的耕作法，保墒效果良好。具体做法是：麦收后及时灭茬深耕，耕后不耙，入伏后遇雨必耙。该耕作法能大量接纳雨水，大大减少地面径流，增加土层的入渗量，且有利于土壤养分的转化，培肥地力。

三、镇压保墒和提墒技术

镇压是指碎土及压紧土壤表层，具有保墒和提墒作用。在冬季地冻的时候进行效果较好。这是因为冬季土壤的坷垃大而多，容易失墒，镇压可以压碎土块，减少土表的大孔隙，减少土壤气体与大气的交流，可抑制土壤气态水损失。当土壤湿度较小，在毛管断裂含水量以下时，土壤水分的损失主要是在土壤内部汽化，通过土壤大孔隙向大气扩散，因此，进行镇压压碎坷垃，堵住大孔隙，也可起到保墒作用。

当镇压的主要目的是提墒保苗时，可以在播前或播后进行。土层深翻与播种时间相距较近时，土壤表层的干土层太厚，种子不易播在湿土层中，此时灌溉往往不一定及时，需要镇压使土粒紧密，促使土壤水分上升，有利于提高种子的出苗率。山东省的冬小麦种植区在初春融冻后进行镇压，可以使土壤下沉，可以起到保墒、促进分蘖、防止倒伏的良好作用。需要提醒的是，镇压需要在地表土层干燥时进行，以免发生土壤的板结。

不同土壤条件下，镇压的效果不同。一般在土壤含水量较高、水分沿毛细管上升而蒸发的条件下，疏松的土壤比紧实的土壤较易保存水分；但在土壤水分含量较少、水分呈汽态丧失的条件下，紧实的土壤则较疏松的土壤易于保存水分。在生产实践中，毛细管充满水分的情况是很少的，只要有一部分毛细管水丢失后，就会出现充满空气的自由孔隙，这时的水分在土壤微粒表面呈薄膜态，在土壤团聚体的交结处呈液滴态，薄膜态和液滴态土壤水分运动远较毛细管水慢得多，而且方向是由湿度较大处向湿度较小处移动，因而就有利于气态水的形成。气态水自较暖的土层向较冷的土层移动，变为液滴态凝聚成露水。

经过镇压的土壤，一方面能使上层土壤变得较为紧实，土壤容重增加而孔隙减少，接通已断裂的毛管水，把土壤下层水引接至上层，以满足种子萌发对水分的要求。另一方面，在下层土壤水分较少的情况下，镇压亦可压碎表面土块，减少土内大孔隙，阻止气态的扩散。适时适度镇压有利于土壤紧实度的恢复，有利于苗全、苗壮，为作物生长创造合理的土壤构造。据测定（表2-1），镇压使不同土层土壤水分含量增加，并减少地表土壤水分蒸发。如镇压后结合磨地，更利于保墒。因此说，镇压在一定意义上同时具有提墒和保墒的作用。

表 2-1　　　　　　　　　　　不同土层镇压与不镇压墒情对比

处理	干土层厚/cm	不同土层含水量/%				
		干土层	干土层~10cm	10~20cm	20~40cm	40cm 以上
镇压 2 次	6	3.20	13.20	16.20	17.20	16.80
镇压 3 次	6	3	13.50	16.70	17.70	17
不镇压	3	3.70	12.40	15.60	15.80	15.50

四、中耕保墒技术

中耕是指在作物生育期内所进行的土壤耕作，如锄地、耪地、铲地、趟地等。中耕的作用在于疏松表土，切断毛管水上升，减少土壤水分蒸发；破除地面板结，改善土壤的通透性，提高地温，促进微生物活动，加速养分转化，以利于作物生长发育，不同时期中耕的作用不同。地干中耕，可以除草，保墒，减少水分和养分的非生产性消耗；地湿中耕，可以散墒，增温。雨前中耕，可以松土蓄墒；雨后中耕，可以松土透气。对山东省的冬小麦种植区来讲，早春气温回升快、土壤逐渐解冻，应当抓住时机划锄，切断水分从毛细管水上升。

第二节 覆 盖 保 墒 技 术

覆盖保墒技术的研究与应用，在国内外日趋成熟，分为秸秆覆盖保墒、砂石覆盖保墒、地膜覆盖保墒及化学覆盖保墒技术。适宜的覆盖保墒技术可以调节地温，提高土壤肥力，减少地表径流，抑制无效水分蒸发，起到蓄水保墒，提高水分利用率，促进作物生长发育的良好效果。目前研究较多的是秸秆覆盖和地膜覆盖，化学覆盖的应用研究相对少一些。

一、秸秆覆盖

秸秆覆盖是将作物的秸秆或干草等铺在土壤表面（图2-2），具有造价低、调低温、抑杂草、就地取材、方法简单、易于大面积推广应用等优势，同时还解决了秸秆再利用的问题，防止由秸秆燃烧造成的资源浪费和环境污染。秸秆覆盖是一种资源丰富、发展前景广阔、效益明显的节水技术，它能减少地表蒸发和降雨径流，提高耕层供水量，具有改土培肥，保持水土和节约灌溉用水的功能，增产效果明显。

图2-2 秸秆覆盖

1. 增加降水入渗，减少地表径流

覆盖秸秆可增加地表的粗糙度，可以保护表层土壤免受降水的直接冲击，阻挡雨滴打击力；延长水分下渗时间，减缓地面径流，提高土壤表层的蓄水能力。赵君范等（2007）在甘肃农业大学试验站试验结果表明，免耕覆盖比传统耕作的累积径流量减少34.7%，入渗量增加38.6%。秸秆覆盖的蓄水保墒、减少或防止水土流失的作用，对于旱地农业和黄土高原地区容易造成水土流失的地方就显得尤为重要。

2. 抑制蒸发，提高水分利用效率

在北方旱区，土壤蒸发失水可达同期降水的 50% 或更多，小麦全生育期棵间土壤蒸发占农田蒸散量的 66%。土壤蒸发的第一阶段为大气蒸发力控制的稳定阶段，这个阶段水分蒸发主要靠大气蒸发力的提升作用，毛管水不断向蒸发层运行。覆盖一层秸秆可以隔断蒸发层与下层土壤的毛管联系，减弱土壤空气与大气之间的对流交换强度，有效地抑制蒸发。田间试验结果表明，麦田夏闲期秸秆覆盖对土壤蒸发的抑制率为 63.2%，春玉米田冬闲期秸秆覆盖对土壤蒸发的抑制率为 47.6%，冬小麦生育期间秸秆覆盖对越冬至拔节期间蒸散量的抑制率为 21.5%。

秸秆覆盖具有蓄水抑蒸保墒的效果，可有效地降低耗水系数，提高水分利用效率。同时农田秸秆覆盖改善了土壤和作物间的水分供需关系。经测定作物植株体内水分随土壤耕层有效水贮量的增加而递增，盖秸小麦旗叶含水率绝对值比不盖秸的提高 7.28%，蒸腾速率提高 24.4%，提高了灌溉水的利用效率。许多研究表明，秸秆覆盖下，作物生育前期蒸散耗水比裸地少，中后期蒸散耗水比裸地多，全生育期总耗水量与裸地并无明显的差异。其意义就在于秸秆覆盖有调控土壤供水的作用，使作物苗期耗水减少，需水关键期耗水增加，农田水分供需状况趋于协调，从而提高水分利用效率。据试验，在降雨强度为 147mm/h，坡度为 $0°$、$5°$ 和 $25°$ 情况下，秸秆覆盖的降水入渗土壤（容重 $1.2g/cm^3$）深度分别较对照增加 7.5cm、6.3cm 和 4.5cm，增加幅度为 10%、94% 和 75%；径流量分别减少 68%、74% 和 54%，土壤流失量减少 67%、88% 和 32%。另据试验，冬小麦和春玉米生育期秸秆覆盖使降水保蓄率比不覆盖的提高 24% 和 20%；农田冬闲期秸秆覆盖减少土壤蒸发为 48%。

3. 增产效果明显

保护性耕作可以通过增加土壤肥力和养分的有效性，蓄水保墒，提高水分利用率，从而为作物生长创造良好的条件，使作物产量结构显著优化，有明显的增产效应（表 2-2）。许多试验研究都表明免耕能够提高作物产量，这与以上提到的各种土壤环境效应是分不开的。少免耕整秸秆覆盖玉米，第一年增产 10%～20%，连续两年覆盖增产 44%，连续 3 年覆盖增产 75%。拔节期覆盖秸秆的春玉米增产 15%～58%。

表 2-2　　　　　　　不同材料覆盖下玉米产量及水分利用效率

处理	籽粒产量 /[kg/hm²]	增产 /%	生物产量 /[kg/hm²]	经济系数	产量水分利用效率 WUE_Y/[kg/(mm·hm)]
裸地 CK	7136.3 ± 384.7 b	—	13552.9 ± 1536.4 b	0.54 ± 0.03 a	18.16 ± 1.20 b
地膜 D	9611.3 ± 388.5 a	34.7	20389.3 ± 2293.3 a	0.52 ± 0.01 abc	24.00 ± 0.81 a
生物降解膜 S	9054.4 ± 774.4 a	26.9	19537.8 ± 2673.3 a	0.52 ± 0.01 abc	23.25 ± 1.19 a
秸秆 J	6385.5 ± 486.9 b	−10.5	13050.9 ± 2679.1 b	0.51 ± 0.02 c	17.49 ± 0.99 b
液态膜 Y	7305.4 ± 667.4 b	2.4	14062.1 ± 2105.8 b	0.53 ± 0.05 ab	19.20 ± 1.97 b

注　引自王敏等，作物学报，2011.

二、地膜覆盖

地膜覆盖栽培就是在作物播种前或播种在农田上覆盖一层薄膜，配合其他栽培措施，以改善农田生态环境，促进作物生长发育，提高产量和品质的一种保护性栽培技术（图2-3）。地膜覆盖栽培具有增温、保水、保肥、改善土壤理化性质，提高土壤肥力，抑制杂草生长，减轻病害的作用，在连续降雨的情况下还有降低湿度的功能，从而促进植株生长发育，提早开花结果，增加产量、减少劳动力成本等作用。主要方式有平畦覆盖、高垄覆盖、高畦覆盖、沟畦覆盖、沟种坡覆和穴坑覆盖等。

图2-3 地膜覆盖

地膜覆盖的应用机理：

（1）有效保蓄和利用水分。在干旱地区进行地膜覆盖，由于在土壤表面设置了一层不透气的膜，阻止了土壤水分的垂直蒸发，促进了水分的横向运移，可以有效保蓄土壤水分，减少蒸发，协调作物生长用水、需水矛盾，并且促进了对深层水分的利用。同时，地膜覆盖在集水保墒的同时，较大程度地开发了有效水分生产潜力的持续增进。

（2）提高耕层温度。地膜覆盖对土壤耕层温度影响明显，而耕层温度对作物根系生长影响较大。地膜的增温机制主要为：①地膜隔绝了土壤与外界的水分交换，抑制了潜热交换；②地膜减弱了土壤与外界的显热交换；③地膜及其表面附着的水层对长波反辐射有削弱作用，使夜间温度下降减缓。地膜覆盖促使作物充分利用丰富的光热资源，提高作物生育期间的积温。对春性作物而言，早春低温可以影响种子的萌发和苗期的形态建成，地膜覆盖通过消除土壤与外界的潜热和显热损失，减缓土壤温度的下降速率，可以有效解决这一问题。地膜覆盖的增温效应随着作物群体的变化而变化，前期作物覆盖度低，增温效果显著，后期作物覆盖度增高，增温作用下降。因此，在高寒旱区，低温成为农业生产的限制因素，其次为水分，对于高肥水与喜温作物，地膜覆盖的增温作用要大于起垄集水的作用对产量的贡献。

第三节 水肥耦合技术

水分和养分既是影响旱地农业生产的主要胁迫因子，也是一对联因互补、互相作用的因子。它们既有自己特殊的作用，又互相作用，影响着彼此的效果和作物产量，形成一条水分—养分—作物产量相互作用的链条。这两种因子相互作用对作物产量的效应既可能为正，也可能为负。效应的大小及方向涉及作物的生长时期，两者的用量，组合及平衡，也涉及养分之间的平衡。只有养分和水分投入合理才能产生明显的协同互补效果，才能产生大于两者叠加的增产效果。这就是水分和养分之间的交互作用即耦合作用。

水肥耦合（Coupling Effect of Water and Fertilizer）研究的目的和意义是要揭示水分和养分二者之间的耦合作用，在二者交互作用下获得较高的产量，提高作物对水分和养分的利用效率，达到高产、高效和保护环境的目的。

一、水肥耦合效应

水肥耦合是 20 世纪 80 年代提出的田间水肥管理的新概念，指在农业生态系统中，土壤矿质元素与水这两个体系融为一体，相互作用、互相影响而对作物的生长发育产生的结果或现象。其核心是强调影响作物生长的两大因素：水和肥之间的有机联系，水分和养分既是影响旱地农业生产的主要胁迫因子，也是一对联因互补、互相作用的因子，它们既有自己特殊的作用，又互相牵制、互相制约，影响着彼此效果的发挥。这两种因子的相互作用对农业生产可产生 3 种不同的结果或现象，即协同效应、拮抗效应和叠加效应。

（1）协同效应。也称耦合正效应，即 2 个或 2 个以上体系相互作用，相互影响，互相促进，其多因素的耦合效应大于各自效应之和。如在施多元复合肥或增施氮磷的同时，也补充钾、微量元素，不仅作物产量增加，而且可以维持地力。

（2）拮抗效应。2 个或 2 个以上体系相互制约，相互抵消或 1 个体系中各因素相互抵消，产生的各因素的耦合效应小于各个因素之和，称为拮抗效应或负效应。如锌有效性受 pH 值和石灰的影响，在 pH 值为 6.5 以上的石灰性土壤上，作物容易发生缺锌病。在这种土壤上，不但含锌的化合物溶解度低，而且石灰质具有强烈的吸附和固定锌的作用。若在此种土壤大量施用过磷酸钙等磷肥时，由于磷锌间的拮抗作用，可使土壤中锌有效性进一步降低。

（3）叠加效应。2 个或 2 个以上体系的作用等于各自体系效应之和，体系间无耦合效应，称为叠加效应。

水分、养分之间的耦合效应也是旱地"以肥调水""以水促肥"的理论基础。因此重视水肥结合，提高水肥对土壤肥力、作物产量效应，是解决半旱区种植业可持续发展的重要前提和基础。

二、水肥耦合技术的作用机理

1. 水分对植物养分转化、吸收及代谢的影响

植物对养分的吸收、运转和利用都依赖于土壤水分，土壤的水分状况在很大程度上决定着肥料的合理用量。

有研究发现，灌溉能显著提高氮素的固定速率和氮的矿化速率，水分胁迫明显降低根瘤的形成。土壤中的氮以有机态及无机态存在。植物所能吸收的氮素为有效氮。有效氮以 $NH_4 - N$ 及 $NO_3 - N$ 存在土壤。土壤中的有机氮可矿化为无机氮，铵态氮可硝化为硝态氮。土壤水分是影响矿化及硝化的重要的因子。一般认为当土壤水分为田间持水率时，如果温度适宜（25℃），则矿化、硝化率可达到最大。如果土壤水分过大，一方面土壤中的硝态氮产生淋洗损失，另一方面还会使土壤透气性差，缺少氧气，引起反硝化作用，造成

脱氮损失。

当土壤含水量下降时，植物对 N、P、K 等营养元素的吸收随之下降，这主要是由于干旱抑制了植物根系的生长，降低了根系的吸收面积和吸收能力，木质部液流黏滞性增大，从而降低了养分的吸收和运输。不同情况下，土壤干旱对各营养元素吸收的影响程度是不同的。P 主要通过扩散运动到达根的表面，而 N 主要通过质流，当干旱时，扩散受到影响，P、K 等通过扩散向根部移动的元素进入根部的数量便会减少。而此时植物的根系仍能吸收水分，N 则随着这些水分通过质流而进入植物体内。造成组织中的 N/P 比增大和 N、P、K 之间的比例失调，致使代谢紊乱。

水分不足还影响植物体内的营养代谢。硝酸还原酶（NR）参与植物体内硝态氮的还原过程，直接影响体内的氮代谢，是植物氮素代谢的关键酶。Yadav 等研究认为，小麦在 PEG 轻度胁迫下，NR 的活性有所提高，但在严重胁迫下，NR 的活性开始下降。水分亏缺还影响植物体内的 P、K 代谢，如减少体内的核酸合成、抑制 ATP 酶活性、破坏 K 泵的主动吸收等。

2. 养分对植物水分利用的影响

干旱条件下，施肥能提高土壤水势，从而提高土壤水分的有效性，使一部分原来对植物生长"无效"的水变得"有效"，使植物能吸收利用更多的土壤水分。施用有机肥可提高土壤总空隙度，使耕层土壤变松，增加持水能力，提高水分有效利用率。

施肥能补偿干旱条件下植物生长受抑的不良效应和改善植物的生理功能，提高水分利用。吴海卿等研究发现合理氮、磷配比和用量可显著增加小麦根系总量，提高根系活力，扩大吸收水分、养分空间和动力；提高光合速率和蒸腾速率，增大 T/ET 比值，降低土壤水分蒸发损失，从而大幅度地提高了小麦水分利用效率。同时养分供应适当，可缓解干旱胁迫对植物造成的不良影响。植株缺氮，其气孔不能像供氮适量的植株一样开闭自如。当土壤干旱时，缺氮植株水分损失高于供氮适量的植株。氮素供应适量时，能提高叶片中叶绿素含量，提高叶片的束缚水含量，从而提高植物的抗旱性。

由于施肥可明显增加植物的叶面积，从而导致植物耗水量的显著增加，这样在水分有限条件下，植物生育前期较大的耗水会导致后期更为严重的水分胁迫，虽则施肥由于对植物抗旱性的改善可以在一定程度上缓解干旱的影响，但却不能从根本上解除这种不利影响，反而会降低植物产量和水分利用效率。因此，水肥协同效应有一定范围，超过这一范围，则水肥之间会产生负的交互作用。

从热力学上看，施肥提高植物水分利用效率的机理在于增加土壤与植物间的水分热力学函数（-）偏摩尔自由能梯度，提高植株的提水作用，平抑不同土壤含水量所导致的土壤-植株间水分自由能梯度的差异。

3. 水分及养分相互作用

水分与养分之间相互作用、相互影响和相互依赖，形成一个整体，共同影响植物的发育。一方面，水分作为土壤养分的载体对养分的迁移和吸收有着至关重要的作用。土壤水分亏缺不仅影响有效养分的数量，而且影响到养分通过扩散和质流向根系迁移的速率。适宜的水分增强质流和扩散，有利于土壤养分离子向作物根系的迁移。研究发现，灌水能够促进有机氮的矿化，氮的矿化速率常数与水分含量符合直线关系，矿化氮量随水分含量的升高而增加。另一方面可稀释土壤中养分的浓度，导致养分流失加速。而合理施肥可提高蓄水保墒的能力，抑制土壤蒸腾作用，从而提高水分利用率，增加作物产量。施肥可促进作物对水分的吸收、转运和利用，因为作物生长健壮、茎叶增加时，扩大了光合作用的场地，而原料充分则形成更多的光合产物。干物质和经济产量的形成都需要一定的蒸腾量为基础，蒸发却是一种水分的无效损失。施肥能增加植物的叶面积，一方面增加了蒸腾量，另一方面减小了裸露的地面，从而减少了蒸发量，提高了蒸腾/蒸发比，进一步提高了水分利用效率。李生秀等的研究表明，施肥后根系生长量明显大于未施肥的，蒸腾强度、伤流液明显增加，叶片中糖分含量增加，叶水势有所降低。

三、水肥耦合在实践中的应用

近年来，在西北、华北、东北、西南等地区示范和推广的全膜覆盖集雨保墒、灌溉施肥、膜下滴灌、测墒灌溉等节水农业技术，实现水分、养分一体化管理，增产增收和资源节约的效益十分显著，为广义水肥一体化——水肥耦合理论做出了有益的探索和实践。

（1）旱作区，在甘肃、陕西、宁夏、青海等地旱作区大面积示范推广全膜覆盖集雨保墒技术，配套施用长效肥料、缓控释肥料和有机肥料等，在 300mm 降水条件下，每 $667m^2$ 产量达到 600kg 以上，比农民常规方式（半膜覆盖、常规肥料）增产近 50%。分析增产的根本原因，就是覆盖技术和长效肥料技术的有机结合，同时解决了长期困扰旱作区农业生产的干旱缺水和养分供应不足这两个问题，践行了水分、养分一体化解决的思路。全膜覆盖保墒技术能充分积蓄降水和降低蒸发损失，使降水利用率达到 90% 以上；长效肥料和缓控释肥料等能一次施肥，养分缓慢释放保证作物整个生育期的养分需求，解决了后期追肥困难导致的脱肥问题。实践证明，长效肥料、缓控释肥料等非常适合旱作区覆盖保墒技术模式，是旱作农业与施肥技术完美结合的典范。

（2）精灌区，在微灌果树、蔬菜以及马铃薯、玉米、棉花等大田作物上开展灌溉施肥技术示范推广，将肥料溶于灌溉水中，通过喷滴灌系统，进行水肥一体化应用。如在吉林西部、黑龙江西部、内蒙古东部等地推广玉米膜下滴灌施肥技术，每 $667m^2$ 产量由 500kg 提高到 800kg，增产 60%。在内蒙古、甘肃等地马铃薯上采用，平均每 $667m^2$ 产量可达 3000kg 以上，较常规水地增产 1000kg，增产 50%。在山东番茄上，采用同样施肥量，每 $667m^2$ 产量可达到 7500kg，比传统沟灌冲肥每 $667m^2$ 增产 2000kg。肥料利用率显著提高，N、P、K 分别达到 59.8%、21.4% 和 69.4%，与沟灌冲肥相比，分别提高 21.9%、7.8% 和 25.4%。

（3）水浇地，在华北平原冬小麦上，农民一般年份都要灌水 4～5 次，总灌水量达到 300～400m^3/$667m^2$，不仅水资源浪费严重，肥料也随水流失，造成巨大浪费。采用测墒灌溉和因墒施肥，根据土壤墒情和降雨情况优化灌溉制度，配套施用长效肥料，实现水肥一体化应用，改饮种水为造墒水，灌溉次数减少为 2～3 次（含底墒水），每 $667m^2$ 节约灌水量 120m^3 以上，节约氮肥 20%，每 $667m^2$ 产量达到 500kg 以上。

（4）水稻田，在四川、广西等地水稻上采用覆膜保墒节水技术，配套施用长效肥料，实现水肥一体化管理，平均每 $667m^2$ 产量达到 700kg 以上，比常规灌溉和施肥管理方式增产 100kg 以上；灌水由 2～3 次减少为 1 次；每 667m² 施肥由 17kg 减少到 12kg（纯养分）；用工由 18 个减少到 12 个，经济效益十分显著。

四、水肥耦合技术发展趋势

虽然目前水肥耦合研究工作已经取得许多成果，但是为了更好地提高水肥的利用效率，保护水土资源，水肥耦合研究还应该在以下几个方面加深研究：

（1）通过土壤盐分积累特点和水分运动规律，养分在不同土壤条件下随水迁移流动情况，养分溶解运移的动力和机制，根系吸水的动力学原理等研究在作物高产、优质以及节水，特别是防治土壤退化方面可取得重大突破。

（2）通过建立不同区域节水灌溉条件下土壤水、肥、盐迁移模型和植物根系吸收养分的动力学模式，解决植物水、肥、气、热、盐环境联合调控理论和水分养分迁移转化规律的尺度转换理论问题，了解有限灌溉条件下氮磷营养对作物缺水敏感性指数调节的效应与定量关系及作物水分-养分-产量综合生产函数表达式的确定，为提高作物水分养分耦合利用效率确定最佳作物根区湿润方式和供水参数及其供水供肥模式。随着环保意识的提高，人们越来越关注化肥大量使用对环境生态以及农产品品质的影响。因此，水肥耦合研究除了主要以作物产量和经济效益为指标，确定作物的最佳施肥量之外，还应该在施肥对农田生态环境的影响以及农产品品质方面深入研究。保证农田生态系统的良性循环，确保农业生产的可持续健康发展。

面临严峻的水资源和土地资源短缺形势，要满足人口增长所带来的需求增长，要实现农业可持续发展的目标，必须加大农业科技投入，研究水肥耦合效应，促进农业可持续发展。通过加强水肥耦合的科学研究，深入探讨水肥耦合的理论，加强水肥高效利用对环境污染的研究，使农业发展成为高效、优质、高产的生产体系，以实现农业生态效益和经济效益双丰收。同时明确"以肥调水，以水促肥"的原理，使农业技术以科技、工程和工业技术手段实现农业资源的充分、高效和可持续利用，走上可持续发展的道路。水肥耦合的研究能解决水资源、土地资源短缺以及过度施肥带来的土壤环境、水环境污染问题，对我国农业的可持续发展有着举足轻重的作用。

第四节　化学调控技术

在农业抗旱节水中，化学制剂的作用越来越引起国内外专家和农民的重视，被认为是一种很有前景的新型节水增产技术，统称之为化学节水技术。化学节水的作用对象为大气水、地表水和地下水"三水"的界面，作用的实质在于最大限度地减少水分的消耗，同时提高水分的有效性，起到"开源"和"节流"的作用。根据作用对象（种子、幼苗、根、叶面、土壤、水面）、使用方式（喷施、蘸根、包衣、覆盖）及作用机理（吸水、抑制蒸腾、生理调节）的不同，化学抗旱制剂有抗旱剂、保水剂、抗蒸腾剂、抗旱种衣剂、植物生长调节剂、覆盖剂、土壤改良剂等不同的名称。由于同一种产品往往同时具有多种使用方式和不同的作用机理，因此这些名称之间往往既相互区别，又相互包容。

一、保水剂

保水剂是（Water - retaining agent 或 Aquasorb）属一种高效吸水性树脂，能迅速吸收相当于自身重量数百倍到千倍以上的水分，保水剂拌种包膜后，播入土中能很快吸收水分形成水分黏液保护膜，改善了种子萌发时的土壤水分微环境，扩大种子与土壤的接触面积，降低土壤水分移向种子的传导阻力，对种子萌发和成苗十分有利。在干旱半干旱地区，保水剂应用于节水农业和生态农业，能起到保水、保肥、保温、保土、改善土壤结构和抗旱的作用。

1. 保水剂的吸水原理

保水剂的吸水原理相同于一般 SAPs，是高分子电解质分子链在水中酰胺基和/或羧基团同性相斥使分子链扩张力和由于交联点的限制分子链的扩张力而相互作用而成的。以聚丙烯酰胺为例，保水剂会有大量酰胺和羧基亲水基团，利用树脂内部离子和基团与水溶液相关成分的浓度之差产生的渗透压及高分子电解质与水的亲和力，可大量吸水直至浓度差消失为止。控制保水剂达到令人满意吸水程度的是橡胶弹力，分子结构交联度越高，橡胶弹力越强，而橡胶弹力和吸水力的平衡点即是其表观吸水能力。

由于分子结构交联，分子网络所吸水分不能用一般物理方法挤出而起到保水作用。

由此，同样组成的聚合物交联度越低，吸水倍率相对越高，其保水性、稳定性和凝强度就越低，反之亦然。所以，国际上对于使用周期较长的保水剂自然需要较高的交联度，并不追求高吸水倍率和速率。以聚丙烯酰胺为例，其表观倍率并不高，吸水速率也依粒径不同差别很大，凝强度高的保水剂吸水后有一定形状，不易解体，利于土壤透气，吸放水可逆性好。因为保水剂一般掺入地下 5～15cm，故国际上现在更强调加压下的吸水倍率。依粒径不同，聚丙烯酰胺型吸纯水倍率为 150～300。

2. 保水剂的特性

（1）无毒、安全环保、性能稳定、使用寿命长。无毒无味，不污染植物、土壤和地下水，广泛应用于果树花卉、植树造林、无土栽培、植物保鲜运输和大田作物等。土壤保水剂最终分解物为 CO_2、水、氨态氮、Na^+ 或 K^+，无任何残留。即使是极端的干旱，也不会倒吸植物水分。集多种聚合物之特性，可反复吸水膨胀和释放收缩，在生产中使用寿命可达 6 年以上，是目前市场上使用寿命最长的土壤保湿产品。

（2）改善土壤结构，保墒省水。使黏重土壤，漏水肥的沙土和次生盐碱土壤得以改良。同时促进土壤微生物发育，提高土壤有机物的周转利用效率。可有效抑制水分蒸发，防止水土流失，即使在有灌溉的条件下，仍然可省水 50% 以上。

（3）吸水速度快。一般自然水吸至饱和最长时间约为 15～40min，最快仅 0.4min。

（4）水肥利用率高。土地保水剂在土壤中形成的"小水库"，可减少土壤中微量元素的淋溶流失，保护环境；当再次干旱时，吸足水的保水剂使周围的土壤保持潮湿，以供给植物根系水分。即使在沙漠地区和干旱条件下，当年降雨量达 200mm 时，也可种草植树。

3. 保水剂的功能

（1）保水。保水剂不溶于水，但能吸收相当自身重量成百倍的水。保水剂可有效抑制水分蒸发，土壤中掺入保水剂后，在很大程度上抑制了水分蒸发，提高了土壤饱和含水量，降低了土壤的饱和导水率，从而减缓了土壤释放水的速度，减少了土壤水分的渗透和流失，达到保水的目的。还可以刺激作物根系生长和发育，使根的长度增加、条数增多，在干旱条件下保持较好长势。

（2）保肥。因为保水剂具有吸收和保蓄水分的作用，因此可将溶于水中的化肥、农药等农作物生长所需要的营养物质固定其中，在一定程度上减少了可溶性养分的淋溶损失，达到了节水节肥，提高水肥利用率的效果。研究表明，保水剂在吸水的同时，还能吸持溶解在水中氮素养分，氮肥能显著降低保水剂的吸水倍率；尿素对保水剂吸水性能影响最小，保水剂与尿素配合施用，水肥调控效果最好。

（3）保温。保水剂具有良好的保温性能。施用保水剂之后，可利用吸收的水分保持部分白天光照产生的热能调节夜间温度，使得土壤昼夜温差减小。在砂壤土中混有 0.1%～0.2%的保水剂，对 10cm 土层的温度监测表明，对土温升降有缓冲作用，使昼夜温差减少为 11～13.5℃，而没有保水剂的土壤为 11～19.5℃。

（4）改善土壤结构。保水剂施入土壤中，随着吸水膨胀和失水收缩的规律性变化，可使周围土壤由紧实变为疏松，孔隙增大，从而在一定程度上改善土壤的通透状况。

通过其他节水措施与保水剂共同作用也是一种有效节水措施。毛思帅等采用一种负水头供水控水系统，通过调节供水负压值来控制不同的土壤含水率，研究 3 种供水负压（3kPa、6kPa 和 9kPa）下，保水剂对玉米生理、生长性状以及节水效果的影响。结果表明，在水分受限制条件下，保水剂能够改善植株的生理生长特性，提高水分利用效率。

4. 保水剂施用技术与方法

保水剂的使用方式有许多种，不同的使用方式适用于不同的作物，用量也不一样。目前国际上保水剂的使用方法有拌土、拌种或包衣和蘸根等。丙烯酰胺-丙烯酸共聚交联物的成本高但寿命长，适合于拌土使用，是保水剂的主流产品。淀粉接枝丙烯酸共聚交联物成本低，但寿命短，更适合于包衣和蘸根。

（1）包衣：一般用粒度在 120 目即 0.125mm 粒径以上的保水剂与营养物、农药和细土等混合制成种衣剂，其中保水剂的含量依作物和地区特点而定，一般为 5%～20%，种衣剂再作拌种或丸衣化，可大大提高出苗率，使根系发达，且壮苗，还能节水、省工和增产。该方法适于水稻、玉米、油菜、烤烟和花草。

（2）蘸根：将作物的根系浸泡于一定浓度的保水剂中，使水凝胶均匀附在幼苗或苗木的根系上，直接栽植或取出晾干、捆扎成捆后再进行栽植。一般用 40～80 目即 0.1～0.425mm 粒径的保水剂以水重的 0.1%与水充分拌匀，吸水 20 min，把裸根苗浸泡其中30 s 后取出，用塑料包扎好根部，可防止根部干燥，延长萎蔫期，利于长途运输，成活率可提高 15%～20%。一般用于树苗、花卉苗及菜苗的贮存、移栽和运输，也可以对果树和林木等的繁殖插条。以占施入范围内干土重的 0.1%为佳，施用时要与土壤充分混匀，同时要进行覆盖，以减少水分蒸发，最初一周要浇透水 1～2 次；有条件的地方，最好让保水剂吸水成饱和凝胶后（保水剂在水中浸泡 2～3h 可成饱和凝胶状），再与土充分混匀（此时饱和凝胶与土的体积比为 1∶10～1∶5）。若需施肥，则应先把饱和凝胶与土拌匀后再掺肥。

（3）拌种：将种子浸在一定浓度的保水剂溶液中，使种子表面形成薄膜外衣；另将保水剂与化肥、微肥、农药以及粉碎均匀过筛的腐殖土按质量分数 1％ 配比掺和均匀；再将包过外衣的种子与混合好的土按 1∶3 的重量比在制丸机（小型搅拌机）中造粒。此法可使小粒种子大粒化，适于精量播种，常用于飞机播种造林、种草。保水剂用量一般采用种子重量的 1％～3％ 较好。

（4）施于土壤：保水剂既可以地表散施、沟（穴）施，也可以地面喷施，但直接施入土壤中的方法在当前经济条件下尚难做到。地面散施是在播种时或栽植前将保水剂直接撒于地表，使土壤表面形成一层覆盖的保水膜，以此来抑制土壤蒸发。地面散施一般用于铺设草皮或大面积直播栽植。铺设草皮时保水剂用量为 $90～150kg/hm^2$，大田一般为 $37.5～75.0kg/hm^2$。沟施是直接将种子和保水剂一同均匀地撒入种植沟内，然后覆土耙平。穴施是先将保水剂撒入穴内与土掺和，然后播种覆土。沟（穴）施保水剂用量一般为 $22.5～75.0kg/hm^2$。地面喷施是将保水剂配成一定浓度的溶液，用喷雾器喷洒在地面，使之形成一层薄膜减少地面蒸发。此法在经济作物栽植及育苗中应用效果较好。配制保水剂的体积分数一般为 1％～2％。

（5）用作育苗培养基质：将浓度为 $3～10g/kg$ 保水剂与营养液按比例混合形成均匀凝胶状，再与其他基质按比例混合，可用于盆栽花卉、蔬菜、苗木等的工厂化育苗。

（6）流体播种：先用浓度 $1～5g/kg$ 保水剂凝胶与发芽种子混合，再通过专门的流体播种机直接播种入土，多用于蔬菜催芽种子的播种，其对出苗的效果明显，该法是近年欧、美、日采用的一种新工艺。

（7）地面喷洒覆盖物：将保水剂与水混合，用喷雾器喷洒在土壤表面，使其与地面覆盖物黏合在一起，既可降低土壤被侵蚀的程度，又可向作物提供充足水分。此外，保水剂添加其他元素或材料可制成抗旱种衣剂、保水储肥剂、吸水改土剂和果蔬保鲜剂等。

二、抗蒸腾剂

抗蒸腾剂（Anti-transpirant）是指直接作用于植物叶表面，通过对叶表面的覆盖，减少气孔开张度，增大气孔扩散阻力，来降低蒸腾强度，减少水分散失的一类化学物质，又称为蒸腾抑制剂。它可以有效减少作物的"奢侈"蒸腾，使植物建立起一个比较合理的调控体系，充分利用土壤贮存的水分，提高植物的耐旱和抗旱能力。从而实现节水抗旱，特别是在水分条件很受限制的干旱半干旱地区，更具有积极的作用。

1. 应用植物抗蒸腾剂的理论基础

植物根系吸收的水分仅有 1％ 用于代谢和生长发育，而 99％ 的水分经蒸腾作用散失掉。总蒸腾量的 80％～90％ 是经气孔蒸腾的，另外的 10％～20％ 通过皮孔和角质层蒸腾散失。若想有效地降低蒸腾，必须大幅度降低气孔蒸腾，即减小气孔开度或关闭气孔。然而气孔不仅是水分蒸腾的主要通道，也是光合作用所需 CO_2 和呼吸作用所需。减小气孔开度或关闭气孔是否会严重影响植物的光合作用和呼吸作用。理论和实践都证明，在一定条件下应用抗蒸腾剂，适当减小气孔开度或关闭一部分气孔，可以显著降低植物的蒸腾作用，对光合和呼吸及其他代谢活动没有明显的不利影响，主要依据是：

（1）植物的气孔开度在较宽广的范围内能够维持较恒定的光合作用/蒸腾作用比值。

（2）由植物抗蒸腾剂引起的气孔开度减小或气孔关闭所降低的蒸腾作用幅度比降低的光合作用幅度大，因而保证了较高的光合作用/蒸腾作用比值，提高了用水效率。

（3）气孔阻力并不是调节 CO_2 进入植物体内的主要因素。在水分胁迫下光合作用的降低主要是因为非气孔因素（CO_2 在叶肉细胞间传导的阻力）限制了 CO_2 的供应。水分胁迫下光量子通量密度主要是受叶肉细胞的影响，而受气孔导性的影响很小。在 CO_2 浓度为 $0\sim500ppm$ 范围内，高量 CO_2 同化量变异的 $85\%\sim87\%$ 是由非气孔因素所致，而气孔的影响仅占 $13\%\sim15\%$。总之，部分气孔的开度减小不会明显降低光合作用，却能明显降低蒸腾作用。

（4）植物的表观光合作用远远低于潜在的光合作用，植物抗蒸腾剂主要影响植物的潜在光合作用，而以表观光合作用影响很小。

（5）从轻度水分胁迫到严重水分胁迫的变化过程中，水分亏缺对与产量有关的几个生理过程影响的先后顺序为：生长-气孔开闭-蒸腾-光合-运输。所以，在一定程度上减小气孔开度、降低蒸腾不会严重影响光合作用和运输。

（6）除非在极端条件下（光辐射很强、风速很低），抗蒸腾剂降低蒸腾不会导致叶温大幅度升高，也不会显著影响矿质养分的运输。

（7）在正常条件下，如果某些作物处于光饱和状态，则可以通过增强叶片反光率来显著降低水分蒸腾率，而不至于相应明显降低 CO_2 同化率。而在干旱条件下，光不饱和作物（玉米、高粱等）也可用反射型抗蒸腾剂降低蒸腾以维持生命。

2. 抗蒸腾剂的种类及作用机理

到目前为止，研究过的抗蒸腾剂超过 100 多种。依据不同抗蒸腾剂的作用方式和特点，可将其分为三类：

（1）代谢型抗蒸腾剂（Metablic Anti-transpirant），也称为气孔抑制型抗蒸腾剂（Stoma Closing Compounds）。其作用于气孔保卫细胞后，可使气孔开度减少或关闭气孔，增大气孔蒸腾阻力，从而降低水分蒸腾量。代谢型抗蒸腾剂只影响气孔蒸腾阻力，而不影响角质蒸腾阻力和界层水分扩散阻力。它或影响气孔保卫细胞膜的透性，或影响由保卫细胞渗透势控制的代谢反应。另外，凡能改变叶肉细胞光合作用和呼吸作用的物质，都能引起叶肉细胞内 CO_2 平衡的变化，因而影响气孔开闭。常见的代谢型抗蒸腾剂有 Phenyl mercuric acetate（PMA，苯汞乙酸）、ABA（脱落酸）、环光合磷酸化抑制剂（二氯汞-4，6-二硝基酚、2,4 二硝基酚）、甲草胺（Alachlor）、FA（黄腐酸）等。施用较低浓度的甲草胺可维持 $20\sim22d$ 的蒸腾减少，而且再次喷药又能使气孔重新关闭，蒸腾再次降低。喷施一次二硝基酚（DNP）能使蒸腾减少作用维持 12d。

（2）成膜型抗蒸腾剂（Film-forming Anti-transpirant），又称薄膜型抗蒸腾剂。成膜型抗蒸腾剂成分为一些有机高分子化合物，喷布于叶表面后形成一层很薄的膜，覆盖在叶表面，并封闭气孔，降低水分蒸腾。当前常见的成膜型抗蒸腾剂有：Wilt-Pruff、Vapor Gard、Mobileaf、Folicote、Plantguard、十六烷醇乳剂、氯乙烯二十二醇等（均为商品名）。美国加利福尼亚州的人们在橄榄收获前 $1\sim2$ 周对橄榄树喷施成膜型抗蒸腾剂（CS6432、Mobileaf），使果实体积增加 $5\%\sim15\%$，取得明显的效果。

（3）反射型抗蒸腾剂（Reflecting Anti-transpirant）。一般情况下，照射到叶片表面上的太阳光能，只有很少一部分用于光合作用，大部分用于产生热效应，提高叶温，使蒸腾加剧。而此类物质用以喷施到叶片的上表面，通过选择性的反射 $0.4\sim0.7\mu m$ 的太阳辐射，减少叶片吸收的太阳辐射，从而降低叶片温度，减少蒸腾。常见的反射型抗蒸腾剂有高岭土（Kaoline）和高岭石（Kaolinite）等。在冬小麦播种后 45d 喷施浓度为 6% 的高岭土，能使叶温下降 $1\sim2.5℃$，蒸腾明显降低。我国的一些学者通过试验发现，在不同的降水年份施用适量反射型抗蒸腾剂，农作物的产量增加 $16.5\%\sim27.7\%$。

3. 抗蒸腾剂的效果及评价

（1）代谢型抗蒸腾剂。PMA 是最早被人们发现的、非常有效的气孔抑制剂。在 $5\times10^{-5}M$ 时可使赘草 50% 的气孔关闭。在 $5\times10^{-4}M$ 时可使玉米 50% 的气孔关闭。玉米抽雄前每公顷喷施 45g PMA，增产籽粒达 $8\%\sim17\%$。许多人都报道过 PMA 的效果，有效期一般可持续 25d 左右。但不同植物适用的 PMA 浓度不同，不同时期施用的效果不同，叶片上、下表面气孔对 PMA 敏感程度不同。

甲草胺（20mg/L）使玉米气孔开度减小 60% 左右，降低蒸腾 40%，有效期达 $20\sim22d$。使玉米穗加长、加粗，千粒重增加 50g，百株秸秆增重 7.5kg。Palis 等（1972）在人工气候箱内给玉米幼苗叶面喷施 7 种气孔抑制剂，平均光合速率提高 2.5%，平均蒸腾速率降低 34%。

黄腐酸（FulvicAeidm，FA）是近年来我国研究较多的抗蒸腾剂，目前已较大面积应用于多种作物。100ppm FA 可抑制水稻气孔开度的 40%，$0.05\%\sim0.1\%$ FA 溶液使小麦气孔导性下降 55%，9d 内总耗水量减少 $6.3\%\sim13.7\%$。FA 对其他植物也有相近的结果。在正常天气状况下 FA 降低蒸腾的作用可保持 20d 左右。FA 能促进光合作用，显著提高多种酶（如多酚氧化酶、过氧化氢酶、抗坏血酸氧化酶、硝酸还原酶、超氧物歧化酶等）的活性。FA 对多种作物有明显的增产作用。据全国黄腐酸推广协作网报道（1991），FA 已被大面积应用于小麦、玉米、水稻、棉化、花生、甘薯、烟草及蔬菜抗旱生产，取得了明显的经济效益。

从实际应用方面看，目前的代谢型抗蒸腾剂仍有缺陷难以克服。如 PMA 是汞制剂，对人畜有毒，污染环境。ABA 价格十分昂贵；$CaCl_2$、$NaHSO_3$ 等价格也很高，难以广泛应用。相比之下，FA 效果较好，资源丰富，价格便宜，无毒、无污染，是很有前途的抗蒸腾剂。理想的气孔抑制剂是 CO_2，因为增大 CO_2 浓度既可引起气孔关闭，降低蒸腾，又能提高光合作用。目前只能在封闭环境中施用 CO_2，在田间尚无法使用。

（2）成膜型抗蒸腾剂。适量施用成膜型抗蒸腾剂能有益于果树的生长，可减轻干旱，增大果实体积，减少收获前后果实失水，减轻果皮皱缩及改进贮藏品质等，这些水果包括葡萄、樱桃、橄榄、桃、柑橘。盆栽花木在运输和摆放期间适当应用抗蒸腾剂可在一定程度上减轻干旱。成膜型抗蒸腾剂可用于提高植物移栽的成活率，如在采伐后的林区栽植松树、番茄和青椒幼苗移栽，柑橘及观赏植物的移栽。

用 5 种成膜型抗蒸腾剂处理生长箱内的玉米幼苗，平均光合作用率比对照高 5.8%，蒸腾作用率比对照低 35%。有人测定出 8 种成膜型抗蒸腾剂的有效期为 $8\sim32d$。高粱孕穗期喷施 Folieote（2.0L/hm²），增产籽粒 $8\%\sim17\%$。玉米抽雄前叶面喷施 Folicote，7 年年均增产 $11\%\sim17\%$。

与气孔抑制剂相比，成膜型抗蒸腾剂有其独特的优势。一若用于防御短期干旱，或用于移栽，后者比前者更有效。但成膜型抗蒸腾剂不宜用于旺盛生长的叶片和气孔结构与美国白蜡树相同的植物，否则薄膜易破裂而剥落，缩短有效期，造成浪费。另外，施用量不能太大，否则使膜太厚或覆盖太完全，导致光合和呼吸严重受阻或中毒。

现有的成膜型抗蒸腾剂的最大缺陷是对 CO_2 和 H_2O 没有选择透性。商品成膜型抗蒸腾剂价格很高，目前只在很小范围内或某些特殊高值作物上应用。

（3）反射型抗蒸腾剂。反射型抗蒸腾剂的研究较少，目前所用的反射材料全是高岭土和高岭石。大豆叶面喷施 6％高岭石悬浮液 600L/hm²，使短波光反射率提高 20％，总反射率提高 80％～300％，持续期 10d。高粱叶面喷施 6％高岭土悬浮液（120 目）使光辐射吸收量减少 26％，净同化率降低 23％，但使籽粒产量提高 11％，并认为增产的原因是加速了同化物向籽粒中转移。明显增加高粱穗粒数和穗长度，提高了千粒重。在干旱、光照强的田间，高岭土显著提高高粱籽粒产量。大麦播种后 45d 和 65d 各喷一次 6％高岭土悬浮液，使大麦产量得到了显著提高。

虽然不少结果表明反射型抗蒸腾剂对某些作物有较好的效果，但它以减少植物吸收辐射能为代价，广泛应用则依赖于具选择反射性质的反射材料。

植物抗蒸腾剂不仅能改善植株体内的水分状况，还能改善土壤水分状况，可减少农作物的灌水量和灌水次数。在干旱地区，植物的强烈蒸腾剧烈消耗地下水，适当应用抗蒸腾剂，能提高植物的用水效率，增加作物产量。因此，应用植物抗蒸腾剂将是一条很有效的抗旱途径。

抗蒸腾剂的研究虽然取得了较大进展，但与实际应用还有较大差距，还有许多问题需要解决：植物对不同药剂的适宜浓度和剂量的要求；药剂效力和持效期与环境条件的关系；较理想的抗蒸腾剂的研制和筛选；植物种类和特点与抗蒸腾剂有效性的关系；光合作用与蒸腾作用的关系。

4. 应用抗蒸腾剂应注意的问题

在使用抗蒸腾剂时必须注意：

（1）要在土壤有效水分尚未耗尽前、植物严重受害前使用抗蒸腾剂。在土壤有效水分很低时，抗蒸腾剂的效果较差；对已萎蔫的植物，使用抗蒸腾剂无任何效果。

（2）在植物需水临界期施用抗蒸腾剂效果最好，如禾谷类作物在孕穗期，果树在果实膨大后期至成熟。

（3）不同药剂需用不同施用方法以达到最佳效果。如 CCC 可施入根际土壤；FA 可拌种、浸种、叶面喷施；成膜型药剂在叶片定型后叶面喷施。

三、土壤改良剂

土壤改良是利用外部力量使劣质土壤具有优良的农业价值或使被破坏的土壤再生，作为解决土壤恶化问题的重要途径，备受土壤和环境学者的重视。土壤改良分为物理改良和化学改良。前者指借助于物理机械手段改善土壤状况，如改善盐土和冷浸土的排灌水条件，植树造林固沙防止水土流失，精耕细作改良土壤结构，扩种绿肥、牧草和增施有机肥，实行牧草和作物轮作的等；化学改良指施用化学物质（即土壤改良剂），改善土壤内在结构和物质组成而达到改良目的。具有和土壤有机质相似功能团的土壤改良剂能够模拟土壤有机质特别是腐殖酸的作用，土壤改良剂具有改善土壤微观结构和平衡土壤物质组成的功能。

土壤改良剂为阴离子特性和高分子量的聚丙烯酰胺聚合物，其效用原理是黏结很多小的土壤颗粒形成大的，并且水稳定的聚集体。广泛应用于防止土壤受侵蚀、降低土壤水分蒸发或过度蒸腾、节约灌溉水、促进植物健康生长等方面。土壤改良剂是用来促进土壤形成团粒，改良土壤结构，固定表土，保护耕层，抑制土壤蒸发，防止水土流失的高分子化合物的总称。

1. 土壤改良剂的作用机理及分类

土壤改良剂的作用机理有：①改善低产地、控制风水侵蚀、抑制水土流失，土壤改良剂使分散土粒形成团粒结构，增大表层水渗透率，防止表层板结，起到水土保持的作用；②提高半干旱和干旱土壤（例如沙漠）保水性，提高土壤水分含量和延长保水期是该类土壤具有农业价值的关键。

土壤改良剂是根据团粒结构形成的原理，利用植物残体、泥炭、褐煤等为原料，从中抽取腐殖酸、纤维素、木质素、多糖梭酸类等物质，作为团聚土粒的胶结剂，或模拟天然团粒胶结剂的分子结构和性质所合成的高分子聚合物。前一类制剂为天然土壤改良剂，后一类则称为合成土壤改良剂。天然高聚物改良剂具有原料充足、制备简单、施用方便、效果良好和经济可行等优点，但易被微生物分解！施用周期短，施用量大，施用后释放的大量阳离子对土壤有毒害作用；人工改良剂的优点在于不易被土壤微生物分解，作用持久，且对土壤微生物和土壤动物无害，改良后的土壤更有益于作物的生长。

天然有机制剂作为土壤改良剂已广泛用于各类土壤改良，取得了较多的效果。

（1）多聚糖是一种水溶性天然土壤改良剂，也是国外研究应用较广泛的一种改良剂，它是从瓜尔豆中提取的一种高分子物质。多聚糖在水溶液中是一种生物不稳定性物质，在土壤中能被微生物降解成小分子，因此，在改良土壤时用量要大于人工合成的改良剂，但是，从另一方面考虑，它能提高土壤微生物的能源和营养物质，分解后的产物能提供作物所需的养分，存在于团聚体中与土粒成结合状态的多聚糖生物稳定性明显提高。多聚糖土壤结构改良剂同土壤中微生物分解有机质所产生的多聚糖一样，具有胶结土粒，促进形成团聚体的能力，多聚糖改良剂分子上带有大量羟基（-OH），羟与黏粒矿物晶体面上氧原子形成氢键，能将分散的土粒胶结在一起形成团聚体。多聚糖中亲水基（-OH）与黏粒形成氢键，其疏水基（羟）覆盖在黏粒表面，改变了黏粒的水合性，形成的团聚体具有水稳性。为了克服天然制剂土壤改良剂的不足，发挥其优势，采用天然聚合物与有机质单体共聚的方法，制得人工合成的土壤改良剂，如聚丙烯酰胺现代人工制剂中往往加入一些植物生长所需要的营养元素，达到改土和促进植物生长的双重作用。

（2）聚丙烯酰胺（PAM）是一种溶于水的高分子人工合成土壤改良剂，分子上带有很多活性基团，水解程度不同，所带电荷的种类和数量不同，控制水解条件，可以制成阳离子和阴离子型改良剂。聚丙烯酰胺生物稳定性高于多聚糖，在土壤中不易被微生物分解，改良土壤是用量较少，是一种高效土壤结构改良剂。它与黏粒结合形成团聚体的机制一般认为是，阳离子型聚丙烯酰胺与黏粒矿物上的负电荷结合，胶结黏粒形成团聚体。阴离子型聚丙烯酰胺作用机制不同于阳离子型，它与负电荷土粒结合分四种情况：一是靠氢键结合；二是在低 pH 值条件下，阴离子型聚丙烯酰胺能产生正电荷，正电荷与黏粒上的负电荷形成离子键胶结土；聚丙烯酰胺水解程度不同，负电荷所占比例不同，改良土壤的效果也不同，负电荷占 20%～40% 时，聚丙烯酰胺与土粒结合力最强；三是聚丙烯酰胺分子上的正电荷与土粒上的负电荷结合形成离子键，胶结土粒；四是高价矿物质离子作为盐桥分别与聚丙烯酰胺分子上的负电荷和土粒上的负电荷结合形成离子键，把土粒胶结在一起形成团聚体，这一作用机制同腐殖质在团聚体形成过程中的作用机制相同。

2. 土壤改良剂的主要功能

（1）改善土壤结构，提高土壤肥力。土壤肥力是指土壤具有的能同时和不断地供应和调节植物生长发育所需的水、肥、气、热等因素的能力，决定土壤肥力的化学因子（黏粒矿物质、有机无机复合体、酸碱度、氧化还原电位等）、生物学因子（土壤生物、活性酶等）物理学因子（机械强度、通气性、温度、水分等）都和土壤结构密切相关，低产和不宜耕作以及易板结水土流失严重的土地结构差，团粉数量少，土壤的肥力和理化性质不宜于植物生长。聚合物改良剂在形成团粒的同时并使团粒的水稳性、机械稳定性、生物稳定性增加，改良了土壤结构，改善与土壤结构密切相关的其他物理性，诸如土壤孔隙度、通气性、透水性、坚实度、水分物理等，同时，还改善土壤的化学性质，加强土壤的微生物活动，调节土壤的水、肥、气、热的状况，因此提高土壤肥力的效果十分明显。

（2）提高水分利用率，改变土壤饱和导水率。由于土壤结构的改善，土壤水分入渗率有了明显的增加，在山西省雁北地区的砂壤、轻壤等土壤上喷施 BIT 后，水分利用率提高 32.3%，耗水系数降低 24.6%，同时也提高了饱和导水率，特别是对壤质土的饱和导水率有更为明显的提高。施用 1% 和 2% 的丙烯酸钠—丙烯酸钙共聚物，可使土壤含水量从 29.2% 分别提高到 36.9% 和 58.0%。潮褐土与改良剂混合后，0～10cm 土层饱和导水率提高 42%～197%，10～20cm 土层提高 3.37～6.54 倍。土壤经改良处理，土壤的结构性、保水性等土壤的生产性能明显地得到改善，因而对作物生长发育和产量表现出良好的影响。

（3）调节土壤紧实度，降低土壤容重。各种研究表明，施加了土壤改良剂后土壤变得疏松，土壤的孔隙增多，容重下降。疏松的土壤有利于土壤中的水、气、热等的交换及微生物的活动，有利于土壤中养分对植物的供应，从而提高了土壤肥力。

（4）调节土壤温度。中国农业科学院土壤肥料研究所 1992 年在北京潮褐土冬小麦地试验，地表配施 0.1% PAM 观测小麦越冬期至次年小麦封垅前后地表温度变化，发现 PAM 处理对地表 5cm 土层温度影响最大，地表最高。最低温度和平均温度较对照均有提高。如 1 月 30 日至 5 月 4 日期间，PAM 处理的 5cm 层平均地温较对照提高 0.2～1.2℃由中国农业科学院土壤肥料研究所主持 1998—1999 年在山西万荣冬小麦地对新型 PAM（0.3g/m²）进行试验，观测比较 PAM 处理对土壤温度变化的影响，与对照比较，PAM 对土壤温度略有影响，但差异不大；苗期至返青期土壤温度增加 0.1～0.2℃。PAM 对土壤温度的影响可能与 PAM 的使用浓度有关。

3. 土壤改良剂的使用方式

对于高聚物土壤改良剂，如聚丙烯酰胺，以其固态施入土壤可以吸水膨胀，但很难溶解进入土壤溶液，未进入土壤的溶液的膨胀态改良剂几乎无改土效果，如果将它溶于水施用土壤物理性质可得到明显改善。两种不同土壤改良剂混合使用，改土的效果会有明显提高。Wallace（1986）试验结果显示用 $45kg/hm^2$ 聚丙烯酰胺和 $90kg/hm^2$ 多聚糖混合改良钙质土壤效果好，两种改良剂混合使用具有明显的交互作用。

4. 土壤改良剂的存在问题

土壤改良剂改土效果非常明显，作用也非常多，但还存在以下主要问题：

（1）成本高。虽然不同单位研发的产品很多，但由于成本高（600～1800 元/hm^2），使得其推广应用一直受到限制。

（2）缺乏正确的宣传和技术培训。很多农民不了解，更不知道如何使用，技术开发部门和主管农业部门间缺乏及时沟通和配合，缺乏必要地宣传和科技培训。

（3）缺乏科学评判标准。我国土壤类型繁多，缺乏广适性和专一性的土壤改良剂产品，而且土壤改良剂产品种类很多，在有机质含量、改土效果、保水性能、持效性能等方面缺乏科学统一的衡量标准和测试手段。

（4）缺乏长期的定位试验跟踪和数据验证。许多土壤改良产品的研究结果是 1～3 年的试验，没有长期对土壤环境和农产品质与量变化进行研究，使用者对该产品信心不足；同时，土壤改良剂对环境、土壤和农产品的副作用还有待于深化研究，特别是利用城市废弃物和污水污泥为原料的产品，更应加强对土壤环境和产品质量影响的监测。

（5）作用机制不清楚。缺乏不同土壤改良剂增产、增效、改土机制的研究。

（6）产品研发材料单一，而且因工艺技术问题导致产品质量、效果、性能不稳定。原料多集中于天然和人工合成物质，对生活垃圾、生物质废弃物的开发利用少，造成大量廉价的土壤改良原材料废置，并污染土壤和水体等。

第五节　激 光 平 地 技 术

中国工程院院士、国际欧亚科学院院士、中国农业大学教授汪懋华在 2012 年强调，水资源也是生态文明建设的关键因素之一。土地整治活动要十分重视这个要素的科学利用和安排。水土不能分家，不能就土论土，也不能就水论水。激光控制平地技术是目前世界上最先进的精细整理土地技术。它利用激光独有特性，将激光束平面作为控制基准，通过控制液压系统操纵平地铲机具的升降高度完成平地作业。应用激光控制平地技术，真正做到地面平整（激光发射器工作直径 300m 的平面正负高度差约 5cm），可以有效地提高农田灌溉水分布的均匀程度，从而做到减少灌溉量、减少水肥蒸发及深层渗漏，提高水肥利用效率。实践证明，激光控制平地节水技术方便实用，增产节水效果明显，为广大农民带来实实在在的收益。高科技激光技术的应用，使其具有了自动化程度高、操作简单、作业率高等特点。

一、激光平地技术系统的主要工作部件

激光平地设备一般由激光发射装置、激光接收装置、控制器和铲运设备 4 部分组成，如图 2-4 所示。激光发射器发射出 360°旋转激光面，在计划平整田地的上空提供一个恒

定的基准面。激光接收器安装在平地铲上，调节激光接收器高度与激光基准面同位，激光接收器接收到激光信号后转换成电信号，不停地向控制器发送标高信息。控制器接收到的标高信息分为上升、下降和正中3种模式，把这些标高信息传递给液压控制阀。液压控制阀通过自动控制液压缸工作，实现自动控制平地铲的升降，随着机车的前进来完成平地作业。平地铲包括牵引架、铲刀、铲斗、后轮支架和桅杆等，平地铲设计要合理，保证牢固可靠和铲运量。各部分的功能如下：

（1）激光发射器。用于发射激光，形成激光平面。根据我国土地规模，目前国内应用的激光发射器发射范围一般为直径1000 m左右。其一般均有自动安平功能，若在工作中受振动或碰撞发生偏离，会自动停止发射，报警并重新自动安平，可安装在地中央或地边角。

（2）激光接收器。用于接收激光信号，显示信号，并将信号传输给控制器。激光接收器一般安装在平地机具上，通过电缆与控制器连接，接收器接收信号的精度可以调节。

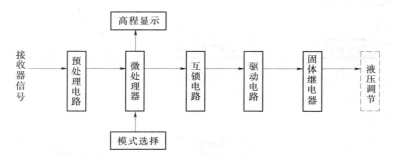

图2-4 激光平地技术控制器原理图
（司永胜等，2009）

（3）激光控制器。用于处理激光接收器传输来的信号，控制液压工作站工作，从而使平地机工作铲自动追踪激光平面进行作业。

（4）平地铲运设备。由铲运机具液压升降系统构成。由拖拉机牵引，在平地铲后部与行走轮相连接，液压油缸将铲头和行走轮轴由耳环型式连接起来，使铲头升起和降下。行走轮可随拖拉机在耕地上行走，以保证铲头作业时两侧平行。

二、激光平地工作原理

激光平地技术，是利用激光作为非视觉控制手段代替平地设备操作人员的目测判断能力，用以控制液压平地机具的升降高度。激光控制平地作业时，一旦铲运机具刀口的初始位置根据平地设计高程确定后，无论田面地形如何起伏，受激光发射—接收系统的影响，控制器始终经液压升降系统将铲运刀口与平地控制参照面（水平激光面）间的距离保持在某一恒定值。平地中当铲运刀口处的地面高程高于设计高程时，接收器感应到此时刀口与控制参照面间的距离小于恒定值，控制器通过液压系统迫使铲运刀口下降直到水平激光面与刀口间距离恢复至上述恒定值，刀口下降后挖掘的土方将被铲运机具运载供填方之需；当刀口处地面高程低于设计高程时，铲运刀口与平地控制参照面间的距离会大于以上恒定值，这时控制器经液压系统令铲运刀口抬升，卸载土方填埋洼地。因此，只要根据初始位置点高程将激光接收器在铲运设备桅杆上的位置固定后，由拖拉机牵引的铲运机具即可在田块内按一定行进规律往复运动，逐步完成对整个地块的自动平整作业。主要工作程序如下：

（1）测量土地。在进行土地平整前，要进行土地测量，通常采用水准仪完成工作，并在田间绘制网格线，网格间距一般为 5～10m。在得到田块内各个测点的方向和高低数据后，再绘制地形地势图，最后计算出整块地的平均高度，这个平均高度的位置就是平地作业的基准点。确定平地设计相对高程。原则是通过选择适当的平地设计高程，使得平地作业中的挖方量与填方量基本相等。

（2）安装激光发射器。土地测量完成后就要安装激光设备了，先要根据场地大小确定激光器位置，如田地长、宽超过 300m，激光器大致放在场地中间；如长、宽小于 300m，则可安置在场地周边。将激光器安装在三脚架上时，一定要调成水平面，且确保它高于田内任何障碍物。只有这样，才能保证接收器可以正常地接收到来自于发射器的信号。

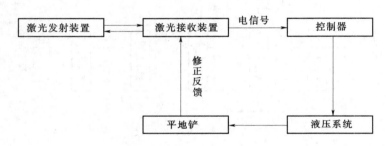

图 2-5　激光平地工作程序
（朱家健，2009）

（3）作业。桅杆上根据平地设计高程在田块内确定铲运机具刀口的起始位置点。刀口落地后，上下调节安装在铲运设备桅杆上的激光接收器的高度，当接收器中心控制点位置与激光控制参照面同位时，固定该接收器位置。从平地起始位置点开始，由拖拉机牵引的铲运设备在田块内往复作业，挖高填低，搬运土方，自动完成土地平整工作。平整作业完毕后，按平地前相同网格形式进行地面复测，评价平地效果。

激光平地应注意以下问题：

（1）控制器的控制线一定要接牢固，不要接虚，以免设备运行时失效。

（2）在设备的电线和控制阀接触时，要把线接正确，不要接反，否则会造成控制方向相反，本来指令上升，而操作结果却变成下降。

（3）动力泵一定要接牢固，不能使其松动，一旦松动就会毁坏动力泵，从而缩短动力泵的使用寿命。

除此之外，还有以下几点需要注意：激光平地机的驾驶员要靠驾驶室里的控制箱来操作各控制开关，因此，控制箱要安装在驾驶员容易监视并能伸手操作控制开关的位置；拖拉机的马力要与刮土铲的规格相互匹配，比如一般 65 马力的拖拉机要配 2～2.5m 的刮土铲，刮土铲增大的话，拖拉机的马力也要相应增加。

三、激光平地的平整精度指标

通常采用田间地面相对高程的标准偏差值 S_d 评价土地平整的精度。

$$S_d = \sqrt{\sum_{i=1}^{n}(h_i - \overline{h})^2/(n-1)}$$

式中　h_i——田块内第 i 个测点的相对高程，cm；

　　　$\overline{h}$——期望相对高程，cm，一般指田块内各测点的平均地面相对高程，即平地设计高程；

　　　n——田块内所有测点的数量。

常规平地方法和激光平地技术能达到的田间地面最 S_d 值，在美国分别为 2～2.5cm 和 1.2cm，葡萄牙则是 3～4cm 和 1.7cm。

标准偏差值反映了田间地面平整度的总体状况。为确切反映地面平整程度的分布状况，还可通过计算田块内所有测点的相对高程与期望相对高程的绝对差值 $h_i - \overline{h}$，根据小于某一绝对差值的测点累积百分比数评价田间地面形状的差异及其分布的特征。美国土地利用局的标准为：激光平地后，田块内绝对差值小于 1.5cm 的测点累积百分数应在 80% 以上。

四、激光平地的优点

激光平地整地技术不仅可以实现大片土地平整自动化，节约劳动力，减少农业工人的劳动强度，优化耕地资源，而且可极大地提高农业水资源的利用效率和灌水均匀度，有利于农田耕作，有利于农作物的水肥运筹，科学调控农作物生长，提高农产品品质和产量，从而保障我国粮食安全，缓解水资源的严重不足，并有助于治理日益严重的水土流失等生态环境问题，是提高土地质量，合理开发和保护土地资源，发展节水农业与开展农业生态建设的基础工程和关键技术。主要优点在于：

（1）突破农艺农机结合发展节水技术。采用激光技术平地，土地精平后在 100m 范围内，精度能够达到 ±2.5cm，只需适量潜水灌溉，达到精确用水，平均节水 20% 左右，同时提高工作效率 15% 以上，降低劳动强度 10% 左右。使用激光平整的农田可提高田间地面灌溉效率和灌水均匀度；可节约用水 30%～50%；田间灌溉效率可由改造前的 40%～50% 提高到改造后的 70%～80%。因此，实施平田整地，改善农田平整状况，提高地面灌溉水利用率是一项投资效益大、节水增产效果良好的重要措施。采用激光平地技术，能够较好地解决传统大水漫灌所造成水资源的严重浪费，水资源得到充分利用。

（2）增加作物产量。利用激光技术精密平地增加了方田面积，减少了畦埂占地面积，能够充分利用土地，增加产量。另外，激光技术精密平地后，地块平整误差小，使作物播种深度均匀，出苗整齐，田间水分分配均匀，改善作物的发芽和生长环境；地块平整，可使农作物在生长各阶段都能获得所需要的最佳水层，水的平均分配改善了植物生长的环境，提高了作物产量。农田使用激光精密刮平较传统刮平农作物产量提高 20%～30%，比未刮平土地提高 50%。

（3）提高了经济效益。激光发射器和接收器可使使用者进行精密的单人测量。因此，也就没必要在雇佣测量队去确定耕地的标高，而只需几分钟的培训，任何人都可准确快速地测量出耕地的标高。另外，激光平地技术可做到一次平地管 3 年，由于农田基础平整度高，可大量减少后续整地、田间管理和灌溉费用，节省率至少在 5％以上，个别设备超过 30％，群众容易接受。

（4）解决浅根高效作物高产高效瓶颈。"土地平如镜，浇水不过寸"是实现以洋葱、孜然等浅根作物高产高效的途径。传统人工刮土平地技术在一定程度上解决不了土地平整问题，造成孜然、洋葱病虫害发生严重。激光平地技术做到土地平整如镜，灌水均匀，为发展特色高效农业提供技术保证，也是实现农业结构调整，实现水资源合理利用重要途径。

（5）提高肥料利用率。耕地经刮平后，水得到精确的利用，肥料被保存在植物的根部，确保其受肥均匀，避免了脱肥和肥料的流失，提高了肥料的利用率。常规地块由于土地不平，肥料利用率仅为 40％～60％，而激光平地后提高到 50％～70％。高坡度地面精密刮平后得到一均匀的坡度，从而减少了高处土壤的冲刷，防止了高处土壤向低处的汇集。

五、激光平地机类型

20 世纪 70 年代，美国首先将激光技术应用于农用平地机械，并取得了巨大的经济效益和社会效益，目前该技术在美国、英国、日本、俄罗斯等国的农业生产中已有广泛应用。国外多采用红色氦氖激光器产生基准光线，其接收与控制系统精度较高，田间地面相对高程的标准偏差一般小于 112cm（美国）和 117cm（葡萄牙），控制半径为 400～600m。但其价格十分昂贵。

在国内，自 20 世纪 80 年代开始，一些部门就已引进国外机型进行试验，但由于价格问题一直未能推广。从技术上看，激光调平技术所需的关键元件如激光发射器、激光接收器、高度传感器、水平传感器、电磁液压控制阀等研制问题大部分已解决，多数元件也已有厂家生产，但供平地机专用的元器件还很少，还不能完全适应农用平地机的使用要求。国内曾在 20 世纪 90 年代中后期研制了两种激光平地机械——应用于盐业生产的 GP1 型激光校准平地机和应用于农田基本建设的 IPJY6 型激光平地机。典型的激光平地机见图 2-6。

根据作业幅宽不同，IPJ 系列激光平地机包括 IPJ-2500 型、IPJ-2500 型和 IPJ-4000 型 3 种型号。IPJ 系列激光平地机适合一般农田土地、复垦土地、温室大棚苗床、操场、路面等精平作业，精平作业前田面高差不超过 60cm。IPJ 系列激光平地机作业控制系统可与水田平地装置配合实用，用于秧苗大田移栽前秧田平田整地作业。

图 2-6　激光平地机

六、激光平地技术应用效果

激光平地技术不仅适用于小麦、玉米、棉花和大豆等旱播作物的播前土地平整，而且也适用于高效经济作物种植区的土地平整，特别是作为推广水稻机插秧以及水稻"浅、湿、晒"控制灌溉技术的重要配套技术，其技术推广潜力很大。

2010—2011年，酒泉市农业科学研究院采用大田对比试验方法，进行了激光节水处理和当地传统剉土平地灌水方法处理地比较试验（表2-3）。激光平地后单作棉花处理，两年平均灌水量5587.5m^3/hm^2，较剉土平地处理两年平均灌水量7567.5m^3/hm^2节水1980m^3/hm^2，节水率为26.2%；孜然套种红花种植模式两年平均灌水量6742.5m^3/hm^2，较剉土平地处理两年平均灌水量9825m^3/hm^2，节水3082.5m^3/hm^2，节水率为31.4%；孜然套种玉米种植模式两年平均灌水量7800m^3/hm^2，较剉土平地处理两年平均灌水量13117.5m^3/hm^2，节水5317.5m^3/hm^2，节水率为40.5%。且激光控制平地处理较当地传统剉土平地处理水分利用率明显提高。

表2-3　　　　　　　　　　　　不同作物种植模式灌水量　　　　　　　　　　单位：m^3/hm^2

作物模式	2010年灌水量		2011年灌水量		两年平均灌水量	
	激光平地	剉土平地	激光平地	剉土平地	激光平地	剉土平地
棉花单作	5175	7350	6000	7785	5587.5	7567.5
孜然套种红花	6480	9450	7005	10200	6742.5	9825
孜然套种玉米	7770	12750	7830	13485	7800	13117.5

注　高析等，2012.

七、激光平地技术应用前景

（1）推广激光平地技术及其设备符合国家发展"高产、优质、低耗、高效"的现代农业方针，符合现代农业与精细农业对农业机械的要求。

（2）激光平地技术将高新技术应用于农业机械，将加快农业机械现代化的步伐，进一步提高平地作业劳动生产率，提高人均管理定额，缓解劳动力紧张的局面。

（3）激光平地技术的实施可以大大提高农业基础设施水平，提高作物产量，节约农业用水，降低平地作业功耗，其综合经济效益十分明显。

（4）激光平地技术的实施，将提高农机科技开发创新水平，同时提高国有农机制造企业产品技术水平。

尽快研制出高效、作业半径大、高精度、低价位的国产激光平地机是适应新疆地区大块条田的作业要求的需要。今后应注重以下几方面的研究内容：

（1）激光调平装置及配套平地机的选型、试验及国产化。

（2）液压伺服控制系统研究。

（3）激光校准电子控制系统研究。

（4）光、液、机、电一体化系统特性研究。

（5）平地机结构设计。

其中，核心工作部件——激光调平装置，包括激光发射装置、激光接收装置、调节伸缩杆、电气控制箱以及坡度控制装置等的研究和试制拟采用三套方案：一是在对国外引进产品进行充分考察、试验、分析的基础上，在国内研制农用激光发射装置；二是在国产化难度大的情况下，考虑引进部分关键元件进行组装式生产；三是国产化产品和引进产品并举，分别应用于不同的使用条件和用户条件。激光调平装置形成产品后，还可以作为配套精密测平仪器用于老式平地机、铲运机的改造。

复 习 思 考 题

1. 深松保墒的作用机理是什么？
2. 农业生产中，水分耦合主要产生哪几种效应？
3. 水肥耦合技术的作用机理是什么？
4. 保水剂有哪些特性和功能？
5. 应用植物抗蒸腾剂的理论基础是什么？
6. 土壤改良剂具有哪些主要功能？存在哪些主要问题？
7. 激光平地技术的应用前景如何？

第三章 管理节水技术

现代农业节水过程中普遍存在的现象是农业用水管理水平较低，管理办法需进一步完善，缺乏与之相适应的技术和设备，不能对农业用水进行科学和高效的管理。我国灌区过去普遍存在重建设、轻管理的现象，灌溉用水管理过程中造成很大的水量浪费。实践证明，灌溉节水50％的潜力在管理上。因此，管理节水的潜力巨大，在农业生产过程中应该尽量杜绝因管理不善造成水资源浪费的现象，在推广和应用各项节水灌溉技术的同时，应该注重提高节水管理水平。

现代节水管理体系是实现农业高效用水的重要措施之一。它可以实现灌溉水资源的合理配置和灌溉系统的优化调度，达到节水增产目的，使有限水资源获得最大的效益。管理节水包括了管理体制、管理层次和管理技术几方面，本章主要从管理技术节水方面阐述。管理节水技术主要是通过硬件设备和软件设备的集成使系统良好地应用，从而实现对农田水分的高效利用和管理的技术。通过对农田信息的实时监控和预报，根据作物需水规律、缺水诊断指标及灌溉控制指标进行水分调控，从而确保灌溉的适时适量，实现最佳效益。对农田水分利用进行管理是减少水资源浪费、合理高效管理利用水资源、发展可持续农业的根本途径之一，其主要技术有农田信息数据采集技术、农田土壤墒情监测预报、精确灌溉控制决策与管理技术、用水调度控制及管理（量水和配水技术）、节水灌溉自动控制技术以及农业水资源政策管理等方面。良好的管理技术可以充分发挥工程技术带来的效益，使整个节水系统处于最优状态。

第一节 计划用水管理

计划用水是为实现科学合理地用水，使有限的水资源创造最大的社会、经济和生态效益，而对未来的用水行动进行的规划和安排活动。任何一个地区，可供开发利用的水资源都是有限的，无计划地开发利用水资源，不仅天然水资源环境难以承受，而且还会破坏水资源循环发展的基础条件，使本已紧缺的水资源在利用过程中产生更多的浪费，并使管理水资源和用水的各项活动都不能有效地运作，造成更大的缺水。因此，有计划地用水是实现用水、节水管理目标的重要内容。

《中华人民共和国水法》第四十七条规定：县级以上地方人民政府发展计划主管部门会同同级水行政主管部门，根据用水定额、经济技术条件以及水量分配方案确定可供本行政区域使用的水量，制定年度用水计划，对本行政区域内的年度用水实行总量控制。这为水行政主管部门实施计划用水管理奠定了法律基础。

用水管理的主要任务是实行计划用水，计划用水就是按照作物的需水要求和灌溉水源的供水情况，结合农业生产条件与渠系的工程状况，有计划地蓄水、引水、配水和用水。

它是提高灌溉用水管理水平、充分发挥农田水利工程效益的重要措施。大型灌区计划用水管理系统通用软件的研制开发，将减少重复劳动，快速准确地编制灌区用水计划和水量的实时调配，对实现用水管理的现代化具有重要的意义。

依据《中华人民共和国水法》，计划用水分为两个层次：一是区域层面的计划用水，地、市级以上人民政府发展计划主管部门会同同级水行政主管部门，根据用水定额、经济技术条件以及水量分配方案确定可供本级行政区域使用的水量，向其所辖各行政区域下达年度用水计划指标；二是对用水户的计划用水，由水行政主管部门，根据用水定额、经济技术条件、用水户的用水申请和历年用水情况以及上级行政区域下达的本级行政区域的年度计划用水指标，向纳入计划用水管理的用水单位下达计划用水指标。

不同级别的行政区域，年度用水计划的对象不同。省、自治区、直辖市级年度用水计划的对象为所辖各地、市级行政区域，属于区域层面的计划用水。地、市级年度用水计划对象包含两个层面：一是所辖各县（市、区）级行政区域，属于区域层面的计划用水；二是其直管县（市、区）级行政区域的计划用水户，属于用水户层面的计划用水。县（市、区）级年度用水计划对象仅为计划用水户，属于用水户层面的计划用水。

水量分配方案要充分考虑流域与行政区域水资源条件、水中长期供求规划、水资源综合规划、供用水历史和现状、未来发展的供水能力和用水需求、用水定额、节水型社会建设的要求，妥善处理上下游、左右岸的用水关系，协调地表水与地下水、河道内与河道外用水，统筹安排生活、生产、生态与环境用水。流域的水量分配方案由流域管理机构商有关省、自治区、直辖市人民政府制定，报国务院或者其授权的部门批准后执行。行政区域的水量分配方案由共同的上一级人民政府水行政主管部门商有关地方人民政府制定，报本级人民政府批准后执行。水量分配方案既是下达取水许可控制指标的重要依据，也是下达计划用水指标的重要依据。

总量控制、取水许可、定额管理、计划用水都是实施节水管理的重要手段。计划用水、取水许可是实现总量控制的重要手段；而实行计划用水和取水许可的根本目的就是要实现总量控制；取水许可总量控制指标是下达计划用水的量化控制指标；用水定额是审批取水许可指标、下达计划用水指标以及实现总量控制目标的手段和制定总量控制指标的重要依据。

我国对用水实行总量控制与定额管理相结合的制度，建立水资源开发利用控制红线，严格实行用水总量控制。这是完善取水许可和水资源有偿使用制度的需要，是推进节水型社会建设的制度保障。总量控制是审批取水许可、制定流域（行政区域）水中长期供求规划、编制水量分配方案和年度水量分配方案、下达年度用水计划的基本目标，计划用水是总量控制的重要手段，下达的计划用水指标要以整个流域（行政区域）用水总量为边界条件。

用水定额是用水管理和用水行为应遵循的标准，是制定各项水资源管理制度的科学依据。用水定额是各地编制水量分配方案、下达取水许可总量控制指标、编制用水计划的重要依据，同时也是实行超计划、超定额累进加价收费制度的重要标准。因此各省、直辖市、自治区必须制定用水定额标准，明确用水定额红线。用水户用水效率低于最低要求的，要依据定额依法核减取水量；用水产品和工艺不符合节水要求的，要限制生产取用水。

计划用水与取水许可制度是体现国家对水资源实施权属统一管理的一项重要制度，是调控水资源供求关系的基本手段。批准的水量分配方案或者签订的协议以及用水定额是确定流域与行政区域取水许可总量控制指标的依据。下达给用水户的计划用水指标要小于取水许可审批指标。

第二节　墒情监测与旱情评估技术

一、墒情监测技术

国内外墒情的监测方法主要有移动式测墒监测技术、固定墒情站监测、遥感监测三种。移动式测墒监测技术是利用移动便携式仪表在不同采样点进行不定期、不定点墒情测定，通过数理和地统计分析得到区域墒情；固定墒情站可测定固定点的墒情，先在多个固定点连续测定墒情，然后利用空间插值法计算监测区域内墒情；遥感监测墒情即利用卫星和机载传感器从高空遥感探测地面土壤水分。

移动式测墒和固定站测墒监测方法中的土壤含水量测量采用的是传统的测量方式。目前，传统的土壤水分监测方法的比较如下：

（1）土钻法（SA）又名取土烘干法，该方法是将在现场取得的土样放入烘箱，烘至恒重后称重，从而获得土壤水分含量。土钻法因其操作简单，应用广泛，一直被公认为最经典、最精确的测量土壤水分含量方法。然而，该方法一般情况下只能测定土壤的重量含水量，且必须已知土壤容重才能求得体积含水量或土体储水量。

（2）张力计法通过使用检测土壤水分张（吸）力的张力计（又称负压计）测量土壤水分张力（负压）来显示土壤的水分状况。张力计法只能测定土壤的基质势，且只有知道了土壤水分特征曲线才能计算出土壤含水量。

（3）γ射线透射法利用放射源^{137}Cs放射出γ射线，再用探头接收γ射线透过土体后的能量，最后与土壤水分含量换算得到。

（4）中子仪测定土壤水分是通过测定慢中子云的密度与水分子间的函数关系来确定土壤中的水分含量。

（5）时域反射仪法即TDR（Time Domain Reflectometry）法，其用一对平行棒或金属线作为导体，土壤作为电介质，平行棒起波导管的作用，电磁波信号在土壤中以平面波传导，经传输线一端返到TDR接收器，分析传导速度和振幅变化，根据速度与介电常数的关系、介电常数与体积含水量之间的函数关系而得出土壤含水量。

烘干法可以直接测定土壤重量含水率，其他方法为间接测定；烘干法、张力计法是变动位置取样测定，而γ射线透射法、中子仪法、时域反射仪法属于原位取样测定。不同的方法各有其优缺点，烘干法较为简单方便，但是它破坏了土壤结构且不能取得田间土壤的动态资料；γ射线透射和中子仪法，虽通过室内外标定可得到较为准确的结果，但安全性不高；TDR法虽然既安全又准确，但价格昂贵。

土壤水分遥感取决于对土壤表面发射和反射的电磁辐射能的测量，而土壤水分的电磁辐射强度的变化又取决于其反射率、发射率、电介特性、温度、土壤组成等因素。土壤水分特性在不同波段有着不同的反应，人们可依据土壤的物理特性和辐射理论，利用可见光-近红外（VIS-MIR）-热红外（TIR）-微波（NW）不同波段的遥感资料、研究方法以及与环境因素（如地貌、植被等）的相关分析，来监测土壤水分。目前，用于土壤水分监测的遥感方法主要有以下几种：

（1）可见光-近红外遥感监测法：利用土壤及植被的光谱反射特性来估算土壤水分。干燥土壤的反射率较高，而同土类的湿润土壤在各波段的反射率相应下降，通过此法可反映土壤表面的干湿程度。

（2）热红外遥感监测土壤水分依赖于土壤表面发射与表面温度。目前采用的方法主要有两种：热惯量法和植物蒸散法。

（3）被动微波遥感监测法基于辐射传输理论模型的微波遥感监测法，是电磁波谱中唯一真实定量化估计土壤湿度的电磁波谱频段。

（4）雷达遥感监测法：考虑雷达后向散射系数和土壤水分的关系，利用土壤的混合介电模型、裸露地表散射特征的正演模型和裸露地表土壤水分反演的经验和半经验模型来推求土壤水分。

二、旱情评估技术

干旱是影响我闲工农业生产和社会经济发展的主要自然灾害之一。农业干旱的发生发展具有极其复杂的机理，不可避免地受到各种自然和人为因素的影响，因此，农业旱情评估也存在上述问题和难点凭借单个指标评估农业旱情是不全面的，应当结合降水、墒情、地表水、地下水等旱情监测信息，选取合适的评估方法综合评判农业旱情。

农业旱情评估包括基本旱情评估和区域综合旱情评估两部分，首先要进行基本旱情评估，然后在此基础上进行区域综合旱情评估。基本旱情评估用于作物受旱和播种期耕地缺墒（水）情况的确定，区域综合旱情评估用于县（市）级以上行政区域农业综合受旱程度的判别。基本旱情评估是农业旱情评估的基础和重点。

《干旱评估标准》推荐采用墒情、降水量距平百分比、连续无雨日数、缺水率、断水天数等方法评估基本旱情，并给出了各种方法对应的旱情等级划分标准，即推荐了一些比较适用的农业干旱指标。降水量距平百分比为评估时段的降水量距平值与多年同期平均降水量的百分比，其中降水量距平值是指降水量与多年同期平均降水量的差值；连续无雨日数是指作物生长期内连续无有效降雨的天数，其中有效降雨是指春（秋）季一日雨量大于3mm的降水或夏季一日雨量大于5mm的降水。

遥感数据困其自身特点，在旱灾监测、旱情评估中发挥重要作用，为抗旱救灾提供了实时、动态的旱情评估数据。目前，应用较为广泛的旱情遥感监测评估方法主要有基于土壤热惯量的旱情监测方法、基于土壤波谱特征的旱情监测方法、基于蒸散模型的旱情监测方法和基于植被指数的旱情监测方法等。其中，植被含水量作为重要的植被状态指数，在旱情监测与评估中得到了一定应用。

第三节　灌溉实时预报技术

高水平的灌溉用水管理是节约用水，提高灌区农业产量，充分发挥灌溉工程效益的重要环节。灌溉用水管理的核心是实行计划用水，而指导计划用水的依据是用水计划。我国制定的常规用水计划属于"静态"用水计划，它是根据历史资料，选定几种典型水文年，针对典型年的气象、水文情况，制定出当年的用水计划；在执行过程中，再依据当时的气象、水文等情况进行调整。由于这种计划是依据历史资料制定的，若当年实际的气象、水文情况与典型年差异较大，则难于有效地指导用水。国内外近年来的实践表明，采用先进的"动态"用水计划，可以避免此弊端。用动态用水计划指导灌溉用水，可达到节水、高产、高效益的目的。动态用水计划是以实时灌溉预报为依据的动态取水、配水与灌水计划，它是在充分利用实时信息基础上确定的短期计划，因而比较符合实际，实用价值较高。

实时灌溉预报是编制与执行灌区动态用水计划的必要条件，只有做出实时灌溉预报，才可能制定出动态用水计划；实时灌溉预报可靠、准确，动态用水计划才可能符合实际，才能发挥指导用水以取得节水、高产、高效益的效果。

实时灌溉预报是以"实时"资料为基础，即以各种最新的实测资料和晟近的预测成果为依据，通过计算机模拟分析，逐次预测作物所需的灌水日期及灌水定额。今后灌溉预报的发展趋势是开展实时灌溉预报，因此研究与应用实时灌溉预报有着重要的理论意义与实用价值。

实时灌溉预报的基础是作物需水量 ET 的实时预报，提出较可靠、准确、又便于应用的实时预报方法，是实时灌溉预报的重点与难点内容。在水资源能够满足作物正常灌溉要求的条件下，获得 ET 实时预报资料后，根据降水、地下水补给量等因素的实时预报数据，通过农田水量平衡分析，即可进行灌水时间与定额的实时预报。当水资源不能满足正常灌溉条件时，需根据水源情况以及不同程度缺水对产量的影响，进行大量的优化分析，确定作物优化灌溉制度，情况比较复杂，不单单是预报问题。

另外，目前的灌溉预报基本不考虑未来的降水，即只考虑作物蒸发蒸腾、渗漏而消耗的水量，而不考虑因为未来降水而补充的水量。国外有通过降水传感器来控制自动灌水器，即雨量达到一定量时停止灌溉。在进行实时灌溉预报时，对于如果田间水层或土壤含水率已经达到需要灌溉的下限需要灌溉，如果能考虑未来的降水，则可避免因灌后降水引起灌溉水量的损失。但同时需要考虑需灌不灌，而预报降水未下而引起的受旱减产的风险。

由于空间变异性和天气预报的不准确性引起灌区尺度的灌溉预报准确度不高是实时灌溉预报需要克服的难点。

第四节　灌溉量水技术

量水是灌溉管理的基本条件，是促进灌溉节水的有效措施，是执行用水计划过程中能准确引水、输水、配水和灌水的重要手段，也是核定和计收水费的主要依据。同时量水也是衡量灌溉管理水平和灌区水利用效率高低的重要技术指标之一。我国自20世纪50年代就开始了灌溉量水技术的研究与应用。20世纪80年代以后，我国国民经济步入快速发展时期，工农业对水资源的需求不断增长，农业节水引起广泛的重视，灌溉量水研究也得到长足发展。到目前为止，国内已投入使用的灌溉量水设备已达100余种，如各种量水堰、量水槽、量水槛、量水计、流量计以及喷嘴、套管、配水器等。这些量水设备从量水方法上分有水工量水、特设量水设备量水；从量水原理上分有力学、电子学、电磁学、声学、热学、光学、原子能等；从设备结构上分有容积式、叶轮式、差压式、变面积式、运量式、冲量式、电磁式和超声波式等。

近30年以来，随着节水灌溉和水利工程管理现代化的发展，量水自动计量仪表的开发研制也引起广泛的注意。由于我国灌区众多，工程类型、管理水平千差万别，对量水设备的要求差异较大，量水技术均不能完全满足灌区量水工作的要求，加之各地经济水平的差异，至今，灌区量水设备的配套率还较低。目前，国内研制的仪表较多，但以水位测量仪表居多，且大多配合明渠标准断面，应用谢才公式进行计算，能结合量水结构自动计量流量的很少，且一般水位测量精度不高、价格昂贵，在我国当前农村经济不甚发达的情况下难以推广。研制精度高、价格合理的量水设备对于推动我国的灌溉量水事业的发展很有必要。

灌区量水施测流量一般较小，但是观测次数频繁，精度要求较高。目前，我国灌溉量水主要有以下几种方法。

（1）利用水工建筑物量水。灌溉渠系上有各种类型的配套建筑物，只要这些建筑物的出流符合一定的量水水力学条件，即可以用作量水之用。其量测原理为通过量测过水建筑物上下游的水位，根据不同流态的流量计算公式，选用适当的流量系数，推求流量和计算累积水量。它的优点在于既可以减少因灌溉系统设置量水设施所产生的水头损失，又可以节省大量附加量水设备的建设费用，一举两得。因此，若校核后达到一定的精度，应尽可能利用水工建筑物来量水。

（2）特设设备量水。当渠系上无水工建筑物，或为了取得特定渠段、地段上的水量资料，可以利用特设量水设备进行量水。特设设备一般由行近渠槽、量水建筑物和下游段三部分组成，通过量水建筑物主体段过水断面的科学收缩，使其上下游形成一定的水位落差从而得到较为稳定的水位与流量关系。常见的特设量水设备有三角堰、平坦V形堰、巴歇尔量水槽、无喉槽和长喉槽等。特设量水设备不可避免地会带来一定的水头损失，而且不同的形式的量水设备的测流精度、测量范围、抗干扰能力差异很大，因此根据灌区的具体情况和对量水精度的不同要求以及具体的边界条件，选择不同的特设设备。

近年来，不少灌区都进行了节水改造，矩形、梯形和U形衬砌渠道所占比例越来越大，如何在这些渠道上更加简单准确的开展量水工作成了一个新的研究热点。水利部中国农业科学院农田灌溉研究所开发研制了一种柱形量水槽，这种量水槽无需改变渠道断面，只要在渠道轴向设置一个可移动的圆柱即可。它具有结构简单、造价低廉、量测方便等优点。西北农林科技大学提出的U形渠道抛物线形喉口式量水槽因其具有适用范围广、工程量小、水头损失少的特点而得到了广泛的应用。同时针对U形渠道断面尺寸小，标准化程度高，过水时间短的特点，该校还提出了一种移动式的 U 形堰板，其结构简单、使用方便，不会造成渠道长时间壅水和泥沙淤积。

（3）利用仪表或其他特制的装置量水。仪表类流量计的优点是结构简单，量测直观，计量简捷。这类量水设备对过水断面有两个共同的要求：一是必须规则标准、面积易算、平整光滑；二是必须满管出流，过水断面轴线与渠道水流轴线吻合，出水口被下游最低水位所淹没。其结构组成主要为节流元件（过水管涵）、计数仪表及其传输装置、挡水墙体及其导流墙体等。江苏省沙河灌区研制的农用分流式量水计，它具有结构简单，精度较高，水头损失小，施工方便，测读直观，造价低廉等特点。在含沙量不太大的管道及斗农渠量水中，应用较为理想，适宜推广。宁夏回族自治区水文总站根据流速仪原理研制的一种适用于斗农渠量水的数字式流量计、广西水利工程管理局研制的 GWS2200 型灌溉量水水表，它们都具有使用简便、造价低廉、维护方便等特点。

20 世纪 60 年代以来，随着电子技术和超声波量测技术的发展，出现了一批非接触式的流量量测设备，如电磁流量计、超声波流量计等。它们共同的特点是不需要在流体中安装量测元件，故不会改变流体的运动状态，不会产生附加的水头损失。

（4）利用流速仪量水。流速仪测流，成果较为精确，但是测流和计算流量比较费时、烦琐。故通常在试验室中应用较多，而在灌区量水中较少使用，当没有水工建筑物和特设量水设备可以利用时，才会考虑使用流速仪测流。此种方法对测流断面的选择要求较高，要求渠段平直、水流均匀、无漩涡和回流，水流方向应与断面垂直。因此，对于流量大、断面宽、杂草多、水流含沙量大的灌溉渠道，这种方法并不适宜。

第五节　排水系统的管护

我国农田排水作为农田水利工程措施的一个小部分，一直重视不足。从 20 世纪 70 年代开始，各地大量修建排水工程，主要目的是排涝和盐碱地改良。除了一些专门的试验田，排渍的标准很少达到。经过几十年的运行，目前大部分排水沟都存在失修、达不到排水标准的问题，而在有些水源丰富的地方又存在着过度排水的现象。

我国于 2013 年由水利部发布了水利行业标准《农田排水工程技术规范》（SL 4—2013）。主要是从 5～10 年重现期的暴雨 1～3d 之内排除的除涝标准，3～5d 内降至要求的地下水位的排渍标准，和地下水临界深度的排盐标准。认为符合这些标准就不会影响到作物的生长和产量。很快学者们就意识到该标准制定存在的问题，涝渍分治并不能合理的保证作物产量，也不能合理，的确定排水方案，就排水标准的制定问题，一直也在讨论中，主要有以作物持续受渍时间为排水标准，以生长期受抑制天数作为排水指标，考虑到涝渍兼治的排水标准。已有学者从环境、经济等多角度出发提出需要制定基于多属性分析的农田排水标准，现有的行业标准已经随着时代的发展需要进行补充和修订。

农田排水工程必须确定或建立相应的管理机构，落实管理经费，制定切实可行的管理规章和工程维修养护制度，并应对管理人员进行技术培训和岗位考核。农田排水工程系统的管理应包括经常性的维护、季节性的整修和临时性的抢修以及排水工程控制运用、挖潜改造、排水效果监测和必要的试验工作。

排水工程的维修养护应以设计标准为依据，确保排水通畅和设施完好、运行正常，并根据工程特点，分别符合下列要求：

（1）明沟内不得设障堵水，并应根据淤积阻水情况定期清理。对不稳定沟段，应采取切实有效的防塌固坡措施，加强维修养护。

（2）暗管工程在运行初期应沿管线经常巡视，发现凹坑应及时填平；以后可每年定期检修一次。对于出流量明显减少或含沙量明显增多的管道，应查找原因，及时处理。

（3）鼠道应视其出流减少情况，及时进行局部或全部更新。

（4）排水竖井和排灌两用井在运行期间，应记录其出水量和含沙情况，发现异常时应立即查找原因，进行处理。

排水建筑物和各种设备应经常维护、定期检修，确保运行良好，并符合下列规定：

（1）各类排水建筑物完整无损、无冲刷、无淤积，闸门启闭灵活。对于主要建筑物应建立专门的检修制度或维修养护条例。

（2）泵站前池和暗管检查井、集水井中的淤泥及拦污栅前的各种杂物应经常清除，各种井盖应严密盖好。

（3）排水泵站、集水井和竖井等安装的水泵、动力机与电气设备应严格保养，每年全面检修一次，确保安全运行。

（4）寒冷地区在冬季应做好有关设施及设备的防冻保护。

管理机构应根据当地自然条件和不同作物各生育期的耐涝、渍和耐盐碱能力，制定正常的运行管理方案。并随时掌握雨情、水情、旱情、涝情和土壤水分、盐分情况，及时协调各项工程的排水与调控作用，充分发挥排水系统的整体效益。

不同类型地区的田间排水管理，应分别符合下列要求：

（1）稻作区晒田和落干期应按当时的气候情况和要求的地下水埋深，严格控制排水时间；灌溉期应按田间水管理要求进行排水；施肥后应控制排水。

（2）旱作区正常情况下应按作物不同生育期的适宜地下水埋深和降速要求进行排水；干旱季节应根据墒情和防治盐碱要求调控地下水位。

（3）井灌井排区的地下水位调控，汛前应结合灌溉降至防涝蓄水深度以下；汛期应调控在排渍深度以下；汛后应在强烈返盐期前排降至临界深度以下。

治理区发生超标准暴雨时，应根据规划要求和当时的具体情况，并结合涝渍伴生或涝碱相随的自然特点，及时分析涝情的发展趋势，提出避灾、减灾措施及工程的非常规运行方案，将涝灾损失及其影响减至最小程度。有条件的地区应逐渐实行排水系统的优化运行调度，或与灌溉系统相结合进行联合运行调度。

农田排水再利用应以不影响排水效果、生态环境和具有明显经济效益为原则，并符合下列规定：

（1）利用农田排出水灌溉的水质要求，原则上应符合灌溉水质标准，但在严重干旱的盐碱地区或在抗旱灌溉期间，在使用较高矿化水灌溉后，应及时采取有效措施，防止土壤返盐，并确保土壤水盐平衡。

（2）对于水质不良的排出水，通常可采用淡水混合达标后进行灌溉，亦可采用咸、淡轮灌的方法，防止土壤积盐。

（3）根据各级排水工程的排水量和水质变化，结合其控制面积内作物种植结构及不同生育期的耐盐能力，拟定排水再利用的时间、水量、范围和相应的措施。

出于对水资源合理利用以及环境保护的考虑，我国学者较早地开始关注关于农田水管理措施的应用。此外，还有不少关于将农田排水资源化利用方面的研究。关于农田排水中的主要污染物氮素的运移机理研究，主要是以张蔚榛等所做的工作为基础。近些年来有不少研究以氮素为重点，按照农田排水方式分为地下排水和地表排水两种情况研究，一类为氮素随地表径流迁移规律的研究，另一类为氮素随地下径流迁移规律的研究，这些试验研究的结果与国际上研究结果是一致的，均表明地下径流中氮素的形式90％以上为硝态氮，地表径流中氮素主要以按态氮为主。

第六节　灌区用水现代化管理技术

灌溉管理水平的提高对实现农业灌溉节水具有重要意义。用水管理的主要任务是实行计划用水，计划用水就是按照作物的需水要求和灌溉水源的供水情况，结合农业生产条件与渠系的工程状况，有计划地蓄水、引水、配水和用水。它是提高灌溉用水管理水平、充分发挥农田水利工程效益的重要措施。

灌区用水管理系统是实现用水管理的现代化的有效工具。目前已开发的灌区用水管理系统较多，如周明耀等开发的农田水分管理决策支持系统，主要进行了农田水分动态预报模型和农田灌溉预报模型的开发。顾世祥等研发了灌溉用水决策支持系统，它需要有灌区的气象资料、灌区的水文资料、干支渠的分布情况、灌区内工业用水、灌区的农业生产信息、灌区多年逐日参考作物蒸发量等资料，才能确定灌溉用水量。徐建新等针对单一作物研制了灌区水资源实时优化调度决策软件，该系统以灌溉效益最高为目标，考虑了灌水定额与灌溉效益的关系进行水资源优化分配。针对全灌区配水问题，汪志农等开发了节水灌溉管理智能决策支持系统，该系统充分考虑了作物（作物的产量、作物的增产量、灌溉水价格、作物销售价格）、土壤（时段内的灌水量、时段内的地下水补给量、深层渗漏量、时段初的土壤有效储水量等）以及气象等参数，实现了灌溉预报和节水灌溉决策、灌区计划用水和水量调配。宋松柏等人针对内蒙古河套灌区管理的实际情况，开发了内蒙古河套灌区灌排信息管理决策支持系统，该系统实现了数据采集与传输，水情预报、灌溉进度、水情分析、用水计划的编制和灌排评价等。王昱等采用基于客户机/服务器（Client/Server）的结构体系，将基本数据和实时信息（如土壤墒情、气象数据、作物种植、渠系用水信息等）通过网络传输给服务器，服务器端系统根据网络传输的数据，结合作物需水量、灌溉预报、优化配水模型等计算出灌区干、支渠的配水量，并编制相应的用水计划，最后将决策结果和查询信息返回客户端，指导客户端用户有效地进行渠系水量实时调配。近年来，灌区用水现代化管理正在朝智慧灌溉系统转变。

复 习 思 考 题

1. 农业计划用水管理的主要内容？

2. 各种墒情监测方法的段缺点是什么?

3. 实时灌溉预报的主要步骤有哪些?

4. 我国灌溉量水主要有哪几种方法?

5. 不同类型地区的田间排水管理应分别符合哪些要求?

参 考 文 献

[1] 方日尧，赵惠青，方娟．渭北旱塬冬小麦不同覆盖栽培模式的节水效益研究 [J]．农业工程学报．2006，22（2）：46-49.

[2] 高传昌，王兴，汪顺生，等．我国农艺节水技术研究进展及发展趋势 [J]．南水北调水利科技，2013，11（1）：146-150.

[3] 高传昌．河南半干旱区农业高效用水研究与应用 [M]．郑州：黄河水利出版社，2012.

[4] 高析，魏野畴，韩建峰，等．激光控制平地节水技术在酒泉市几种作物种植模式上的应用效果 [J]．节水灌溉，2012（11）：61-63.

[5] 韩宾，李增嘉，王芸，等．土壤耕作及秸秆还田对冬小麦生长状况及产量的影响 [J]．农业工程学报，2007，23（2）：48-53.

[6] 李正华．谈旱作农业节水机械化技术 [J]．农机使用与维修，2013（5）：66.

[7] 刘庆福，栾光辉．垄上镇压式玉米精密播种机保墒抗旱播种试验 [J]．农业机械学报，2007，38（4）：197-198.

[8] 司永胜，刘刚，杨政，等．激光平地系统的开发与试验 [J]．江苏大学学报，2009，30（5）：441-445.

[9] 王敏，王海霞，韩清芳，等．不同材料覆盖的土壤水温效应及对玉米生长的影响 [J]．作物学报，2011，37（7）：1249-1258.

[10] 王晖，刘泉汝，张圣勇，等．秸秆覆盖下超高产夏玉米农田产量和土壤水分的动态变化 [J]．水土保持学报，2011，25（5）：261-264.

[11] 王允青．江淮丘陵地区玉米农艺节水技术研究 [J]．中国农学通报，2010，26（24）：201-203.

[12] 温晓慧．浅谈蓄水保墒耕作技术 [J]．现代化农业，2010（6）：33-34.

[13] 徐福利，严菊芳，王渭玲．不同保墒耕作方法在旱地上的保墒效果及增产效应 [J]．西北农业学报，2001，10（4）：80-84.

[14] 张振环，杨兴群．机械化深耕蓄水、镇压保墒技术 [J]．黑龙江科技信息，2004（10）：97.

[15] 杨永辉，吴普特，武继承，等．保水剂对冬小麦不同生育阶段土壤水分及利用的影响 [J]．农业工程学报，2010，26（12）：19-26.

[16] 张俊鹏，孙景生，刘祖贵，等．不同水分条件和覆盖处理对夏玉米籽粒灌浆特性和产量的影响 [J]．中国生态农业学报，2010，18（3）：501-506.

[17] 赵红梅，高志强，任爱霞，等．基于旱地小麦"三提前"蓄水保墒技术播种方式的研究 [J]．山西农业大学学报（自然科学版），2012，32（5）：395-402.

[18] 朱家健．激光平地技术应用及其分析 [J]．农机化研究，2009（6）：240-242.

[19] 郭相平，甄博，陆红飞．水稻旱涝交替胁迫叠加效应研究进展 [J]．水利水电科技进展，2013，33（2）：83-86.

[20] 郭相平，袁静，郭枫，等．旱涝快速转换对分蘖后期水稻生理特性的影响 [J]．河海大学学报，2008，36（4）：516-519.

[21] 郭以明，郭相平，樊峻江，等．蓄水控灌模式对水稻产量和水分生产效率的影响 [J]．灌溉排水学报，2010，29（3）：61-64.

[22] 郭相平，袁静，郭枫．水稻蓄水-控灌技术初探 [J]．农业工程学报，2009，25（4）：70-73.

[23] 郝树荣，郭相平，王为木，等．水稻分蘖期水分胁迫及复水对根系生长的影响 [J]．干旱地区农

业研究，2007，25（1）：149-152.

[24]　郝树荣，郭相平，王为木，等．水稻拔节期水分胁迫及复水对叶片叶绿体色素的影响［J］．河海大学学报，2006，34（4）：397-400.

[25]　郝树荣，郭相平，张展羽．作物干旱胁迫及复水的补偿效应研究进展［J］．水利水电科技进展，2009，29（1）：81-84.

[26]　郭元裕．农田水利学［M］．3版．北京：中国水利水电出版社，1997.

[27]　陈亚新，康绍忠．非充分灌溉原理［M］．北京：中国水利水电出版社，1997.

[28]　陈玉民，郭国双，王广兴，等．中国主要农作物需水量与灌溉［M］．北京：水利电力出版社，1985.

[29]　康绍忠，张学，贺正中．陕西省作物需水量与分区灌溉模式［M］．北京：水利电力出版社，1992.

[30]　汪志农．灌溉排水工程学［M］．北京：中国农业出版社，2000.

[31]　史海滨，田军仓，刘庆华．灌溉排水工程学［M］．北京：中国水利水电出版社，2006.

[32]　迟道才．节水灌溉理论与技术［M］．北京：中国水利水电出版社，2009.

[33]　马孝义．北方旱区节水灌溉技术［M］．北京：海潮出版社，1999.

[34]　张明柱，黎庆淮，石秀兰．土壤学与农作学［M］．3版．北京：中国水利水电出版社，1994.

[35]　中华人民共和国水利部．GB 50288—99　灌溉与排水工程设计规范［S］．北京：中国计划出版社，1999.

[36]　中华人民共和国水利部．GB/T 50363—2006　节水灌溉工程技术规范［S］．北京：中国计划出版社，2006.

[37]　中国水利水电科学研究院．SL 4—2013　农田排水工程技术规范［S］．北京：中国水利水电出版社，2013.

[38]　中国灌溉排水发展中心，水利部农田灌溉研究所．SL 13—2004　灌溉试验规范［S］．北京：中国水利水电出版社，2005.

[39]　水利部农村水利司．灌溉管理手册［S］．北京：中国水利水电出版社，1994.

[40]　水利部国际合作司，水利部农村水利司，中国灌排技术开发公司，等．美国国家灌溉工程手册［S］．北京：中国水利水电出版社，1998.

[41]　高占义，许迪．农业节水可持续发展与农业高效用水［M］．北京：中国水利水电出版社，2004.

[42]　林性粹，赵乐诗．旱作物地面灌溉节水技术［M］．北京：中国水利水电出版社，1999.

[43]　李远华．节水灌溉理论与技术［M］．武汉：武汉水利电力大学出版社，1998.

[44]　水利部农村水利司，中国灌溉排水发展中心．节水灌溉工程实用手册［S］．北京：中国水利水电出版社，2005.

[45]　彭世彰，徐俊增．农业高效节水灌溉理论与模式［M］．北京：科学出版社，2009.

[46]　樊引琴，蔡焕杰．单作物系数法和双作物系数法计算作物需水量的比较研究［J］．水利学报，2002（3）：50-54.

[47]　史海滨，何京丽，郭克贞，等．参考作物腾发量计算方法及其适用性评价［J］．灌溉排水，1997，16（4）：50-54.

[48]　彭世彰，朱成立．节水灌溉的作物需水量试验研究［J］．灌溉排水学报，2003（2）：21-25.

[49]　马灵玲，占车生，唐伶俐，等．作物需水量研究进展的回顾与展望［J］．干旱区地理，2005，28（4）：531-537.

[50]　马海燕，缴锡云．作物需水量计算研究进展［J］．水科学与工程技术，2006（5）：5-7.

[51]　郭相平，康绍忠．玉米调亏灌溉的后效性［J］．农业工程学报，2000，16（4）：58-60.

[52]　刘钰，L S Pereira．对 FAO 推荐的作物系数计算方法的验证［J］．农业工程学报，2000，16（5）：26-30.

[53] 刘钰，蔡林根. 参照腾发量的新定义及计算方法对比 [J]. 水利学报，1997 (6)：27－33.

[54] 康绍忠，熊运章，刘晓明. 用彭曼-蒙特斯模式估算作物蒸腾量的研究 [J]. 西北农林科技大学学报（自然科学版），1991，19 (1)：13－20.

[55] 康绍忠，邵明安. 作物蒸发蒸腾量的计算方法研究 [J]. 中国科学院水利部西北水土保持研究所集刊（SPAC 中水分运行与模拟研究专集），1991 (1)：66－74.

[56] Allen R G, Pereira L S, Raes D, et al. Crop evapotranspiration guidelines for computing water requirements [J]. FAO Irrigation and Drainage, 1998：56.

[57] 郭相平，张烈君，王琴，等. 作物水分胁迫补偿效应研究进展 [J]. 河海大学学报（自然科学版），2005，33 (6)：634－637.

[58] 郝树荣，郭相平，张展羽. 水分胁迫及复水对水稻冠层结构的补偿效应 [J]. 农业机械学报，2010，41 (3)：52－61.

[59] 郝树荣，郭相平，张展羽，等. 水稻根冠功能对水分胁迫及复水的补偿响应 [J]. 农业机械学报，2010，41 (5)：52－55.

[60] 周磊，甘毅，欧晓彬，等. 作物缺水补偿节水的分子生理机制研究进展 [J]. 中国生态农业学报，2011，19 (1)：217－225.

[61] 沈荣开，张瑜芳，黄冠华. 作物水分生产函数与农田非充分灌溉述评 [J]. 水科学进展，1995，6 (3)：248－254.

[62] 彭世彰，边立明，朱成立. 作物水分生产函数的研究与发展 [J]. 水利水电科技进展，2000，20 (1)：17－20.

[63] 尚松浩. 作物非充分灌溉制度的模拟优化方法 [J]. 清华大学学报（自然科学版），2005，45 (9)：1179－1183.

[64] 夏辉，杨路华. 作物水分生产函数的研究进展 [J]. 河北工程技术高等专科学校学报，2003 (2)：5－8.

[65] 李谊增，张孟希. 作物的非充分灌溉探讨 [J]. 湖南水利水电，2007 (2)：61－62.

[66] KOTERA A, NAWATA E. Role of plant height in the submergence tolerance of rice：a simulation analysis using an empirical model [J]. Agricultural Water Management，2007，89 (1)：49－58.

[67] RAM P C, SINGH B B, SINGH A K, et al. Submergence tolerance in rainfed lowland rice：physiological basis and prospects for cultivar improvement through marker － aided breeding [J]. Field Crops Research, 2002，76 (2)：131－152.

[68] BRAMLEY H, TURNER D W, TYERMAN S D, et al. Water flow in the roots of crop species：the influence of root structure, aquaporin activity, and waterlogging [J]. Advances in Agronomy, 2007，96 (2)：133－196.

[69] SURALTA R R, YAMAUCHI A. Root growth, aerenchyma development, and oxygen transport in rice genotypes subjected to drought and waterlogging [J]. Environmental and Experimental Botany, 2008，64 (1)：75－82.

[70] Nishiuchi S, Yamauchi T, Takahashi H, et al. Mechanisms for coping with submergence and waterlogging in rice [J]. Rice, 2012, 5：1－14.

[71] Michael B Jackson. Ethylene － promoted elongation：an adaptation to submergence stress [J]. Annals of Botany, 2008，101 (2)：229－248.

[72] Sirajul Islam M, Peng Shaobing, Romeo M. Visperasa, et al. Lodging－related morphological traits of hybrid rice in a tropical irrigated ecosystem [J]. Field crops research, 2007，101 (2)：240－248.

[73] Hideo Nakasone, Muhammad Akhtar Abbas, Hisao Kuroda. Nitrogen transport and transformation in packed soil columns from paddy fields [J]. Paddy and Water Environment, 2004，(23)：

115 −124.

[74] Ingrid wesstrm, Ingmar Messing, Harry Linner, et al. Controlled drainage—effects on drain out-flowand water quality [J]. Agricultural Water Management，2001，47：85 − 100.

[75] C S Tan, C F Drury, M Soultani, et al. Effect of controlled drainage and tillage on soil structure and tile drainage nitrate loss at the field scale [J]. Water Sci. Tech.，1998，38（5）：103 − 110.

[76] H Y Ng, C S Ta, et al. Controlled drainage and subirrigation influences tile nitrate loss and corn yields in a sandy loam soil in Southwesten Ontario [J]. Agriculture，Ecosystems and Environment，2002（90）：81 − 88.

[77] Luederritz V, Eckert E, Martina Lange— Weber, et al. Nutrient removal efficiency and resource economics of vertical flow and horizontal flow constructed wetlands [J]. Ecol. Eng.，2001，18，157 − 171.

[78] Wesstrêm I, Messing I, Linn r H, Lindstrêm J. Controlled drainage) effects on drain outflow and water quality [J]. Agricultural WaterManagement，2001，47（2）：85 − 100.

[79] 张瑜芳，张蔚榛，沈荣开，等．淹灌稻田的暗管排水中氮素流失的试验研究 [J]．灌溉排水，1999.18（3）：12 − 16.

[80] 殷国玺，张展羽，郭相平，等．地表控制排水对氮质量浓度和排放量影响的试验研究 [J]．河海大学学报，2006，34（1）：21 − 24.

[81] 张荣社，周琪，张建，等．潜流构造湿地去除农田排水中氮的研究 [J]．环境科学，2003，2（41）：113 − 116.

[82] 张蔚榛，张瑜芳，沈荣开．排水条件下化肥流失的研究——现状与展望 [J]．水科学进展，1997（82）：197 − 204.

[83] 中华人民共和国国家质量监督检验检疫总局，中国国家标准化管理委员会 GB/T 20203—2006 农田低压管道输水灌溉工程技术规范 [S]．北京：中国标准出版社，2006.

[84] 李代鑫．最新农田水利工程规划设计手册 [S]．北京：中国水利水电出版社，2006.

[85] 中华人民共和国住房和城乡建设部，中华人民共和国国家质量监督检验检疫总局．GB/T 50485—2009 微灌工程技术规范 [S]．北京：中国计划出版社，2009.

[86] 国家质量监督检验检疫总局，中华人民共和国建设部．GB/T 50085—2007 喷灌工程技术规范 [S]．北京：中国标准出版社，2007.

[87] 王忠波，王晓斌，肖建民．渗灌技术研究 [J]．农机化研究，2004（5）：115 − 117.

[88] 康银红，马孝义，李娟，等．地下滴渗灌灌水技术研究进展 [J]．2007，26（6）：34 − 40.

[89] Bucks D A, Erie L J, French O F, et al. Surbsurface trickle irrigation management with multiple cropping [J]. Transactions of the ASAE，1981，24（6）：1482 − 1489.

[90] EI - Gind A M, EI—Araby A M. Vegetable crop responses to surface and subsurface drip under calcareous soil [C]. Proc Int Conf on Evapotranspiration and Irrigation Scheduling. 1996：1021 − 1028.

[91] Shuqin Wan, Yaohu Kang. Effect of drip irrigation frequency on radish growth and water use [J]. Irrigation Science，2006，24（3）：161 − 174.

[92] Caldwell D S, Spurgeon W E, Manges H L. Frequency of irrigation for subsurface drip irrigated corn [J]. Transations of the ASAE，1994，37（6）：1099 − 1103.

[93] 勾芒芒，李兴，程满金．北方半干旱区集雨补灌技术与灌溉制度研究 [J]．中国农村水利水电，2010（6）：95 − 98.

[94] 李宗尧，缴锡云，赵建东．节水灌溉技术 [M]．2 版．北京：中国水利水电出版社，2010.

[95] 缴锡云，王文焰，张江辉．覆膜灌溉理论与技术要素试验研究 [M]．北京：中国农业科技出版社，2001.

[96] 中华人民共和国水利部．SL 558—2011.地面灌溉工程技术管理规程 [S]．北京：中国水利水电出版社，2011.

［97］ 水利部农村水利司. 灌溉管理手册［S］. 北京：水利电力出版社，1994.

［98］ 魏永曜，林性粹. 农业供水工程［M］. 北京：水利电力出版社，1992.

［99］ 王文焰. 波涌灌溉试验研究与应用［M］. 西安：西北工业大学出版社，1994.

［100］ 秦耀东. 土壤物理学［M］. 北京：高等教育出版社，2003.

［101］ 缴锡云，王维汉. 面灌溉稳健设计［M］. 南京：河海大学出版社，2012.